INSTALAÇÕES ELÉTRICAS

Blucher

Manoel Eduardo Miranda Negrisoli

INSTALAÇÕES ELÉTRICAS

Projetos prediais em baixa tensão

4ª edição revista e ampliada

Instalações elétricas: projetos prediais em baixa tensão

4ª edição – 2022
Editora Edgard Blücher Ltda.

Publisher Edgard Blücher
Editor Eduardo Blücher
Coordenação editorial Jonatas Eliakim
Produção editorial Lidiane Pedroso Gonçalves
Preparação de texto Catarina Tolentino
Diagramação Ideia Impressa Editoração Eletrônica
Revisão de texto Ana Lúcia dos Santos
Capa Leandro Cunha
Imagem da capa iStockphoto

Blucher

Rua Pedroso Alvarenga, 1245, 4° andar
04531-934 – São Paulo – SP – Brasil
Tel 55 11 3078-5366
contato@blucher.com.br
www.blucher.com.br

Segundo Novo Acordo Ortográfico, conforme 6. ed. do *Vocabulário Ortográfico da Língua Portuguesa*, Academia Brasileira de Letras, 21 de julho de 2021.

Dados Internacionais de Catalogação na Publicação (CIP)
Angélica Ilacqua CRB-8/7057

Negrisoli, Manoel Eduardo Miranda
Instalações elétricas: projetos prediais em baixa tensão / Manoel Eduardo Miranda Negrisoli. -- 4. ed. -- São Paulo: Blucher, 2022.
236 p.: il.

Bibliografia
ISBN 978-65-5506-151-2 (impresso)
ISBN 978-65-5506-149-9 (eletrônico)

1. Instalações elétricas - Projetos prediais
I. Título.

21-3509 CDD 531

Índice para catálogo sistemático:
1. Instalações elétricas - Projetos prediais

À minha esposa, Maria Luisa, *in memoriam*.
Aos meus filhos, nora, genros e netas.

PREFÁCIO À 4ª EDIÇÃO

As instalações elétricas são o final do sistema elétrico e a razão da sua existência. A geração, a transmissão, a distribuição e a comercialização da energia só acontecem porque existem as cargas elétricas a serem alimentadas. Também, por outro lado, as instalações elétricas podem ser consideradas como o começo do sistema. Independentemente do conceito de final ou começo, o fato é que, muitas vezes, é dada pouca importância ao ensino dessa matéria nas escolas do ramo e, por consequência, aos projetos, sua execução e manutenção.

Desde a primeira edição deste livro, em 1981, muitas transformações aconteceram em termos regulatórios, normativos e de tecnologia para equipamentos elétricos, e principalmente no que tange à evolução das cargas elétricas disponíveis no mercado. No exercício do magistério na Universidade Federal de Itajubá (UNIFEI), de 1974 a 1998, fui responsável por esta disciplina no curso de Engenharia Elétrica, bem como no de Engenharia Civil, de 1976 a 1981.

As experiências adquiridas na Agência Nacional de Energia Elétrica (ANEEL), entre 1998 e 2006, no Grupo CPFL Energia, entre 2006 e 2014, no Grupo Mercados Energéticos Consultores, como consultor, desde 2015, e como professor convidado no curso de MBA de Negócios de Energia, da Fundação Getúlio Vargas (FGV), a partir de 2020, proporcionaram-me uma visão mais ampla da importância e da necessidade de atualização deste livro.

Quando observamos o adensamento habitacional das grandes cidades, ficamos imaginando como é possível projetar, operar e manter um sistema elétrico de modo que todos tenham energia em residências, comércios, hospitais, indústrias etc. com a qualidade que se tem no Brasil hoje. Houve, nos últimos 24 anos, uma sensível melhora na qualidade da prestação dos serviços em toda a cadeia de produção, transmissão e, principalmente, na distribuição de energia.

Ao final de 1997, o indicador DEC (Duração Equivalente de Interrupção por Unidade Consumidora) no Brasil era de 27,2 horas por ano sem energia, com um indicador FEC (Frequência Equivalente de Interrupção por Unidade Consumidora) de 21,7 interrupções. Ao final de 2020, o DEC foi de 11,49 horas por ano, com um indicador FEC de 6,03 interrupções – uma evolução de 16,71 horas a mais por ano de energia disponível, com 15,67 interrupções a menos nos lares brasileiros. Isso representou uma melhoria de 57,8% no DEC e de 72,2% no FEC em relação a 1997.

São inúmeros os aspectos que definem a importância dos projetos de instalações elétricas. Frequentemente somos informados de acidentes provocados por falhas nas instalações elétricas, com perdas humanas e materiais. Choques elétricos vitimaram cerca de 700 pessoas em 2019. Apesar da normatização brasileira ser bastante evoluída em termos de segurança das instalações, se todos os projetos e execuções a seguissem, certamente muitas vidas seriam preservadas e prejuízos materiais minimizados.

Manoel Negrisoli

Dezembro de 2021

PREFÁCIO À 1ª EDIÇÃO

Durante alguns anos de trabalho em projetos de instalações elétricas prediais em baixa tensão, ao mesmo tempo que lecionava a disciplina Instalações Elétricas, na Escola Federal de Engenharia de Itajuba e na Faculdade de Engenharia Civil de Itajuba, um texto básico sobre este assunto começou a ser desenvolvido. A cada curso lecionado e a cada projeto executado, as informações foram-se somando e uma melhor forma foi sendo dada ao texto original. Este assunto vem sendo exposto em forma de curso de atualização no Núcleo Tecnologia.

Este livro se destina aos estudantes e projetistas de instalações elétricas prediais de baixa tensão na orientação de projetos elétricos. Procurou-se, neste livro, dar uma sequência na apresentação dos assuntos a medida que são necessários à concepção dos projetos.

Embora o assunto seja simples, o que notamos é que principalmente os projetos elétricos prediais de pequeno e médio portes nem sempre são realizados. Um projeto elétrico predial, feito com base em critérios técnicos, usando-se equipamentos e componentes bem especificados, e montado por profissionais habilitados com ferramentas adequadas, traz segurança e conforto aos futuros usuários da instalação. Exemplos da importância de uma instalação elétrica bem projetada podem ser vistos periodicamente nos incêndios por curto-circuito, muitas vezes com vítimas fatais, de maneira que esses fatos são aceitos com naturalidade como se a instalação não devesse ser projetada, principalmente, para suportar esta condição anormal de trabalho onde se exige o máximo dos componentes elétricos da instalação.

Desde a primeira edição deste livro em 1981, muitas alterações aconteceram no campo da evolução tecnológica dos equipamentos, no aprimoramento das normas, que tratam do assunto, na mudança de padrões etc. Procurou-se então introduzir todas estas modificações a fim de manter este livro o mais atualizado possível.

MANOEL EDUARDO MIRANDA NEGRISOLI

Itajuba, outubro de 1987

CONTEÚDO

CAPÍTULO 1

O SISTEMA DE FORNECIMENTO DE ENERGIA ELÉTRICA

Você quer ser feliz ou ter razão?[1]

FERREIRA GULLAR

1.1 O SISTEMA ELÉTRICO

A energia elétrica tornou-se, a partir do final do século XIX, um fator importante e essencial para o desenvolvimento de um país. Sem energia não há produção de bens e serviços, qualidade de vida para a população, segurança etc. Não é possível imaginar como seria o mundo sem o domínio da energia em suas várias formas, sua transformação, seu transporte, sua distribuição e utilização.

A vantagem da energia em sua forma elétrica é a facilidade de transporte. Para deixar evidente, ela é um estado intermediário de energia entre as energias primárias e a energia convertida na utilização como calor, luz, acionamentos e outros. Algumas formas de energias primárias têm que ser convertidas em energia elétrica (usinas geradoras) nos locais onde estão disponíveis, tais quais as energias hidráulica e eólica. Já outras formas de energias primárias podem ser transportadas para outros locais, como o gás, o carvão, o óleo e outros. Nesse caso, é possível construir as usinas geradoras de energia elétrica mais próximas dos centros de consumo reduzindo-se assim os custos de transmissão de energia elétrica.

Independentemente da localização da fonte primária, não se pode prescindir da energia elétrica como interface de conexão entre a energia da fonte primária até a sua transformação na unidade consumidora (UC).

---

[1] Frase original do autor: *Eu não quero ter razão, quero é ser feliz.*

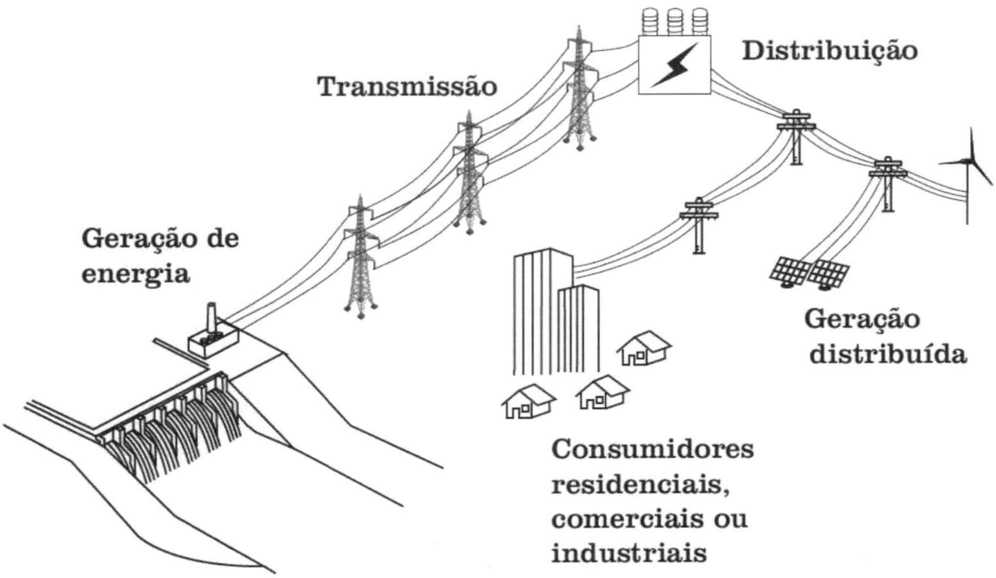

Figura 1.1 – O caminho da energia elétrica.

Entre a geração e a utilização, passamos pelas funções de transmissão e distribuição de energia elétrica. A matriz energética brasileira mudou consideravelmente a partir de meados da década de 1990, passando de um sistema essencialmente hidráulico para uma matriz energética mais diversificada. Essa mudança é consequência do racionamento de energia elétrica do ano de 2001 e do aprimoramento tecnológico de outras fontes primárias de energia, como a solar e a eólica. A Tabela 1.1 mostra a distribuição das diversas fontes de energia.

Tabela 1.1 – Matriz energética no Brasil (2019)

TIPO DE GERAÇÃO	QUANTIDADE	POTÊNCIA INSTALADA (MW)	% DO TOTAL
USINA HIDRELÉTRICA UHE	217	98.581	59,8%
PEQUENA CENTRAL (< 1 PCH ≤ 30 MW)	426	5.184	3,1%
CENTRAL GERADORA CGH (≤ 1 MW)	698	708	0,4%
USINA TERMELÉTRICA UTE	3.001	41.337	25,1%
USINA TERMONUCLEAR UTN	2	1.990	1,2%
EÓLICA EOL	606	14.873	9,0%
SOLAR VOLTAICA UFV	2469	2.074	1,3%
TOTAL	**7.419**	**164.747**	**100%**

Fonte: Boletim de Informações Gerenciais da ANEEL – março de 2019.

A etapa de transmissão é responsável pelo transporte da energia em grandes blocos e, para tanto, necessita de tensões mais elevadas. No Brasil, o segmento de transmissão de energia elétrica está definido para tensões iguais ou superiores a 230 kV e que compõem a rede básica do Sistema Interligado Nacional (SIN). Alguns valores normalizados são de 750, 525, 500, 440, 345 e 230 kV em corrente alternada (60 Hz) e de 600 kV em corrente contínua. Ao todo, a rede básica é composta por 130 mil quilômetros de linhas de transmissão (2019).

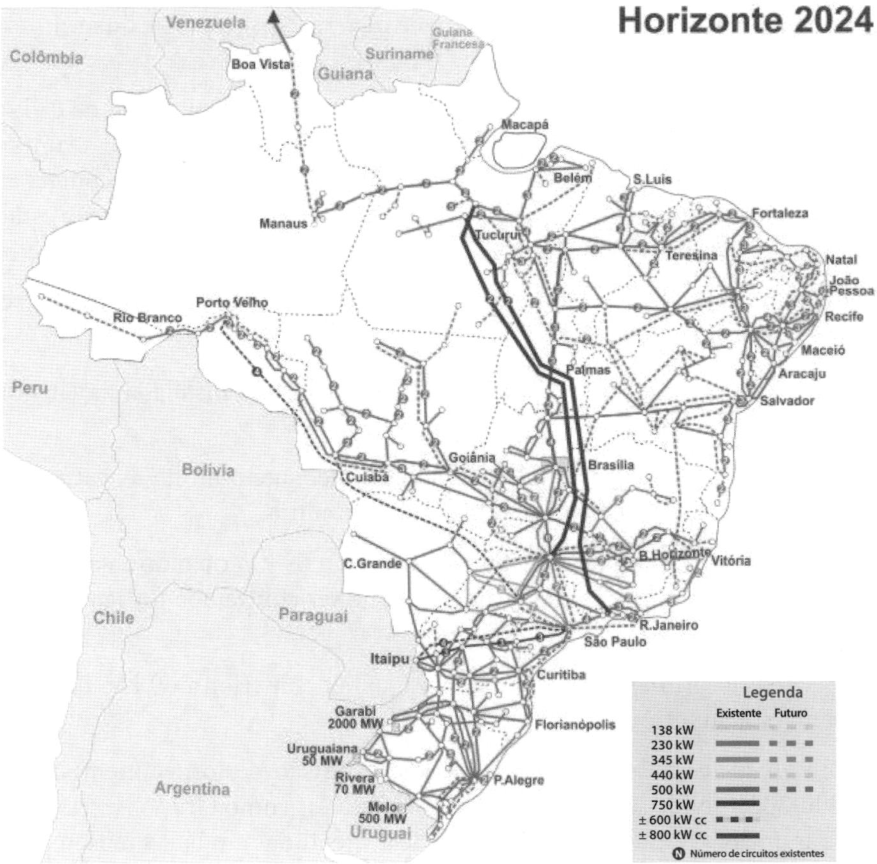

Figura 1.2 – Mapa do Sistema Interligado Nacional de Transmissão – Horizonte 2024. ONS (c2021).

1.2 LOCALIZAÇÃO DA UNIDADE CONSUMIDORA NO SISTEMA ELÉTRICO

A localização das unidades consumidoras de energia elétrica (UC), depende das características de tensão dos equipamentos a serem instalados e da potência elétrica calculada em projeto. Durante a fase de projeto, deve-se consultar os manuais de fornecimento de energia da concessionária responsável pelo suprimento na localidade da instalação.

As concessionárias e permissionárias de distribuição têm seus próprios critérios para efetuar a ligação de uma nova UC, sempre atendendo ao que estabelece a legislação setorial da ANEEL, especificamente a Resolução Normativa (REN) nº 1000/2021, que estabelece as condições gerais de fornecimento de energia elétrica.

Uma permissão é uma delegação a título precário para prestação de um serviço público. É o que acontece com as cooperativas de eletrificação rural, muito importantes para levar energia a locais distantes dos centros de consumo, que foram transformadas em permissionárias, com tarifas reguladas e garantia a seus consumidores da aplicação dos mesmos direitos e deveres dos demais consumidores das concessionárias.

A diferença principal em uma concessão é em relação ao processo de caducidade por descumprimento contratual, no qual, nesta modalidade, estabelece-se um processo de prazos para regularização das não conformidades, o que não acontece com as permissões. As condições legais para o regime de concessão ou permissão estão estabelecidas na Lei nº 8987/1995.

Quanto às tensões de fornecimento, conforme a REN nº 1000/2021, devem ser obedecidos os seguintes critérios:

- I – tensão secundária em rede aérea: quando a carga instalada na UC for igual ou inferior a 75 kW;
- II – tensão secundária em sistema subterrâneo: até o limite de carga instalada conforme padrão de atendimento da distribuidora;
- III – tensão primária de distribuição inferior a 69 kV: quando a carga instalada, na UC for superior a 75 kW e a demanda a ser contratada for igual ou inferior a 2.500 kW;
- IV – tensão primária de distribuição igual ou superior a 69 kV: quando a demanda for superior a 2.500 kW;
- Para efeito de classificação em termos de tensão de fornecimento, a REN nº 1000/2021 divide as UC em grupos classificados como Grupo A, para UC atendidas em alta tensão; e Grupo B, para UC atendidas em baixa tensão;
- São classificadas como Grupo A as UC com fornecimento em tensão igual ou superior a 2,3 kV, ou as atendidas a partir de sistema subterrâneo de distribuição em tensão secundária, caracterizado por tarifa binômia, tarifas de demanda e energia separadas, e dividido nos seguintes subgrupos:

  a) subgrupo A1 – tensão de fornecimento igual ou superior a 230 kV;

  b) subgrupo A2 – tensão de fornecimento de 88 kV a 138 kV;

  c) subgrupo A3 – tensão de fornecimento de 69 kV;

  d) subgrupo A3a – tensão de fornecimento de 30 kV a 44 kV;

  e) subgrupo A4 – tensão de fornecimento de 2,3 kV a 25 kV; e

f) subgrupo AS – tensão de fornecimento inferior a 2,3 kV, a partir de sistema subterrâneo de distribuição.

São classificadas como Grupo B as UC com fornecimento em tensão inferior a 2,3 kV, caracterizado pela tarifa monômia (tarifa única para energia e demanda) e dividido nos seguintes subgrupos:

a) subgrupo B1 – residencial;

b) subgrupo B2 – rural;

c) subgrupo B3 – demais classes;

d) subgrupo B4 – iluminação pública.

1.3 TENSÕES SECUNDÁRIAS DE FORNECIMENTO

A tensão de fornecimento para uma UC dependerá da região do Brasil onde ela está localizada. A distribuição de energia elétrica é feita por concessionárias e permissionárias com uma área de concessão definida. Cada concessão ou permissão tem suas próprias características em relação às tensões e à modalidade de fornecimento, se mono, bi ou trifásica. No pedido de ligação para uma unidade, devem ser fornecidos, entre outros, a potência instalada, a demanda requerida e a relação dos equipamentos a serem instalados, para que se verifique eventual particularidade na ligação.

Em Minas Gerais, na área de concessão da CEMIG (Companhia Energética de Minas Gerais S.A), os tipos de fornecimento dependem principalmente da potência instalada:

- monofásico – 127 V – para UCs com carga instalada de até 10 kW;
- bifásico – 220/127 V – para UCs com carga instalada de até 15 kW;
- trifásico – 220/127 V – para UCs com carga instalada de até 75 kW (CEMIG, 2021).

No Distrito Federal, a concessão para distribuição pertence à CEB (Companhia Energética de Brasília). O fornecimento em tensão secundária é feito para unidades com carga instalada de até 75 kW e demanda de até 65 kVA. As tensões nominais secundárias são 220/380 V, e os limites quanto aos tipos de fornecimento são:

- monofásico M1 – 220 V – para UCs com carga instalada de até 8 kW;
- monofásico M2 – 220 V – para UCs com carga instalada entre 8 e 11 kW;
- bifásico B1 – 380/220 V – para UCs com carga instalada entre 11 e 15 kW;
- bifásico B2 – 380/220 V – para UCs com carga instalada entre 15 e 22 kW;
- trifásico T1 – 380/220 V – para UCs com demanda até 23 kVA;
- trifásico T2 – 380/220 V – para UCs com demanda entre 23 e 33 kVA;

- trifásico T3 – 380/220 V – para UCs com demanda entre 33 e 45 kVA;
- trifásico T4 – 380/220 V – para UCs com demanda entre 45 e 65 kVA (CEB, 2021).

No estado de São Paulo, na área de concessão da Companhia Paulista de Força e Luz (CPFL Paulista), para um atendimento em tensão secundária de distribuição, o limite de potência instalada é de 75 kW em 220/127 V, com os seguintes tipos de fornecimento:

- monofásico – 127 V – para UCs com carga instalada de até 12 kW;
- bifásico – 220/127 V – para UCs com carga instalada entre 12 e 25 kW;
- trifásico – 220/127 V – para UCs com carga instalada entre 25 e 75 kW. (CPFL, 2021).

1.4 GRUPOS DE CONEXÃO DOS TRANSFORMADORES DE DISTRIBUIÇÃO

O início da aplicação da energia elétrica no Brasil se deu em 1879, quando o imperador D. Pedro II autorizou Thomas Alva Edison a introduzir no Brasil a lâmpada elétrica para utilização na iluminação pública. Em 1881 foi inaugurada a primeira iluminação externa pública no Brasil, em um trecho da atual Praça da República, no Rio de Janeiro.

Em 1883 entrou em operação a primeira usina hidrelétrica do país no município de Diamantina, Minas Gerais, e, em 1889, a usina hidrelétrica de maior porte, em Juiz de Fora, no mesmo estado. Em 1905 a *The Rio de Janeiro Tramway, Light and Power Co.Ltd.*, hoje Light Serviços de Eletricidade S.A., recebeu autorização do governo brasileiro para funcionar na cidade do Rio de Janeiro.

No início da utilização da energia elétrica, havia poucos equipamentos, e, portanto, os transformadores eram de pequenas potências e monofásicos. Ainda permanecem em uso transformadores monofásicos com relações de tensão 110/220 V, 115/230 V etc.

Por definição, são consideradas como baixa tensão as tensões até 1.000 volts em corrente alternada e 1.500 V em corrente contínua, conforme estabelece a NBR 5410 – Instalações Elétricas de Baixa Tensão, da Associação Brasileira de Normas Técnicas (ABNT). Dada a variedade nos grupos de conexão secundária dos transformadores de distribuição, passemos, então, a analisar os principais grupos.

1.4.1 SISTEMAS MONOFÁSICOS

As ligações dos transformadores de distribuição monofásicos têm seu enrolamento secundário dividido ao meio, e, com isso, tem-se uma tensão entre o ponto central e suas extremidades de metade do valor de tensão entre os terminais externos. Os exemplos são as tensões 110/220 V, 115/230 V, 120/240 V etc.

Com o incremento dos equipamentos utilizados ao longo dos anos, foram incorporadas a esses transformadores monofásicos mais duas unidades monofásicas, compondo-se assim, uma ligação trifásica, mas com uma tensão não utilizada, que está contida entre o ponto central (tap) de uma unidade monofásica e o tap (derivação) da junção das duas extremidades dos outros dois transformadores monofásicos. Dessa forma, em um sistema 110/220 V, tem-se uma tensão não usual de 190,5 V. Por esse motivo, nesses casos, não é fornecida ligação trifásica a 4 condutores, apenas 3 fases sem o terminal central.

Essas tensões são comuns nas áreas de concessão do Rio de Janeiro e em algumas cidades do Estado de São Paulo. A consulta aos manuais das distribuidoras e permissionárias é fundamental para o início de um projeto de instalações elétricas.

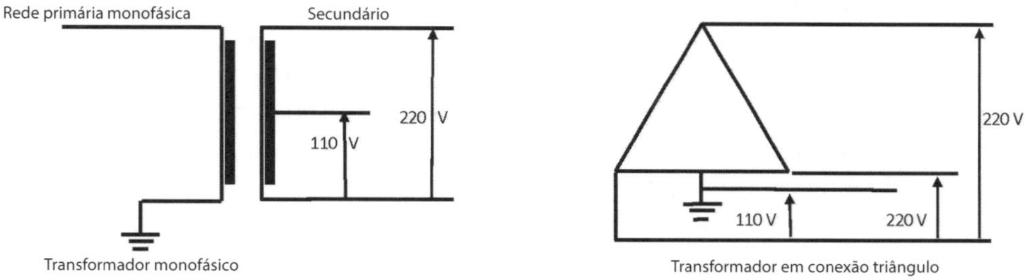

Figura 1.3 – Conexão secundária de transformadores monofásicos.

1.4.2 SISTEMAS TRIFÁSICOS

À medida que foram surgindo novos equipamentos, as instalações passaram a requerer transformadores de distribuição de maior potência, fazendo com que começassem a ser adotados os transformadores trifásicos. A conexão para o secundário desses transformadores é em estrela. As tensões encontradas no Brasil são 120/208 V, 127/220 V e 220/380 V.

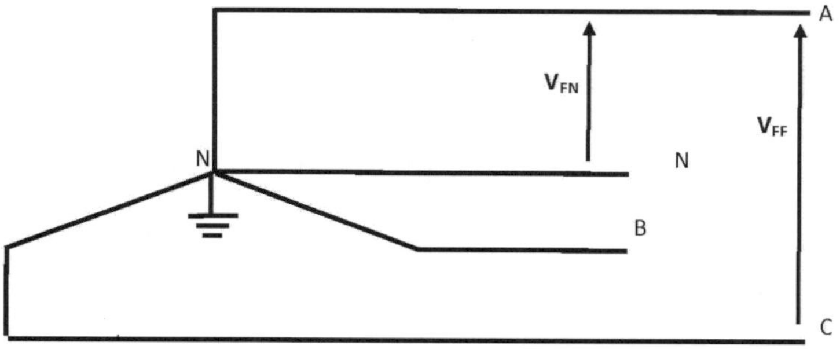

Tensões

V_{FN}	V_{FF}
120	208
127	220
220	380

Figura 1.4 – Conexão secundária de transformadores trifásicos.

1.5 TENSÕES PRIMÁRIAS DE FORNECIMENTO

Nas tensões de fornecimento em média tensão, definidas pela REN nº 1000/2021 dentro do subgrupo A4, encontram-se tensões de 2,3 a 25 kV. Nessa faixa, temos as tensões de 7,2 kV, de 11 a 13,8 kV e 22 kV, dependendo da distribuidora e da região.

No subgrupo A3a, tem-se a faixa de tensões entre 30 a 44 kV, cujas tensões nominais, geralmente, são de 34,5 e 44 kV.

No subgrupo A3, a tensão nominal é de 69 kV. Os múltiplos de tensão 11, 22, 44 e 88 kV são oriundos do sistema *Light* e, embora haja uma tendência de regularização, ainda são utilizados.

1.6 CUSTO DA ENERGIA ELÉTRICA

O modelo tarifário brasileiro, até 1993, estabelecia as mesmas tarifas para todas as distribuidoras de energia, e o conceito era por custo do serviço. Lucros e prejuízos das concessões eram contabilizados pela Reserva Nacional de Compensação de Remuneração (RENCOR). A lei nº 8631/1993 alterou o conceito de tarifa pelo custo do serviço para a tarifa por preço e extinguiu o regime de remuneração garantida. Em outras palavras, o risco que era anteriormente do consumidor passou a ser do concessionário. Ao ser extinta, em 1993, a Conta de Resultados a Compensar (CRC) contava com um passivo superior a US$ 26 bilhões.

As distribuidoras de energia elétrica, concessionárias e permissionárias têm suas tarifas reajustadas anualmente, de acordo com a data do contrato de concessão. São dois os eventos tarifários: o reajuste e a revisão. Periodicamente, a cada 4 ou 5 anos, a ANEEL revisa as tarifas e incorpora os ganhos de produtividade das concessões na modicidade tarifária, além de revisar a base de ativos regulatórios.

As tarifas de energia estão divididas em demanda e energia. A demanda corresponde ao montante de uso dos sistemas de distribuição e é cobrada pela Tarifa de Uso do Sistema de Distribuição (TUSD) em R$/kW. A energia é precificada em R$/MWh.

A receita requerida por uma distribuidora ou permissionária é composta de duas parcelas:

- parcela A: compreende os custos não gerenciáveis e é composta por custo da energia, encargos setoriais e custos da transmissão, desde a geração até a distribuição;
- Parcela B: corresponde aos custos gerenciáveis pela distribuidora e compreende custos operacionais, cota de depreciação dos ativos, remuneração do capital investido no sistema de distribuição e receitas irrecuperáveis.

Parcela A – custos não gerenciáveis:

- energia;
- transporte;
- encargos setoriais;

Parcela B – custos gerenciáveis:

- custos operacionais;
- cota de depreciação dos ativos;
- remuneração do capital;
- receitas irrecuperáveis.

Sobre essas duas parcelas incide o Imposto sobre Circulação de Mercadorias e Serviços (ICMS) dos estados, onde se encontra a UC, cujos percentuais dependem de cada um deles, geralmente 25% por dentro, chegando a 33,33% quando somadas as parcelas A e B, os tributos federais PIS/COFINS e a Contribuição para Iluminação pública - IP-CIP Municipal.

Em termos percentuais, em média, no Brasil os custos estão divididos da seguinte forma:

- parcela A (energia e encargos) = 53,5%;
- tributos (ICMS/PIS/COFINS) = 29,5%;
- parcela B (distribuição) = 17,0%.

Nas faturas de energia elétrica, observam-se os valores do custo do uso do sistema TUSD e energia, além dos impostos e tributos. As unidades consumidoras pertencentes ao grupo A – fornecimento em alta tensão têm tarifas binômias, isto é, uma TUSD em R$/kW e outra tarifa para a energia em R$/MWh.

Para UC do subgrupo A, o uso do sistema de distribuição é faturado pelo maior valor entre a demanda contratada, a demanda utilizada no respectivo período ou 10% da maior demanda medida em qualquer dos 11 ciclos de faturamento anteriores, no caso de unidade consumidora da classe rural ou reconhecida como sazonal.

As unidades consumidoras pertencentes ao grupo B (fornecimento em baixa tensão) são tarifadas de forma monômia, ou seja, embora as tarifas sejam calculadas separadamente, a sua aplicação é sobre o montante de energia elétrica utilizado pela unidade.

As unidades consumidoras do grupo B adotam consumo mínimo a ser faturado quando a energia consumida está abaixo dos limites adotados pelas distribuidoras. Essa orientação é uma forma de remunerar a concessionária pela disponibilidade da rede elétrica, ou seja, o pagamento não se dá em razão da demanda, mas, sim, pela energia consumida. Esse modelo de cobrança é utilizado em razão da existência de apenas um medidor de energia. Os valores monetários correspondem a:

- 30 kWh para alimentação monofásica ou bifásica a 2 fios;
- 50 kWh para alimentação bifásica a 3 fios; ou
- 100 kWh para alimentação trifásica.

REFERÊNCIAS

ABNT. **NBR 5410**: Instalações elétricas de baixa tensão. Rio de Janeiro: ABNT, 2008.

ANEEL. **Agência Nacional de Energia Elétrica**: ANEEL, c2021. Página Inicial. Disponível em: <http://www.aneel.gov.br/>. Acesso em: 06 de maio de 2021.

ANEEL. **Agência Nacional de Energia Elétrica**: Informações gerenciais. Brasília. 2019. Disponível em: <aneel.gov.br/documents/656877/14854008/Boletim+de+Informações+Gerenciais+-+1º+trimestre+de+2019/b860054f-79ec-6608-951a-fb2288701434?version=1.1>. Acesso em: 20 dez. 2021.

ANEEL. **Agência Nacional de Energia Elétrica**: Resolução normativa ANEEL nº 1.000 – Regras de Prestação do Serviço Público de Distribuição de Energia Elétrica. Brasília, 2021. Disponível em: https://www.in.gov.br/en/web/dou/-/resolucao-normativa-aneel-n-1.000-de-7-de-dezembro-de-2021-368359651. Acesso em: 20 jan. 2022.

BRASIL. **Lei nº 8.987, de 13 de fevereiro de 1995**. Dispõe sobre o regime de concessão e permissão da prestação de serviços públicos previsto no art. 175 da Constituição Federal, e dá outras providências. Disponível em: <http://www.planalto.gov.br/ccivil_03/leis/l8987cons.htm>. Acesso em: 06 de maio de 2021.

BRASIL. **Lei nº 8631, de 4 de março de 1993**. Dispõe sobre a fixação dos níveis das tarifas para o serviço público de energia elétrica, extingue o regime de remuneração garantida e dá outras providências. Disponível em: <http://www.planalto.gov.br/ccivil_03/leis/l8631.htm>. Acesso em: 06 de maio de 2021.

CEB. **Companhia Energética de Brasília**: CEB, c2021. Normas Técnicas. Disponível em: <http://ceb.com.br/index.php/component/phocadownload/category/14-normas-tecnicas-de-distribuicao>. Acesso em: 06 de maio de 2021.

CEMIG. **CEMIG**: Nossa Energia, Sua Força, c2021. Normas Técnicas. Disponível em: <https://www.cemig.com.br/atendimento/normas-tecnicas/>. Acesso em: 06 de maio de 2021.

CEMIG. **ND 5.1**: Fornecimento de Energia Elétrica em Tensão Secundária – Rede de Distribuição Aérea – Edificações Individuais. Belo Horizonte: CEMIG, 2017.

CEMIG. **ND 5.2**: Fornecimento de Energia Elétrica em Tensão Secundária – Rede de Distribuição Aérea – Edificações Coletivas. Belo Horizonte: CEMIG, 2017.

CPFL. **Grupo CPFL Energia**, c2021. Normas Técnicas. Disponível em: <https://www.cpfl.com.br/atendimento-a-consumidores/orientacoes-tecnicas/publicacoes-tecnicas/Paginas/normas-tecnicas.aspx>. Acesso em: 06 de maio de 2021.

CPFL. **GED-13**: Fornecimento em Tensão Secundária de Distribuição. Disponível em: <http://sites.cpfl.com.br/documentos-tecnicos/GED-13.pdf>. Acesso em: 06 de maio de 2021.

OLIVEIRA, J. C.; COGO, J. R.; ABREU, J. P. G. **Transformadores**: Teoria e Ensaios. 2. ed. São Paulo: Blucher, 2018.

ONS. **Organização Nacional do Sistema Elétrico**, c2021. Mapa Dinâmico do SIN. Disponível em: <http://www.ons.org.br/paginas/sobre-o-sin/mapas>. Acesso em: 06 de maio de 2021.

CAPÍTULO 2

ILUMINAÇÃO

Revelemo-nos, mais por atos do que por palavras, dignos de possuir este grande país.

THEODOMIRO CARNEIRO SANTIAGO
Fundador do Instituto Eletrotécnico e Mecânico de Itajubá (IEMI)

2.1 INFLUÊNCIA DA LUZ SOBRE O HOMEM

A grande maioria dos seres vivos depende da luz solar para sobreviver. Os vegetais possuem pigmentos que conseguem captar a luz solar e realizar a fotossíntese, produzindo glicose, que é uma fonte de energia para elas próprias e para os animais que as consomem. No ser humano, a luz não é necessária somente para captar, transformar em impulsos elétricos e transmitir as informações ao centro visual do cérebro, através do olho, mas também para influenciar determinados setores do sistema nervoso vegetativo que comandam a totalidade do metabolismo e das funções do corpo humano.

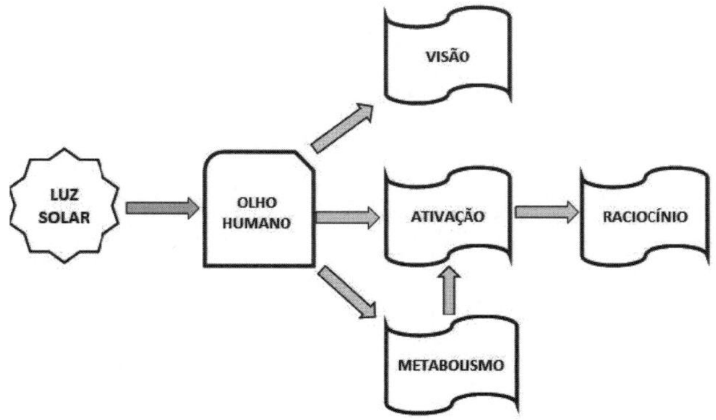

Figura 2.1 – Importância da luz nas atividades físicas e mentais.

A importância da luz natural se deve ao fato de as funções elementares da visão, como nitidez, reconhecimento das diferenças de claridade, visão de profundidade e distância, atingirem o máximo da sua capacidade visual para iluminâncias de 10 mil lux, o que só ocorre com a luz solar.

Para se ter uma ideia, o Circuito Urbano de Marina Bay, em Singapura, tem uma iluminância de 3 mil lux, enquanto campos de futebol excepcionalmente bem iluminados têm cerca de 1 mil lux, iluminância esta requerida para transmissões televisivas noturnas a fim de se obter imagens nítidas. O advento da TV em cores modificou o padrão de iluminação dos estádios esportivos.

A amplitude da iluminância devida à luz natural varia de 0,01 lux sob a luz das estrelas até 120 mil lux em plena luz do dia com céu limpo. A visão é um sentido dotado de grande amplitude de percepção.

2.2 GRANDEZAS LUMINOTÉCNICAS FUNDAMENTAIS

Antes de iniciarmos nas grandezas luminotécnicas, é necessário discorrer sobre alguns conceitos relativos à luz. A luz é por definição uma radiação eletromagnética que, ao penetrar no olho, proporciona uma sensação de claridade. Uma radiação pode ser imaginada como uma onda eletromagnética que atravessa o vácuo, em linha reta, a uma velocidade de 300 mil km/seg. Ao atravessar um meio qualquer, como vidro ou ar, a sua velocidade é reduzida dependendo do fator de refração desse meio.

Para cada tipo de onda eletromagnética, a velocidade de propagação v é igual ao produto do comprimento de onda λ pela frequência f:

$$v = \lambda * f \ (m/s)$$

A frequência f é definida como o número de ondas que passa por um ponto fixo por segundo. O meio por onde passa a onda não modifica a sua frequência, porém, o comprimento de onda λ acompanha a variação da velocidade de propagação.

As ondas de luz ocupam somente uma pequena parte do espectro das ondas eletromagnéticas e os limites da radiação visível, embora variem de acordo com o indivíduo, estão entre 380 e 780 nm (1 nanômetro = 10 – 9 metros).

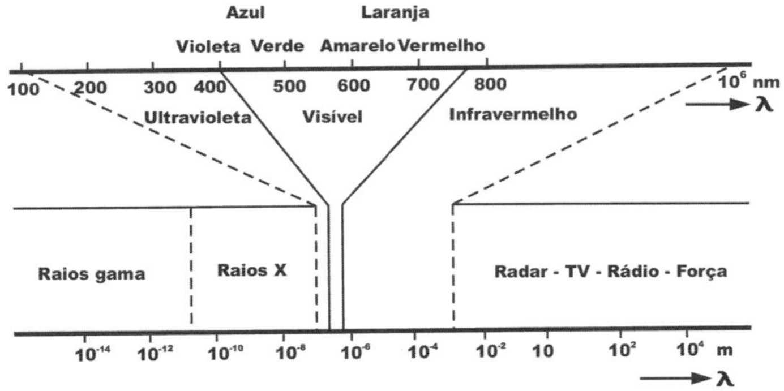

Figura 2.2 – Espectro das radiações eletromagnéticas.

A radiação solar é composta pelos raios ultravioleta, visível e infravermelha. A radiação ultravioleta tem comprimentos de onda de 100 a 380 nm, as visíveis entre 380 e 780 nm e a infravermelha de 780 a 106 nm ou 1 milímetro.

As radiações ultravioletas são subdivididas em 3 faixas:

- UV - A - de 315 a 400 nm;
- UV - B - de 280 a 315 nm;
- UV - C - de 100 a 280 nm.

A radiação UV - A atravessa a maioria dos tipos de vidros, mas não tem efeito de bronzeamento na pele. Essa radiação tem como característica causar fluorescência em certos materiais e reações fotoquímicas em outros.

A radiação UV - B tem efeito de eritema, vermelhidão na pele, e pigmentação da pele, bronzeamento. Essa radiação também forma a vitamina D no corpo humano, que tem ação antirraquítica.

A radiação UV - C tem forte ação germicida, matando bactérias, fungos e outros microrganismos no ar ou nas superfícies expostas. Esta radiação é absorvida pelo ar e forma ozônio de oxigênio, que tem propriedades desodorizantes.

O ser humano deve ter cuidado com exposições prolongadas de radiações UV - B e UV - C, pois podem provocar lesões na pele.

As radiações infravermelhas se localizam após o limite vermelho do espectro visível. Os limites da faixa espectral dessa radiação estão localizados entre os comprimentos de onda de 780 e 106 nm, e estão subdivididos em 3 faixas:

- IR - A - de 780 a 1.400 nm (ondas curtas);
- IR - B - de 1400 a 3.000 nm (ondas médias);
- IR - C - de 3.000 a 106 nm (ondas longas).

As radiações infravermelhas são absorvidas na forma de calor sendo o efeito de aquecimento mais forte na região dos comprimentos de ondas curtas, IR - A.

Cada comprimento de onda das radiações visíveis (380 a 780 nm), ao penetrarem no olho, provocam uma sensação de cor diferente. A radiação que contiver todos os comprimentos de onda do espectro visível causa a sensação da cor branca. O espectro visível pode ser dividido em faixas de comprimento de onda causando, cada uma delas, uma sensação diferente de cor:

- 380 - 436 nm - violeta;
- 436 - 495 nm - azul;
- 495 - 566 nm - verde;
- 566 - 589 nm - amarelo;
- 589 - 627 nm - laranja;
- 627 - 780 nm - vermelho.

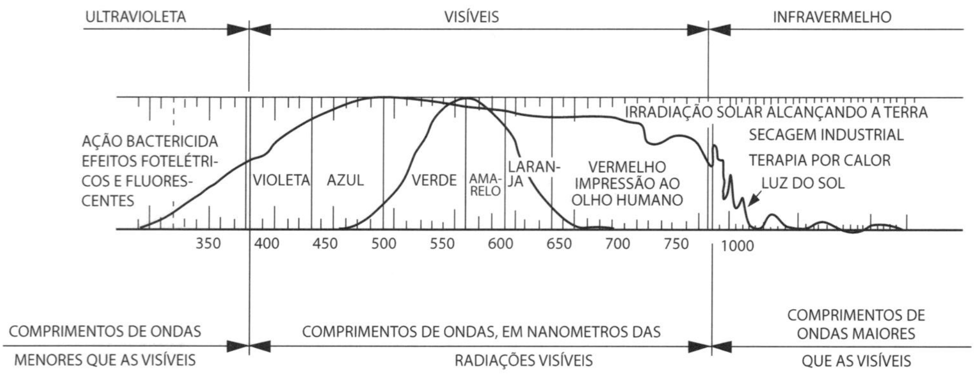

Figura 2.3 – Espectro de comprimento de onda da luz solar.

Um outro conceito muito importante, quando se trata de iluminação artificial, é a temperatura da cor em graus Kelvin (K). A temperatura da cor é um termo usado para descrever a cor de uma fonte de luz, comparada à cor do radiador de corpo negro ou radiador absoluto. O corpo negro é um corpo que absorve toda a radiação incidente sem transmissão ou reflexão.

Pode ser observado quando há aquecimento de um metal que, à medida que a temperatura aumenta, sua cor vai mudando de vermelho para violeta. A cor vermelha está associada a uma temperatura de 2.500 K e a cor violeta a uma temperatura de 7 mil K. A percepção humana entre cor e temperatura é oposta a sensação natural entre quente e frio. O vermelho representa a cor quente e o violeta/azul representa a cor fria. Uma explicação para isso pode estar no fato de que nossos ancestrais usavam o fogo para se aquecer no interior das cavernas.

Esse conceito é usado na definição da temperatura da cor da lâmpada a ser usada. Quando se projeta um ambiente aconchegante de pouca luz deve -se usar lâmpadas de temperatura quente (2.500 a 3 mil K), que é associada ao aconchego de uma lareira ou a aparência do céu ao pôr do sol.

Quando se projeta um ambiente de trabalho com muita luz, usam -se lâmpadas ditas frias, 6 mil a 7 mil K, que são associadas à observação da relação entre o céu azul e ambientes de muita luz.

Tabela 2.1 – Aparência da cor de lâmpadas

Temperatura da cor correlata	Aparência da cor
>5.000 K	Fria (branca – azulada)
3.300 – 5.000 K	Intermediária (branca)
<3.300 K	Quente (branca – avermelhada)

2.2.1 FLUXO LUMINOSO (LÚMEN)

Fluxo luminoso corresponde à potência de radiação total emitida por uma fonte de luz e avaliada pelo olho humano. A unidade de fluxo luminoso no Sistema Internacional de Unidades (SI) é o lúmen (lm). Apesar de ser uma potência, ela não é expressa pela unidade de potência elétrica watt. Como o que importa para a iluminação é a potência de radiação visível, a relação entre essas potências define a eficiência luminosa de uma fonte de luz. A designação de lúmen é devida ao fato de que o olho humano tem sensibilidade variável conforme o comprimento de onda da radiação.

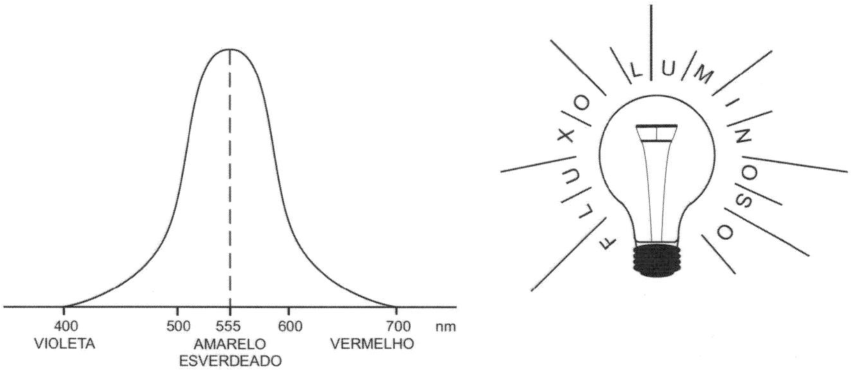

Figura 2.4 - Curva de sensibilidade espectral do olho humano e fluxo luminoso (lm).

Tabela 2.2 - Exemplos de rendimento luminoso de algumas fontes de luz*

Tipo de lâmpada	Potência (W)	Fluxo (lm)	Rendimento (lm/W)
Incandescente	100	1.460	14,6
Fluorescente tubular (luz do dia)	40	2.250	56,25
Fluorescente compacta (2.700 K)	20	1.180	59
LED	11	1.055	95,9

*Não estão consideradas as perdas nos dispositivos auxiliares.

2.2.2 INTENSIDADE LUMINOSA (CANDELA)

Uma fonte de luz não emite a mesma quantidade de radiação eletromagnética em todas as direções. A potência de radiação visível, disponível em uma dada direção, denomina-se intensidade luminosa (I), e sua unidade no sistema SI é a candela (cd), que significa "vela" em latim. A intensidade luminosa representa a quantidade de fluxo luminoso por unidade de ângulo sólido.

Intensidade luminosa e o fluxo luminoso, Ø, estão vinculados pelo ângulo sólido, Ω. A unidade de ângulo sólido, no sistema SI, é o esferorradiano (sr) e a dimensional.

$$d\Omega = dS/r^2$$

$$d\varnothing = I.d\Omega$$

O fluxo total emitido por uma fonte de luz visível ao olho humano pode ser obtido pela integração da intensidade luminosa pelo delta de ângulo sólido.

$$\varnothing = \int I.\, d\Omega \text{ (lúmens)}$$

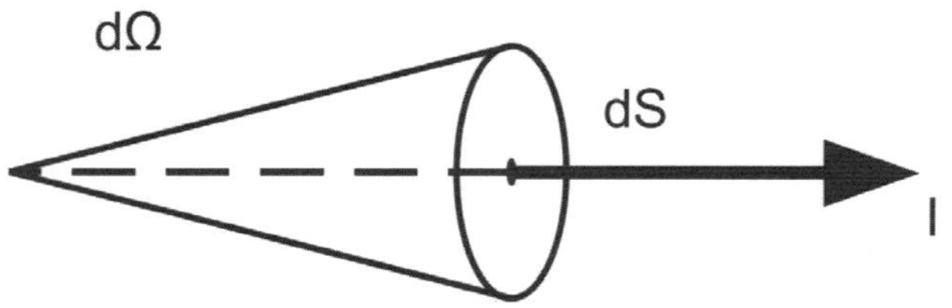

Figura 2.5 – Ângulo sólido atravessado pela intensidade luminosa (I).

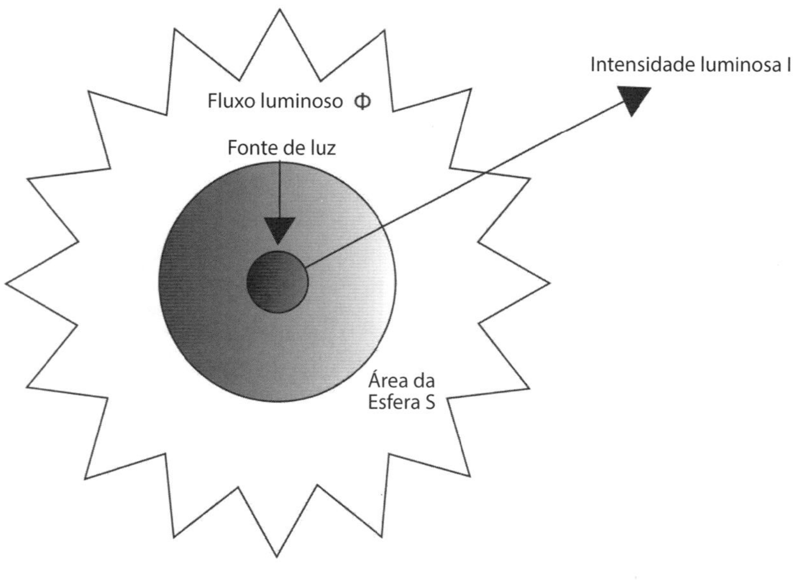

Figura 2.6 – Fluxo luminoso total produzido por uma fonte de luz.

A distribuição de luz de uma lâmpada ou luminária, em qualquer plano, pode ser representada pela curva de distribuição luminosa (CDL). Essa curva é construída considerando-se a lâmpada ou luminária como um ponto de luz centralizado em um diagrama polar, representando a intensidade luminosa nas diversas direções por vetores de módulo, proporcionando o valor absoluto das intensidades.

Tais vetores são originários no centro da CDL, e o lugar geométrico das suas extremidades corresponde aos valores da respectiva intensidade. Essa curva é muito importante e determina a forma de distribuição de luz de uma luminária, bem como as reflexões de luz no ambiente. Além disso, tais curvas definem se o espectro luminoso de uma luminária é difuso ou concentrado.

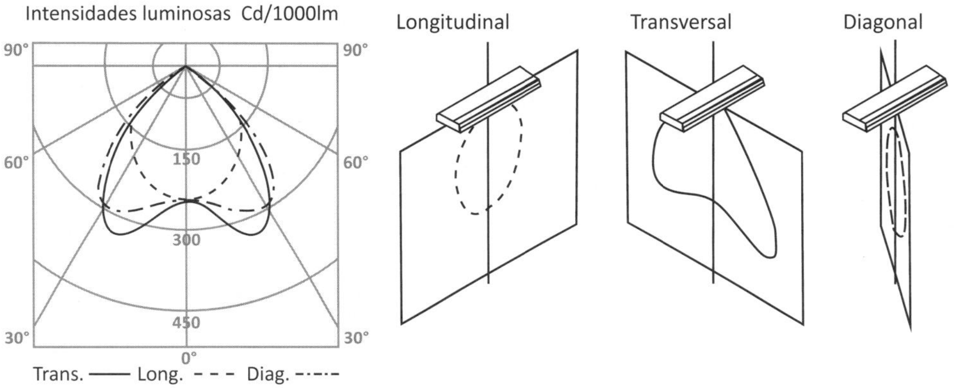

Figura 2.7 – Curva Típica de Distribuição Luminosa – CDL.

De forma geral, costuma-se referir os valores de intensidade luminosa de uma CDL a um fluxo de mil lm. Isso facilita os cálculos, pois basta inserir o fluxo luminoso da lâmpada de forma proporcional, uma vez que as CDL são para luminárias e torna o uso mais prático, porque permite variar o tipo de lâmpada sem a necessidade de ter uma CDL para cada fluxo. Os valores de intensidade luminosa devem ser multiplicados pela relação entre o fluxo luminoso da fonte de luz por mil lx. Assim, se a fonte de luz possuir 2 mil lx, o fator deverá ser 2.

Exemplos de intensidade luminosa:

- lâmpada incandescente de 100 W perpendicular ao eixo da lâmpada = 110 cd;
- lâmpada fluorescente de 40 W perpendicular ao eixo da lâmpada = 180 a 330 cd.

2.2.3 ILUMINÂNCIA (LUX)

A iluminância é a densidade de fluxo luminoso incidente sobre uma área. É definida como o fluxo luminoso fornecido por uma fonte de luz sobre uma superfície iluminada por essa fonte, e sua unidade no sistema SI é o lux (lx). A iluminância será de 1 lux (lx) quando o fluxo luminoso de 1 lúmen incidir sobre uma superfície de 1 m^2.

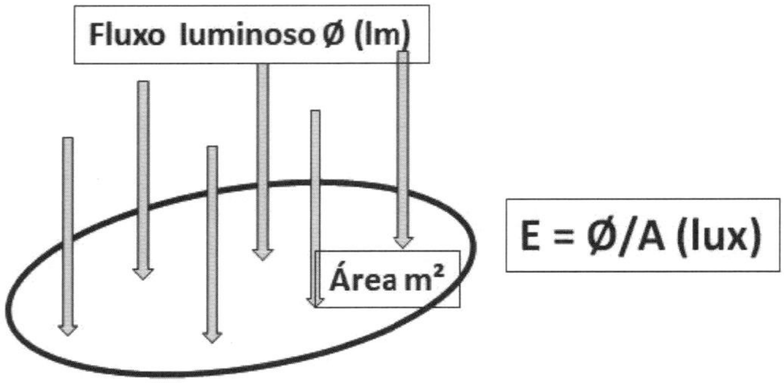

Figura 2.8 – Iluminância – definição.

Na prática, porém, não é possível contar com uma distribuição tão uniforme do fluxo luminoso na superfície iluminada para que a iluminância seja a mesma em qualquer dos seus pontos. A iluminância calculada segundo a fórmula, deve, portanto, ser considerada como um valor médio. Para um cálculo luminotécnico mais apurado, em ambientes amplos, deve-se calcular a partir do conceito de intensidade luminosa (I).

$$\text{ILUMINÂNCIA} = \frac{\text{Intensidade luminosa (cd)}}{\text{Distância ao quadrado (m}^2\text{)}}$$

A iluminância em um ponto pode ser calculada levando-se em conta a intensidade luminosa incidente e a distância entre a fonte de luz e o ponto considerado, desde que essa distância seja de, pelo menos, cinco vezes a distância física da fonte de luz, tendo em vista o ângulo de incidência sobre a superfície onde se quer determinar a iluminância específica.

$$\text{ILUMINÂNCIA (E)} = \frac{I}{r^2}\cos\theta = \frac{I}{h^2}\cos^3\theta$$

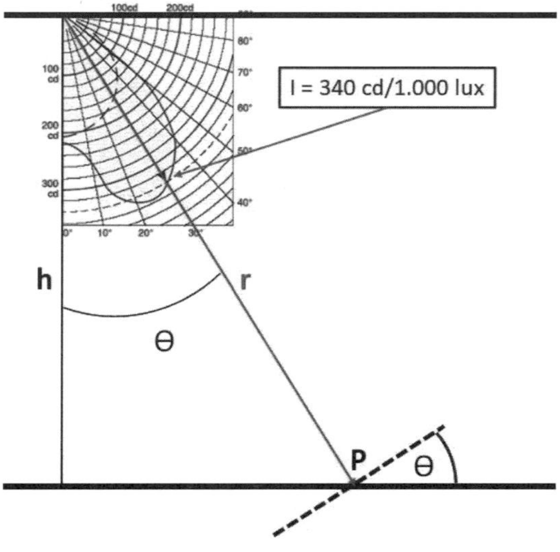

Figura 2.9 – Cálculo da iluminância (E) a partir da intensidade luminosa (I).

A quantidade de iluminância proveniente das reflexões em tetos ou paredes não está prevista pela fórmula de cálculo ponto a ponto. Em países de língua inglesa, adota-se o *footcandle* (fc) como unidade de luminância. A relação entre as unidades é:

$$1 \text{ fc} = 10{,}76 \text{ lx ou } 1 \text{ lx} = 0{,}0929 \text{ fc}$$

Exemplos de iluminância:

- dia ensolarado de verão – 100.000 a 120.000 lx;
- dia encoberto de verão – 20.000 lx;
- dia escuro de inverno – 3.000 lx;
- boa iluminação para trabalho interno – 1.000 lx;
- boa iluminação de vias pública – de 40 a 100 lx;
- noite de lua cheia – 0,25 lx;
- luz de estrelas – 0,01 lx.

Como se pode observar, a amplitude visual é da ordem de 107 lux, o que torna difícil a precisão para a percepção de pequenas diferenças de luminosidade. O aparelho específico para medida de iluminância é o luxímetro.

2.2.4 LUMINÂNCIA (CANDELA/M²)

A luminância de uma fonte de luz ou de uma superfície iluminada é a medida da sensação de claridade provocada no olho e, consequentemente, avaliada pelo cérebro. A superfície iluminada pode ser observada de qualquer direção. A intensidade luminosa dessa superfície por sua área aparente, dada pelo observador em relação a ela, denomina-se luminância. Esta depende do tamanho aparente da superfície, dado pela posição de observação, e da intensidade luminosa emitida pela superfície na direção do olho.

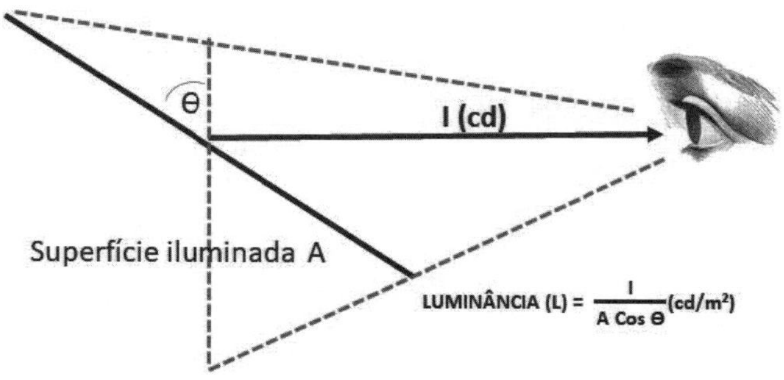

Figura 2.10 – Luminância de uma superfície.

A unidade de 1 cd/m^2 representa uma luminância relativamente pequena. Seu uso se dá na avaliação da luminosidade de superfícies iluminadas, por exemplo, áreas externas e revestimentos de vias iluminadas.

Para melhor representar valores de luminância, usa-se a unidade cd/cm², também conhecida como stilb (st). Uma candela por cm² é igual a 104 cd/m². Outra unidade de luminância é usada em países que adotam o sistema inglês de unidades, o *footlambert* (fl) que equivale a 1/ (cd/pé²). Uma luminância de 1 cd/pé² equivale a 3,4263 cd/m².

Tabela 2.3 – Exemplos de luminâncias (valores médios)

Fontes de luz	**cd/cm²**	**cd/m²**
Sol	150.000	
Céu claro	0,2 a 1,2	
Céu encoberto	0,1 a 0,6	
Lua	0,25	
Chama de vela	0,7	
Lâmpada incandescente bulbo transparente	100 a 2.000	
Lâmpada incandescente bulbo leitoso	1 a 5	
Lâmpada a vapor de sódio de baixa pressão	7,5 a 14	
Lâmpada fluorescente	0,3 a 1,3	
Via bem-iluminada		2
Texto em escritório bem-iluminado		250
Limiar de percepção da visão		10(– 5)

2.3 PARÂMETROS CARACTERÍSTICOS DOS MATERIAIS LUMINOTÉCNICOS

O comportamento dos materiais perante a luz pode ser expresso pelos graus de reflexão, absorção e transmissão da radiação luminosa incidente.

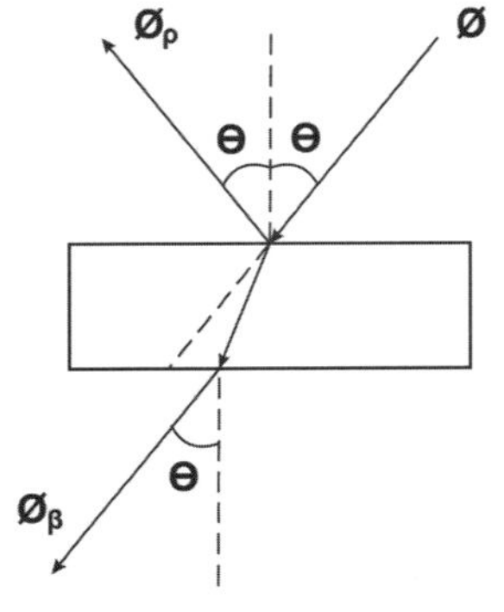

Figura 2.11 – Fluxo luminoso incidente em um material.

2.3.1 GRAUS DE REFLEXÃO, ABSORÇÃO E TRANSMISSÃO

O quanto os materiais refletem, absorvem e transmitem depende de suas características físicas. O somatório de todos os graus é igual ao fluxo luminoso incidente.

$$\rho = \frac{\text{Fluxo refletido}}{\text{Fluxo incidente}}$$

$$\alpha = \frac{\text{Fluxo absorvido}}{\text{Fluxo incidente}}$$

$$\beta = \frac{\text{Fluxo transmitido}}{\text{Fluxo incidente}}$$

Tabela 2.4 – Exemplos de graus de reflexão de alguns materiais (%)

Material	Reflexão (%)
Rocha	60
Tijolos	5...25
Cimento	15...40
Madeira clara	40
Madeira aglomerada	50...60
Madeira escura	15...20
Gesso	80
Esmalte branco	65...75
Azulejos brancos	60...75
Vidro transparente	68

Tabela 2.5 – Exemplo de graus de reflexão de algumas tintas (%)

Cor da tinta	Reflexão (%)
Branco / creme-claro	70...80
Amarelo-claro	55...65
Verde-claro / rosa	45...50
Azul-celeste / cinza-claro / bege	40...45
Amarelo-escuro / marrom-claro / verde-oliva – laranja	25...35
Vermelho / cinza-médio / verde-escuro	20...25
Vermelho-escuro / cinza-escuro / azul-escuro	10...15
Preto / azul-marinho	5...10

2.4 LÂMPADAS ELÉTRICAS

As lâmpadas elétricas podem ser divididas, para efeito de classificação em relação à forma de emissão de luz, em:

- lâmpadas incandescentes;
- lâmpadas de descarga;
- lâmpadas de indução.

As lâmpadas incandescentes deixaram de ser comercializadas, em função de sua potência e de seu rendimento luminoso serem menores do que os de outras lâmpadas com tecnologias mais avançadas, entre 2012 e 2016, cuja regulamentação foi feita pela Portaria Interministerial nº 1007/2010 - Ministérios das Minas e Energia (MME); da Ciência e Tecnologia e do Desenvolvimento (MCT), atualmente, Ministério da Ciência, Tecnologia, Inovações e Comunicações (MCTIC) e da Indústria e Comércio Exterior (MDIC).

Embora o foco da interrupção da produção e comercialização dessas lâmpadas tenha sido o da eficiência energética, o fator da qualidade na produção da luz não foi levado em conta. As lâmpadas incandescentes têm uma produção de luz contínua, enquanto as demais são pulsantes.

Apesar de não ser perceptível a olho nu, a pulsação das lâmpadas não incandescentes é de 120 ciclos por segundo. O olho humano leva cerca de 40 milissegundos para processar uma imagem, o que traz o limite de percepção para entre 20 a 25 ciclos por segundo.

No cinema, temos uma superposição de imagens de 24 quadros por segundo, o que dá ao espectador a percepção de continuidade no movimento. Em vídeos de alta definição, essa velocidade chega a 60 quadros por segundo.

Na escolha do tipo de lâmpada mais adequado para uma determinada aplicação, os parâmetros que devem ser observados são os seguintes:

- rendimento luminoso (lm/W);
- vida útil (horas);
- índice de reprodução de cor (IRC);
- temperatura da cor (TC).

Sob o ponto de vista econômico, a lâmpada mais indicada pode ser encontrada pelo índice comparativo de que, quanto menor, melhor o custo-benefício.

$$\text{Índice comparativo} = \frac{\text{custo da lâmpada e acessórios}}{\text{rendimento luminoso x vida útil}} \ (\text{R\$.W/lm.h})$$

No rendimento luminoso, deve ser incluída a perda nos reatores e dispositivos auxiliares. A Tabela 2.6 apresenta alguns rendimentos luminosos de vários tipos de lâmpadas. Mantém-se o rendimento das lâmpadas incandescentes como fato histórico, além de ser um elemento de comparação por ter sido a pioneira.

Tabela 2.6 – Rendimentos luminosos de algumas lâmpadas

Lâmpada	Rendimento (lm/W)
Incandescente	10 a 20
Luz mista	20 a 25
Fluorescente	20 a 70
Fluorescente compacta	55 a 60
Vapor de mercúrio	40 a 55
Vapor de sódio	90 a 120
Multivapores metálicos	65 a 85
LED (6,5 a 14 W)	67 a 100

Temperatura da cor é um termo usado para descrever a cor de uma fonte de luz quando comparada ao corpo negro, considerado corpo radiante perfeito, isto é, irradia energia na mesma taxa que a absorve. A cor de uma chama de vela é similar é a mesma do espectro de luz emitida pelo corpo negro aquecido a 1.800 K (Kelvin). Assim, diz-se que essa é a temperatura da cor da chama de vela.

Tabela 2.7 – Temperatura da cor de fontes de luz

Fonte de luz	Temperatura da cor (K)
Céu azul	10.000 a 30.000
Luz do dia (céu claro)	5.800 a 6.500
Luz do dia (sol ao meio-dia)	5.250
Luz da lua	4.100
Lâmpada incandescente 100 W	2.875
Lâmpada fluorescente compacta branca	6.500
Lâmpada de LED amarela	2.700 a 3.000
Lâmpada de LED branca	6.500 a 7.000

2.4.1 LÂMPADAS INCANDESCENTES (RIP)

Nas lâmpadas incandescentes, um filamento de tungstênio com espiral simples, duplo ou triplo é levado à incandescência pela passagem de uma corrente elétrica. Sua oxidação é evitada em um bulbo sob vácuo ou preenchido com gás quimicamente inerte, como o nitrogênio. O bulbo pode ser transparente, translúcido ou opaco, para redução da luminância.

O tungstênio é utilizado no filamento devido às suas ótimas propriedades para essa aplicação. Sua baixa pressão de vapor e seu alto ponto de fusão (3.655 K) permitem operação em altas temperaturas e, consequentemente, melhor eficiência em relação aos filamentos de carbono das primeiras lâmpadas comercializadas por Thomas Alva Edison (1879), passando por ósmio e tântalo, até chegar ao tungstênio. A vida útil de uma lâmpada incandescente era da ordem de mil horas.

Tabela 2.8 – Fluxo e rendimento luminoso de lâmpadas incandescentes

Potência (W)	Fluxo luminoso (lm)		Rendimento luminoso (lm/W)	
	127 V	*220 V*	*127 V*	*220 V*
25	265	230	10,6	9,2
40	465	400	11,6	10,0
60	780	670	13,0	11,2
75	1.020	890	13,6	11,9
100	1.460	1.280	14,6	12,8
150	2.380	2.100	15,9	14,0
200	3.300	2.950	16,5	14,8

Reprodução de cores e rendimento luminoso

O rendimento luminoso cresce com a potência da lâmpada. As lâmpadas de menor tensão tem rendimento maior, pois seus filamentos mais grossos podem ser mais sobrecarregados eletricamente. A vida útil dessas lâmpadas varia de acordo com a tensão de alimentação. Uma lâmpada com 105% da tensão nominal tem sua vida útil reduzida em 50%.

Quanto à reprodução de cores, as tonalidades quentes (amarelo, laranja e vermelho) são destacadas, e as tonalidades frias (violeta, azul e verde) são amortecidas.

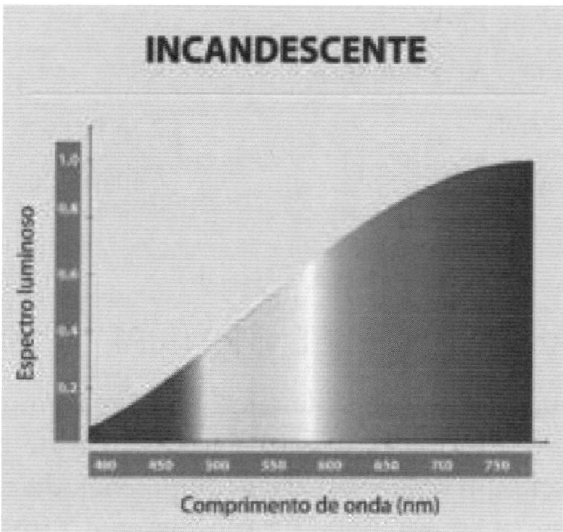

Figura 2.12 – Reprodução de cores – lâmpada incandescente.

Temperatura da cor

A cor da luz emitida por uma lâmpada incandescente é branca e avermelhada, com temperatura de cor de 2.750 a 2.900 K. A temperatura da cor está diretamente ligada ao rendimento luminoso da lâmpada. Isso se deve ao fato de obtermos melhor resultado aumentando a temperatura do filamento.

Tabela 2.9 – Temperatura da cor em função do rendimento luminoso

Rendimento luminoso (lm/W)	Temperatura da cor (K)
10	2.600
12	2.700
14	2.800
16	2.850

Cálculos elétricos

Pelo fato de uma lâmpada incandescente ser uma carga elétrica puramente resistiva, a onda de corrente é sincronizada com a onda de tensão, não gerando harmônicos na rede de distribuição. Sua vida útil é de cerca de mil horas.

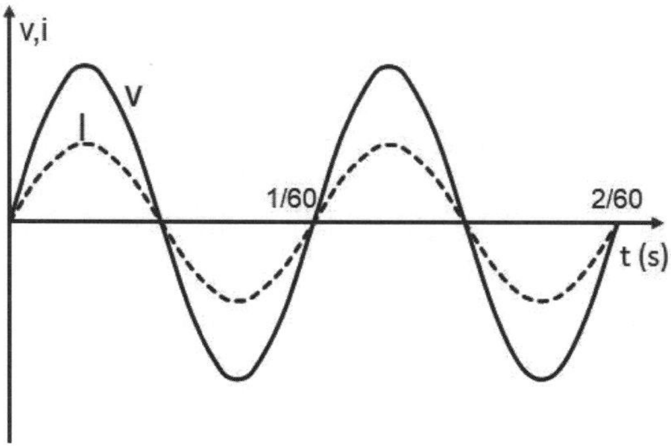

Figura 2.13 – Tensão e corrente – lâmpadas incandescentes.

A instalação desse tipo de lâmpada não requer dispositivos especiais, como reatores ou circuitos redutores de tensão; basta aplicar a tensão nominal da lâmpada nos seus terminais. A potência nominal considerada nos cálculos é a da própria lâmpada. Toda potência é ativa (watts), sem reativos, e, consequentemente, com fator de potência igual a 1. As lâmpadas incandescentes são dimerizáveis, isto é, podem ter a luminosidade controlada por redução de tensão.

O efeito transitório na ligação da lâmpada pode ser desprezado, em termos de proteção, devido ao curto intervalo de tempo de sua duração. É o tempo necessário para tirar o filamento da temperatura ambiente para a temperatura de operação.

Em relação ao conforto visual proporcionado por esse tipo de lâmpada, isso ocorre porque o filamento mantém a temperatura de operação mesmo com a variação da corrente elétrica. A inércia térmica é maior que a variação da corrente em 60 Hz. Por esse motivo, também não existe o efeito estroboscópico, efeito pulsante que ocorre quando uma fonte de luz ilumina um objeto em movimento.

2.4.2 LÂMPADAS FLUORESCENTES

Dos vários tipos de lâmpadas de descarga, só serão analisadas aqui as fluorescentes, por serem mais comuns na aplicação de iluminação de interiores. As outras lâmpadas de descarga, como as de sódio, mercúrio e vapores metálicos, são mais indicadas para a iluminação de exteriores.

A luz é produzida por uma contínua descarga elétrica em um gás ou vapor ionizado, gerando uma radiação de comprimento de onda ultravioleta, não visível, que, ao atravessar a superfície do bulbo da lâmpada, tratado com a luminescência de fósforo, converte a frequência das radiações em comprimento de onda visíveis.

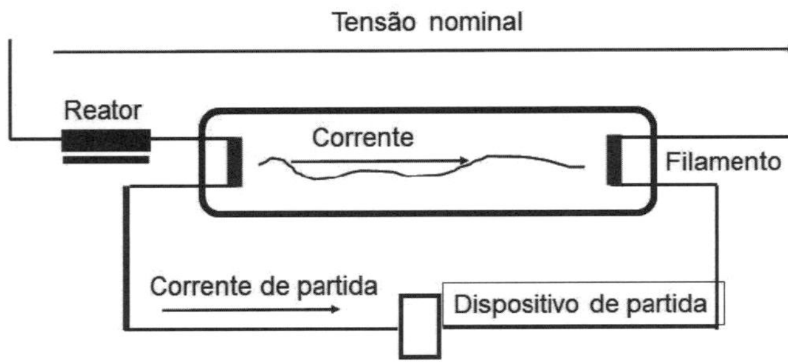

Figura 2.14 – Princípio de funcionamento de uma lâmpada fluorescente.

As lâmpadas fluorescentes necessitam de um dispositivo de partida (*starter*) para funcionar. A corrente, inicialmente, circula por fora da lâmpada, e, a partir da interrupção do dispositivo, surge uma sobretensão entre os filamentos da lâmpada que provoca a descarga pelo seu interior. Os dispositivos de partida *starters* foram incorporados aos reatores, que são denominados *reatores de partida rápida*.

A colisão entre os elétrons da corrente com as moléculas de gás no interior da lâmpada produz a radiação ultravioleta que, ao passar pelo bulbo tratado, converte o comprimento de onda em luz visível. É comum também o uso do termo *lâmpada fosforescente*.

A função do reator, além de provocar a sobretensão inicial, é a de controlar a corrente, uma vez que a resistência elétrica do gás é baixa. Dessa forma, tem-se um baixo fator de potência desse conjunto, da ordem de 0,5. Por isso, é necessária a correção desse fator de potência, que é importante para o dimensionamento dos circuitos que alimentam esse tipo de iluminação.

$$\text{Corrente} = \frac{\text{potências da lâmpada + reator (W)}}{\text{tensão (V) x fator de potência}} \text{(A)}$$

A duração das lâmpadas fluorescentes compactas é da ordem de 6 mil horas

Tabela 2.10 – Características técnicas das lâmpadas fluorescentes compactas

Potência (W)	Temperatura da cor (K)	Fluxo luminoso (lm)	Rendimento luminoso (lm/W)
15	2.700	840	56
15	6.500	840	56
20	2.700	1.180	59
20	6.500	1.180	59
23	2.700	1.380	60
23	6.500	1.380	60

Tabela 2.11 – Características técnicas das lâmpadas fluorescentes tubulares

Potência (W)	Temperatura da cor (K)	Fluxo luminoso (lm)	Rendimento luminoso (lm/W)
14	2.700	1.240	88,6
14	6.500	1.160	82,8
28	2.700	2.670	95,4
28	6.500	2.480	88,6

Os primeiros reatores utilizados eram construídos com núcleos magnéticos, cujas perdas eram maiores que os eletrônicos atuais, além de uma sensível melhora no fator de potência. Entretanto, deve-se observar a distorção harmônica provocada por esses dispositivos.

Um reator magnético, partida rápida, para duas lâmpadas de 20 W, tinha uma perda equivalente a 20 W, ou seja, uma perda proporcional a 50% da potência da lâmpada com um fator de potência natural de 0,5, corrigido para 0,9. Os reatores eletrônicos têm perdas proporcionais entre 10 e 20%, além de fator de potência próximo a 1.

Tabela 2.12 – Características dos reatores

Lâmpada (W)	Reator	Potência total (W)	Fator de potência
14	1x14	17	0,99
14	2x14	32	0,99
28	1x28	31	0,99
28	2x28	62	0,99

Reprodução, temperatura da cor e rendimento luminoso

Até pouco tempo, pensava-se que uma boa reprodução de cores só poderia ser conseguida a partir da eficiência luminosa. Com o intuito de satisfazer a todos os requisitos de eficiência, duração e IRC, muitos tipos de lâmpadas fluorescentes foram desenvolvidos. A busca por esses fatores levou ao desenvolvimento de dosagens de fósforo na parede interna dos bulbos das lâmpadas. Com isso conseguiu-se um conjunto de tipos de lâmpadas com temperaturas de cor entre 2.650 e 7.250 graus Kelvin, e eficiência luminosa entre 44 e 80 lm/W. A Tabela 2.13 apresenta um registro histórico dessas lâmpadas.

Tabela 2.13 – Características de lâmpadas fluorescentes

COR	Rendimento (Lm/W)	IRC (%)	Temperatura da cor (K)	Tonalidade
Luz do dia especial	44	93	7.250	Fria
Luz do dia	65	77	6.250	
Extra luz do dia	75	70	5.000	
Branca natural	44	93	4.100	Intermediária
Branca fria	80	65	4.100	
Branca de luxo	51	87	3.800	
Suave de luxo	44	93	2.650	Quente

O desenvolvimento tecnológico dessas lâmpadas na busca de eficiência luminosa, vida útil e grau de reprodução de cores levou à redução para apenas dois tipos: as de luz branca (6.500 K) e as de luz amarela (2.700 K).

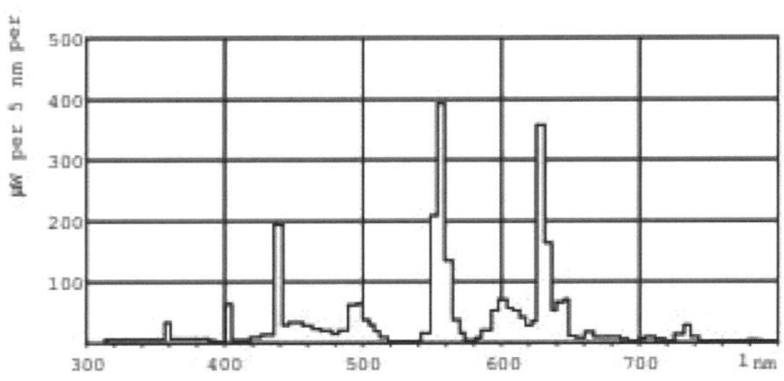

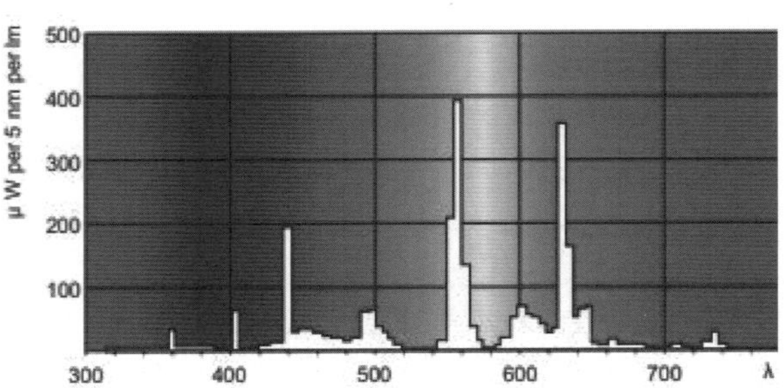

Figura 2.15 – Reprodução de cores – lâmpada fluorescente tubular 14 W – 3.000 K.

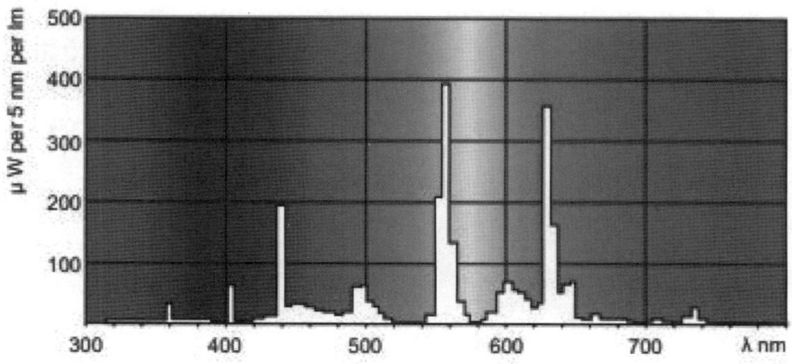

Figura 2.16 – Reprodução de cores – lâmpada fluorescente tubular 14 W – 4.000 K.

Cálculos elétricos

Em um circuito elétrico composto de lâmpadas fluorescentes, deve-se levar em conta que não se trata de uma carga resistiva. A vida útil de uma lâmpada fluorescente é de, aproximadamente, 6 mil horas.

Devido à necessidade de dispositivo de partida e de controle de tensão nos terminais da lâmpada, esses elementos introduzem uma não linearidade no processo. Esse controle de tensão pode ser feito por um reator de núcleo magnético ou por dispositivos eletrônicos.

Quando se trata de reatores de núcleo magnético, aplicando-se uma tensão senoidal à corrente elétrica resultante, não é perfeitamente senoidal, pois contém harmônicos. O grau de distorção dependerá da curva de histerese do núcleo magnético do reator e do valor da tensão aplicada.

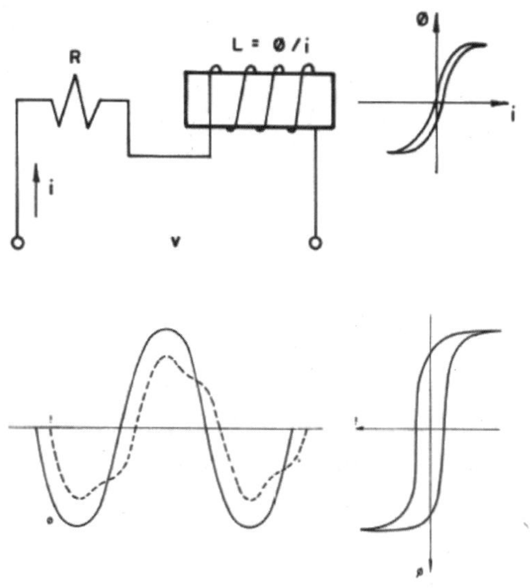

Figura 2.17 – Comportamento de reator de núcleo magnético.

Quando esse circuito é completo com a conexão de uma lâmpada fluorescente, as curvas de tensão e corrente são alteradas. A tensão na lâmpada se aproxima do formato de uma onda quadrada com picos no instante da inversão da corrente na lâmpada. Esses picos de tensão na lâmpada provocam deformação na onda de tensão.

Resultados obtidos em laboratórios mostraram o aparecimento de harmônicos na corrente elétrica desse circuito. A amplitude das harmônicas é mais severa no caso dos reatores duplos.

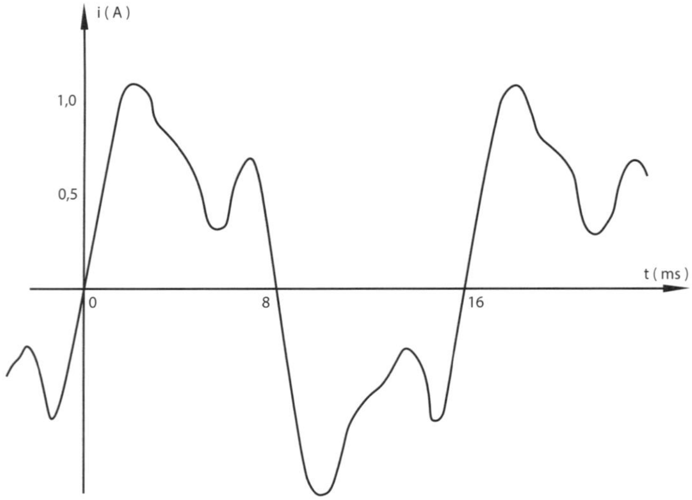

Figura 2.18 – Forma de onda de corrente de um circuito de duas lâmpadas e reator duplo.

No cálculo elétrico de circuitos compostos por lâmpadas fluorescentes, esse fator harmônico deve ser levado em consideração, bem como um fator de correção da corrente.

$$i_T = \sqrt{i^2_{1h} + i^2_{2h} + i^2_{3h} \ldots\ldots}$$

- iT = valor eficaz da corrente total
- Inh = valor eficaz da corrente da enésima harmônica

Determinar quais harmônicas e seus valores requer ensaios em laboratórios com equipamentos próprios para esse tipo de medida. Dessa forma, é recomendável o acréscimo de 10% na corrente calculada para cobrir esse efeito harmônico da corrente.

$$P = \frac{1{,}1(W_{lamp} + W_{reator})}{\text{Cos } \theta} \text{ (VA)}$$

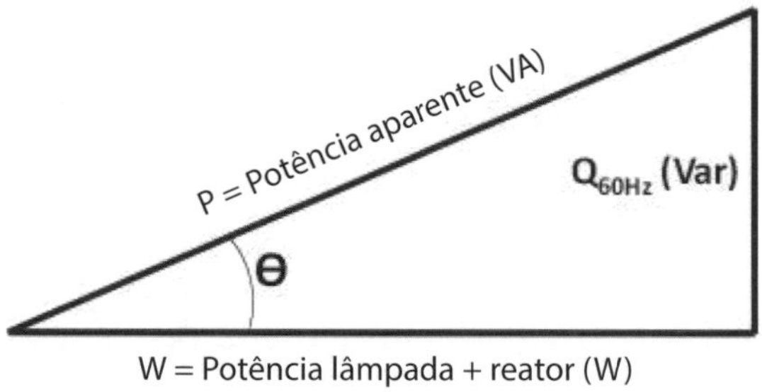

Figura 2.19 – Triângulo de potências em 60 Hz.

A forma mais precisa de se determinar a corrente circulante em circuitos com lâmpadas fluorescentes é considerando a potência reativa provocada pelas harmônicas presentes nesse tipo de instalação. Elas são geradas pelos circuitos que utilizam dispositivos de partida e controle de tensão eletrônico, ou de controle por núcleo magnético. Dessa forma, o fator de potência do triângulo de 60 hz (cos Θ) passa a ser o fator de deslocamento (cos δ), uma vez que as harmônicas não geram potência ativa em watts, mas apenas potência reativa em Var (QH).

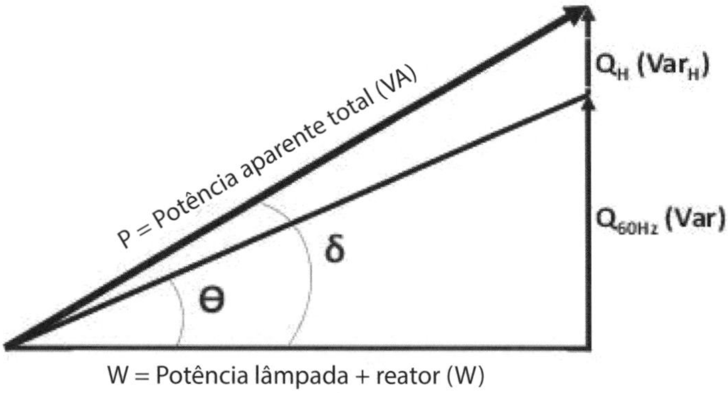

Figura 2.20 – Triângulo de potências considerando harmônicas.

No caso de reatores de núcleo magnético especial, a atenção deve ser dada à tensão nominal. Devido às tensões nominais de diferentes valores entre as distribuidoras, a especificação deve ser bem detalhada nesse quesito. Quando o reator trabalha com tensão superior à sua tensão nominal, aumentam-se as perdas nos enrolamentos e em seu núcleo, em uma proporção maior que o quadrado da tensão, trazendo aquecimento e redução de vida útil.

Efeito estroboscópico

A radiação eletromagnética emitida pelas lâmpadas fluorescentes oscila com o dobro da frequência da rede. No Brasil, a frequência é de 60 Hz; portanto, a oscilação é de 120 vezes por segundo. Na Argentina e no Paraguai, por exemplo, a frequência é de 50 Hz. Esse fator pode levar à ilusão de ótica nos objetos móveis.

Uma forma de evitar que tal efeito ocorra é usar circuitos em fases diferentes para a iluminação de um mesmo ambiente, por exemplo.

2.4.3 LÂMPADAS DE LED

O LED, *light-emitting diode* (diodo emissor de luz), é um diodo semicondutor, composto por cristais de silício e germânio, que, quando energizado, emite radiações eletromagnéticas em comprimentos de onda na faixa visível a olho nu. Não emitem radiação ultravioleta nem infravermelha. A vida útil de uma lâmpada de LED é de cerca de 15 mil horas.

A parte mais importante de um LED é o chip semicondutor, que é responsável pela geração de luz. Esse chip tem dimensões de cerca de 0,5 mm. Um LED tem polaridade, sendo um terminal negativo e um positivo. O terminal negativo recebe o nome de *catodo*, e o terminal positivo, de *anodo*.

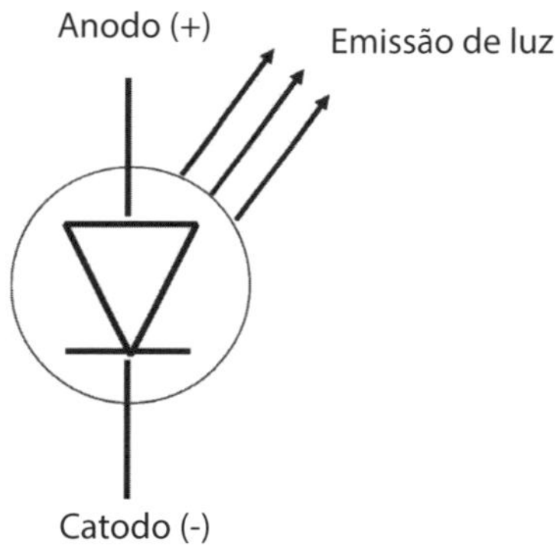

Figura 2.21 – Princípio de emissão de luz de um LED.

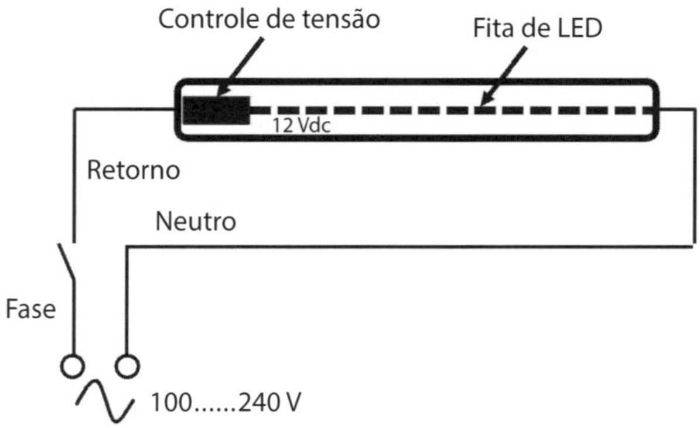

Figura 2.22 – Ligação de uma lâmpada de LED.

As lâmpadas de LED na forma clássica, tal qual as incandescentes, têm vida útil de 15 mil horas e são não dimerizáveis. Elas têm soquete E27 e podem ser instaladas da mesma forma que as lâmpadas incandescentes. Nem todas as lâmpadas LED clássicas estão disponíveis para tensões bivolts.

Tabela 2.14 – Características de lâmpadas de LED Clássicas (E27)

Potência (W)	Fluxo luminoso (lm)	Rendimento luminoso (lm/W)	Temperatura da cor (K)	IRC (%)
6,5	600	92,3	3.000	80
6,5	600	92,3	6.500	80
8,5	806	94,8	3.000	80
8,5	806	94,8	6.500	80
11	1.055	95,9	3.000	80
11	1.055	95,9	6.500	80
14	1.400	100,0	3.000	80
14	1.400	100,0	6.500	80

Lâmpadas de LED tubulares equivalentes às fluorescentes clássicas de 20, 40, 65 e 110 W podem ser instaladas nas mesmas luminárias, sem a necessidade de adaptações. A duração dessas lâmpadas chega a 25 mil horas, e elas podem ser alimentadas em tensões de 100 a 240 V. Normalmente, essas lâmpadas já vêm com fator de potência corrigido para 0,92. Entretanto, valem as mesmas recomendações em relação à distorção harmônica.

Tabela 2.15 – Características de lâmpadas de LED tubulares

Potência (W)	Fluxo luminoso (lm)	Rendimento luminoso (lm/W)	Temperatura da cor (K)	IRC (%)
18	1.850	102,0	3.000	80
18	1.850	102,0	4.000	80
18	1.850	102,0	6.500	80
26	3.900	150,0	4.000	83
26	3.900	150,0	6.500	83
33	4.000	121,2	6.500	80

Reprodução de cor e rendimento luminoso

A reprodução de cores dessas lâmpadas de LED é melhor do que as de tecnologia fluorescente. A explicação é a seguinte: a produção das radiações produzidas pelas fluorescentes se encontra na faixa de comprimento de onda das radiações ultravioleta e sua conversão em radiação visível requeria tratamentos especiais na camada de fósforo, na parte interna do bulbo dessas lâmpadas.

No caso das radiações de luz emitidas pelo LED, elas acontecem dentro do espectro visível, sem a necessidade de conversão de onda, o que melhora a eficiência e a reprodução de cores.

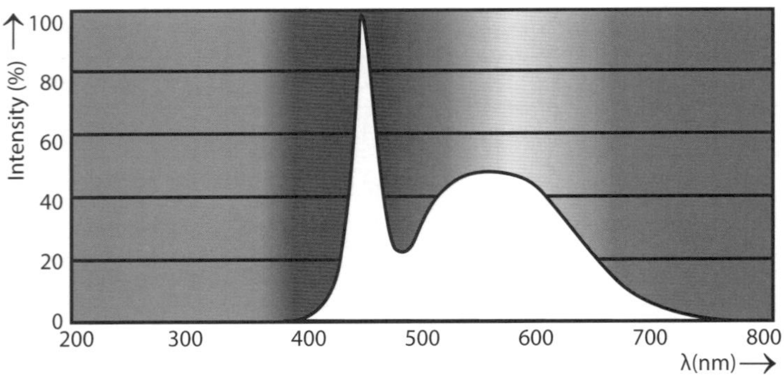

Figura 2.23 – Reprodução de cores – lâmpada de LED compacta 6,5 W – 6.500 K.

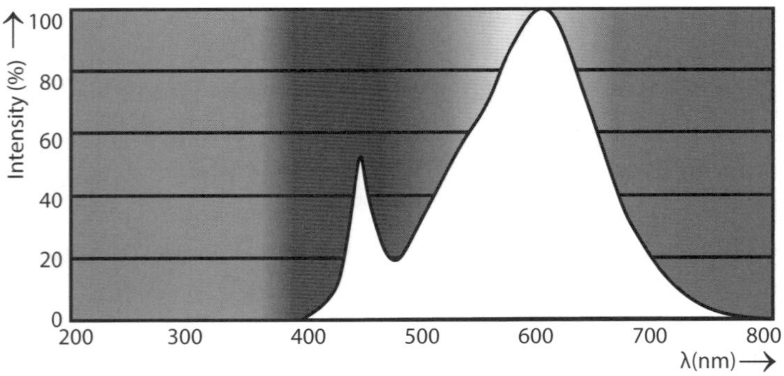

Figura 2.24 – Reprodução de cores – lâmpada de LED compacta 6,5 W – 3.000 K.

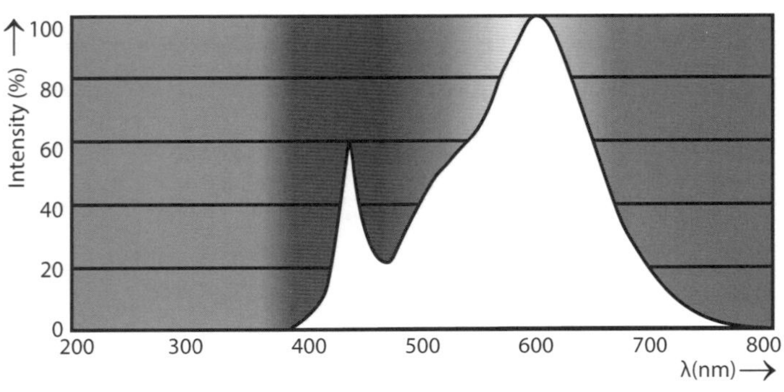

Figura 2.25 – Reprodução de cores – lâmpada de LED tubular 18 W – 3.000 K.

Temperatura da cor

A temperatura da cor da luz, percebida pelo olho humano, está disponível para as lâmpadas de LED clássicas (E27) nas temperaturas 3.000 K e 6.500 K. Já para as de LED tubulares estão disponíveis nas temperaturas de 3.000, 4.000 e 6.500 K.

Cálculos elétricos

As lâmpadas de LED funcionam em 12 V e necessitam de controle de tensão. Para esse tipo de lâmpada, os dispositivos de partida e o controle de tensão de entrada, para as bivolts, e a tensão no LED estão inseridos na própria lâmpada. Embora nos dados de catálogo o fator de potência especificado seja de 0,92, que é o fator de potência regulamentado, existe a ocorrência das harmônicas de corrente provocadas pelo processo de produção de luz e pelo dispositivo eletrônico do controle de tensão.

2.5 LUMINÁRIAS

Luminárias são dispositivos para fixação das lâmpadas e dos dispositivos elétricos, que também desempenham outras importantes funções e requisitos básicos:

- dar suporte e conexão elétrica para as lâmpadas e os dispositivos auxiliares;
- controlar a distribuição de luz da lâmpada, adaptando-a à finalidade da iluminação;
- manutenção da temperatura de operação da lâmpada e dispositivos dentro dos limites estabelecidos;
- proteger a lâmpada contra o ofuscamento, ocultando-a ou reduzir a sua luminância a nível suportável;
- facilitar a instalação e a conservação;
- proteger a lâmpada contra danos mecânicos ou químicos e promover a proteção elétrica adequada;
- ter aparência agradável;
- ser economicamente viável.

As luminárias podem ser divididas em seis grupos, de acordo com as suas curvas de distribuição luminosa (CDL). Sua escolha depende da aplicação e da avaliação do ofuscamento provocado no ambiente. São classificadas pela Comissão Internacional de Iluminação (CIE), de acordo com o percentual de fluxo luminoso para cima e para baixo do plano horizontal da luminária.

Tabela 2.16 – Classificação das luminárias de acordo com o fluxo luminoso

Classe da luminária	Fluxo luminoso % em relação ao horizontal	
	Para cima	Para baixo
Direta	0 – 10	90 – 100
Semi – direta	10 – 40	60 – 90
Geral – difusa	40 – 60	40 – 60
Semi – indireta	60 – 90	10 – 40
Indireta	90 – 100	0 – 10

O rendimento de serviço (η_{LB}) de uma luminária é a relação entre o fluxo luminoso que deixa a luminária na posição e nas condições térmicas de serviço e o fluxo luminoso total produzido pela lâmpada. Tal rendimento é usado no cálculo da iluminação de um recinto.

Conforme o tipo de luminária e sua distribuição luminosa, poderão ocorrer diferentes rendimentos de serviço (η_{LB}).

Tabela 2.17 – Tipos mais comuns de luminárias

Tipo de luminária	Rendimento aproximado de serviço
Aberta, com lâmpadas fluorescentes nuas	0,9
Com refletor ou embutidas abertas	0,7
Com refletor ou embutidas com lamelas	0,6
Tipo *plafonier*, com acrílico cristalino antiofuscante	0,5

As luminárias ainda são classificadas de acordo com a direção do fluxo luminoso que as orienta. Essa classificação é feita pela norma alemã DIN 5040, da seguinte forma:

- A1 – iluminação direta, feixe concentrado (por exemplo, luminárias com refletores espelhados, spots);
- A2 – iluminação direta, feixe difuso (por exemplo, luminárias com refletores esmaltados brancos, luminárias de embutir);
- B3 – iluminação de feixe largo (por exemplo, calha suspensa);
- C4 – iluminação semi-indireta de distribuição uniforme (por exemplo, luminárias de distribuição livre, faixas contínuas de luz, luminárias com refletor semi-invertido;
- E2 – iluminação indireta (por exemplo, luminárias dirigidas para o teto e sancas).

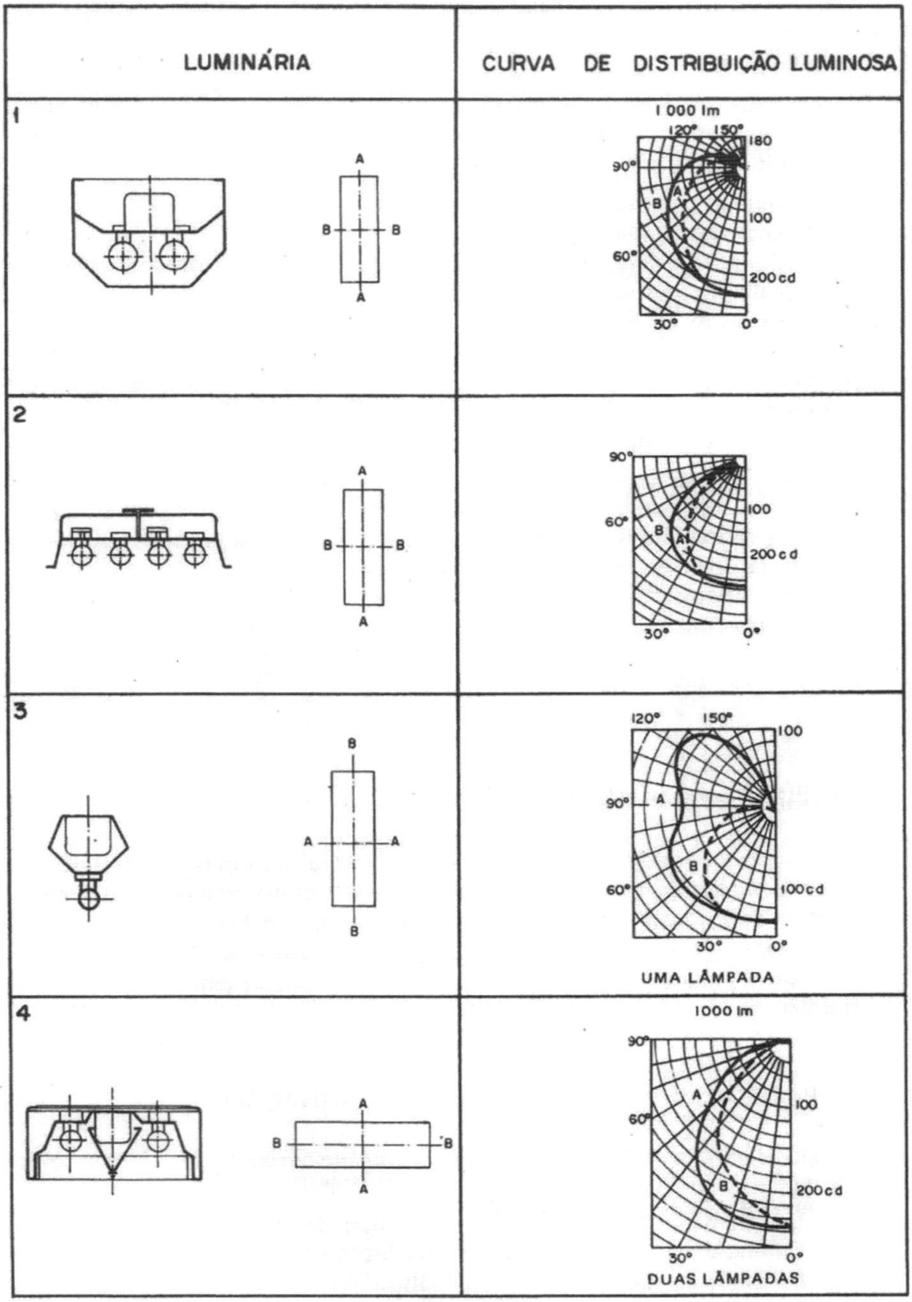

Figura 2.26 – Curvas de distribuição luminosa (CDL) de alguns tipos de luminárias.

2.6 ILUMINAÇÃO INTERNA

A iluminação interna é um item de fundamental importância em uma edificação. Uma iluminação projetada com critérios técnicos proporcionará aos usuários maior conforto e bem-estar. Em instalações de uso comercial, é importante considerar o fator de vendas. As instalações industriais e de serviços estão diretamente ligadas à produtividade. E, em ambientes de produção intelectual, não se podem ter ideias claras em ambientes mal-iluminados.

2.6.1 PADRÕES DE QUALIDADE DA ILUMINAÇÃO

Para se projetar uma iluminação com qualidade, devem ser levados em consideração vários fatores, como:

- iluminância adequada para o tipo de atividade a ser desempenhado;
- limitação de ofuscamento e brilho incômodo;
- distribuição harmônica da luminância no recinto;
- equilíbrio das sombras;
- temperatura da cor da lâmpada e cores do recinto adequadas.

2.6.2 ESCOLHA DO TIPO DE LÂMPADA

A iluminação artificial tem sempre de se aproximar da iluminação natural. Portanto, uma observação da luz solar é importante na escolha do tipo de lâmpada. Durante o dia, com céu claro, a temperatura da cor é fria, devido à tonalidade azulada, que indica temperaturas de cor da ordem de 6 mil a 7 mil K.

Ao pôr do sol, com o horizonte alaranjado, a temperatura de cor é da ordem de 2.500 a 3 mil K. Nessa esteira, para ambientes com baixos níveis de iluminância, para repouso ou atividade social, devem ser utilizadas lâmpadas de temperatura de cor quente. Já para níveis de iluminância mais elevados, como ambientes de trabalho, devem ser utilizadas lâmpadas de temperatura de cor fria.

Tabela 2.18 – Variação da aparência de cor como função da iluminância

Iluminância (lux)	Aparência da cor		
	Quente	Intermediária	Fria
≤ 500	Agradável	Neutra	Fria
500 – 1.000			
1.000 – 2.000	Estimulante	Agradável	Neutra
2.000 – 3.000			
≥ 3.000	Inatural	Estimulante	Agradável

2.6.3 ESQUEMA DE COR PARA INTERIORES

Um outro aspecto de cor que influencia o conforto visual e a agradabilidade de um ambiente é o esquema de cores usado para as superfícies. De modo geral, a fim de se obter uma alta eficiência de iluminação, cores claras devem ser usadas para as superfícies principais. Tetos normalmente são brancos ou de cores claras, ao passo que as demais superfícies são coloridas, de um modo ou de outro.

Não obstante os gostos pessoais sobre as cores mudem conforme personalidade, idade, sexo, clima e cultura, é possível formular um número de regras gerais para as cores de superfícies e a aparência de cor das fontes de luz:

- objetos de cores quentes são julgados como mais agradáveis de se ver sob a luz de cor quente do que de cor fria. Igualmente, a ausência de radiações em luz quente tem a tendência de anular as cores frias de objetos;
- as melhores fontes de luz para uso geral, de um ponto de vista do julgamento de uma faixa de cores de objetos, são as que têm aparência de cor intermediária. Lâmpadas desse tipo, portanto, podem ser chamadas de seguras sob esse aspecto;
- as cores preferíveis para fundos (paredes, tetos e objetos de grandes áreas) são as brancas ou pálidas com croma bastante baixo, isto é, tonalidade pastel. Em cores, portanto, poderão ser chamadas seguras para fundos. Por outro lado, cores de fundo muito escuras também são aceitáveis em alguns casos, mas cores médias são aceitáveis em último caso;
- a cor de um objeto, para ser avaliada como agradável, depende mais da cor do fundo do que da cor da luz usada. Portanto, uma escolha adequada de cor de fundo poderá contrabalançar, em maior ou menor escala, uma cor sofrível de fonte de luz. Igualmente, a cor de fundo poderá, quando inadequada, prejudicar o efeito de uma fonte de luz de cor boa;
- independentemente da aparência da cor da fonte de luz e da cor de fundo, as cores preferidas do objeto são azuis, azul esverdeadas e azul purpúreas. Essas cores, portanto, poderão ser consideradas como seguras para objetos. Na sequência, em cores de preferência se classificam o vermelho e alaranjado, enquanto o amarelo é o último classificado;
- portanto, enquanto as melhores cores de fundo para acentuar a agradabilidade das cores do objeto são claras, porém não saturadas, as cores preferenciais do objeto são as mesmas de saturação elevada. A saturação ou croma define o grau de pureza da cor;
- cores de produtos alimentícios geralmente são avaliadas como sendo mais favoráveis quando vistas sob luz quente do que sob luz fria;
- duas cores com a mesma tonalidade, ou quase a mesma, são julgadas mais harmoniosas que as cores situadas mais distanciadas na escala de cores;
- um ambiente colorido só satisfaz quando ele tem um aspecto vivo e variado. Repetições extensas de um desenho, não obstante aceito como agradável por

si mesmo, poderão levar à monotonia e, até certo ponto, ser desagradáveis e, portanto, provocar um efeito contrário ao desejado.

2.6.4 ILUMINÂNCIA – VALORES DE PROJETO

Uma iluminância adequada para o tipo de atividade é a base para um bom projeto de iluminação e também um dos muitos critérios de qualidade, não sendo possível, portanto, ser isolada como parâmetro absoluto. A Tabela 2.19 apresenta as iluminâncias desejadas em função das atividades visuais que serão desempenhadas no ambiente, conforme a ABNT/NBR 5413.

Tabela 2.19 – Iluminâncias por classe de tarefas visuais

Classe	Iluminância (lux)	Tipo de atividade
Iluminação geral – áreas com tarefas visuais simples	20 – 30 – 50	Áreas públicas
	50 – 75 – 100	Simples orientação
	100 – 150 – 200	Recintos – trabalho não contínuo
	200 – 300 – 500	Tarefas com requisitos visuais limitados
Iluminação geral – áreas de trabalho	500 – 750 – 1.000	Tarefas com requisitos visuais normais
	1.000 – 1.500 – 2.000	Tarefas com requisitos especiais
Iluminação adicional – tarefas visuais difíceis	2.000 – 3.000 – 5.000	Tarefas visuais exatas e prolongadas
	5.000 – 7.500 – 10.000	Tarefas visuais muito exatas
	10.000 – 15.000 – 20.000	Tarefas visuais muito especiais, cirurgia

Esses valores não são necessariamente definitivos. A influência psicológica da luz permite constatar uma sensível melhora na capacidade de trabalho em ambientes com iluminâncias acima de mil lux.

De maneira geral, a iluminância mínima para ambientes não destinados ao trabalho é de 100 lux, e para ambientes de trabalho, 150 lux. A NBR 5413 apresenta as iluminâncias específicas recomendadas para cada ambiente.

Na Tabela 2.20, estão indicados três valores de iluminância. Deve-se considerar o valor central para todos os casos.

O valor superior deve ser utilizado quando:

- a tarefa se apresenta com refletâncias e contrastes bastante baixos;
- eventuais erros são de difícil correção;
- o trabalho visual é crítico;
- alta produtividade ou precisão são de grande importância;
- a capacidade visual do observador está abaixo da média.

O valor inferior pode ser usado quando:

- refletâncias ou contrastes são relativamente altos;
- a velocidade e/ou a precisão não são importantes;
- a tarefa é executada ocasionalmente.

Tabela 2.20 – Iluminâncias recomendadas – NBR 5413/1992

Local	Ambiente	Detalhe	Iluminância (lux)
Residências	Sala de estar	Geral	100 – 150 – 200
		Local	300 – 500 – 750
	Cozinha	Geral	100 – 150 – 200
		Local	200 – 300 – 500
	Quartos	Geral	100 – 150 – 200
		Local	200 – 300 – 500
	Hall, escadas, despensas, garagens	Geral	75 – 100 – 150
		Local	200 – 300 – 500
	Banheiros	Geral	100 – 150 – 200
		Local	200 – 300 – 500
Escolas	Salas de aula	Geral	200 – 300 – 500
		Quadro	300 – 500 – 750
	Laboratórios	Geral	150 – 200 – 300
		Local	300 – 500 – 750
	Anfiteatros e auditórios	Plateia	150 – 200 – 300
		Tribuna	300 – 500 – 750
Bancos	Atendimento ao público		300 – 500 – 750
	Gerência		300 – 500 – 750
	Guichês		300 – 500 – 750
	Arquivos		200 – 300 – 500

2.6.5 LIMITAÇÃO DO OFUSCAMENTO

Um dos aspectos mais importantes a serem observados em iluminação é, sem dúvida, o ofuscamento causado por luminâncias exageradas de uma fonte de luz. Esse ofuscamento pode se comportar de duas formas:

- desabilitador – afeta a capacidade de se ver claramente;
- desconfortável – geralmente experimentado por uma sensação de incômodo, após permanecer em uma área de ofuscamento moderado por algum tempo.

Em iluminação de interiores, o ofuscamento desconfortável costuma ser mais comum do que o ofuscamento desabilitador. O grau de ofuscamento desconfortável depende primeiramente de:

- luminâncias das fontes de luz;
- número e tamanho aparente das fontes de luz;
- luminância geral do ambiente;
- posição das fontes de luz no campo de visão.

Os limites devem ser observados para luminâncias que são vistas sob uma direção normal da visão e sob ângulos maiores que 45°. O valor do ângulo γ até onde os limites de luminância que devem ser observados é dado pela equação:

$$tg\ \gamma = \frac{a_{máx}}{h_s}$$

Na qual $a_{máx}$ representa a distância horizontal máxima entre o observador e a luminária, e h_s, a distância vertical máxima entre a luminária e o nível do olho.

A luminância média de uma luminária em ângulo γ é obtida dividindo-se a intensidade luminosa (cd) na direção *I* pela superfície aparente as da luminária na mesma direção.

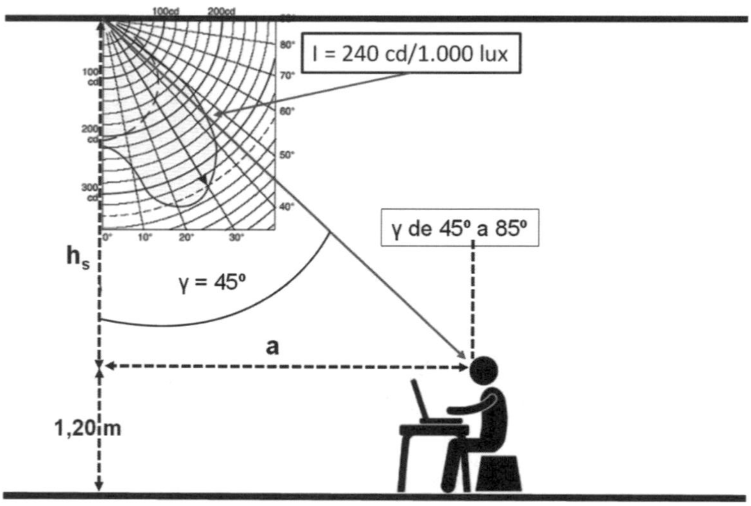

Figura 2.27 – Zona de radiante da luminária a ser observada.

Essas luminâncias devem ser calculadas para luminárias colocadas em um ângulo de visão entre 45° e 85° em relação ao observador. Na Figura 2.27, o cálculo da luminância no observador, considerando uma luminária com 2 lâmpadas de LED tubulares de 26 W com 3.900 lúmens cada, é de dimensões 1,30 x 0,30 m:

- I45° = 240 x 2x 3.900/1.000 = 1.872 (cd)
- AP = 1,3 x 0,3 x cos 45° = 0,276 m^2 (área aparente)
- L45° = 1.872/0,276 = 6.788 (cd/m^2)

A limitação do ofuscamento direto ao observador é suficiente quando a luminância média calculada não excede aos valores especificados pelas curvas de limitação dadas nas Figuras 2.28 e 2.29 para luminárias com e sem lados luminosos.

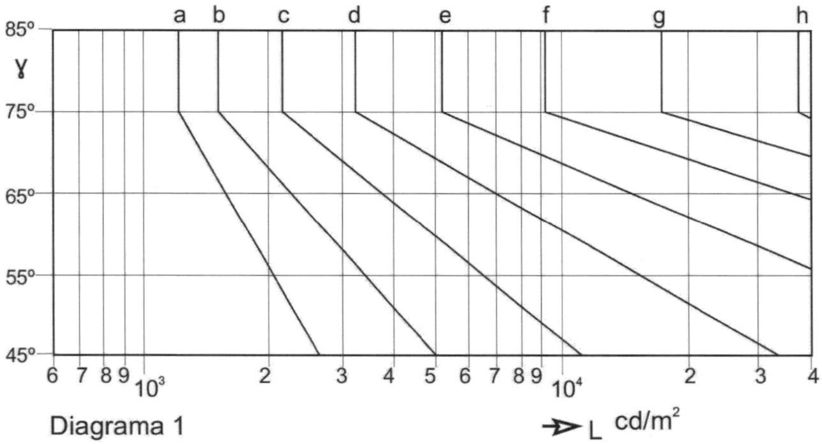

Figura 2.28 – Curvas de limitação de ofuscamento – luminárias sem lados luminosos.

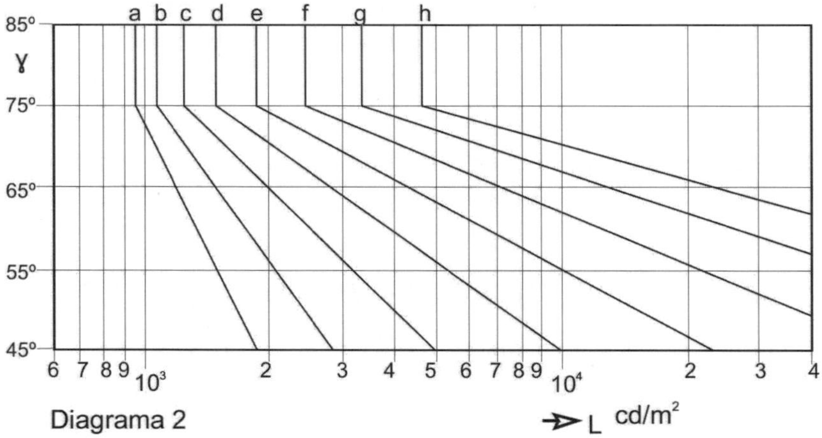

Figura 2.29 – Curvas de limitação de ofuscamento – luminárias com lados luminosos.

Os limites da classe I devem ser observados em interiores com iluminação de alta qualidade. Os limites da classe II representam um padrão mínimo por trabalho normal, isto é, tarefas simples de escritório. Os limites da classe III representam um padrão mínimo para interiores industriais e áreas de circulação em geral. Uma solução para evitar ofuscamentos indesejáveis é aumentar o número de pontos de luz com número menor de lâmpadas por luminária.

Tabela 2.21 – Classe de qualidade e iluminâncias correspondentes recomendadas – CIE

Classe de qualidade	Faixa de iluminância em serviço (lux) para as curvas				
	b	c	d	e	f
I	≥ 750	<750			
II		≥ 750	<750		
III				≥ 750	<750

No exemplo de cálculo relativo à Figura 2.27, a luminância de 6.788 (cd/m^2) está à esquerda da curva-limite c (Figura 2.28, luminária sem lados luminosos). Se o projeto for para iluminância inferior a 750 lux, não haverá ofuscamento prejudicial ao trabalho a ser desenvolvido, caso a classe de qualidade pretendida seja classe I. Caso contrário, deve-se alterar o projeto.

Se as luminárias calculadas estiverem à direita da curva-limite, o projeto deve ser alterado, por exemplo, selecionando-se outro tipo de luminária. Outro ofuscamento possível de ocorrer é o refletido, causado por luzes refletidas por objetos com superfícies refletidas. Esse tipo de ofuscamento pode ser reduzido:

- projetando-se o sistema de iluminação ou distribuindo as áreas de trabalho de tal maneira que nenhuma parte da tarefa esteja próxima ao ângulo de reflexão em relação ao centro de uma fonte de luz de certa luminosidade;
- aumentando-se a quantidade de luz que incide no campo de visão de uma direção aproximadamente perpendicular à direção da visão;
- utilizando-se de luminárias com grande superfície e baixa luminância;
- utilizando-se superfícies de trabalho, papéis, materiais de escritório, materiais de escrever etc., que têm superfícies foscas, a fim de reduzir o efeito de reflexão.

2.6.6 CÁLCULO DE ILUMINAÇÃO – MÉTODO DOS RENDIMENTOS

O método mais simples de cálculo para o fluxo luminoso (Ø) necessário para atingir uma iluminância média (E) em um recinto é, para iluminação de interiores, o método dos rendimentos. É calculado pela expressão:

$$\text{Ø} = \frac{E_{med} \times A}{\eta_{wp} \times M} \text{(lm)}$$

Na qual:

- Ø = fluxo luminoso total em lúmens;

- Emed = iluminância média recomendada para a atividade do recinto em lux;
- A = área do recinto a ser iluminado em m^2;
- ηwp = fator de utilização para o plano de trabalho;
- M = fator de manutenção.

A iluminância horizontal média é calculada para o plano de trabalho. Na ausência de um plano de trabalho definido, usa-se 0,85 m do solo. O fator de manutenção é definido como a razão de iluminância média no plano de trabalho após um certo período de uso e pela iluminância média obtida pela instalação nova. É, portanto, considerado como a depreciação total de vários fatores, entre eles, a depreciação do fluxo luminoso produzido pela lâmpada e a manutenção das luminárias. O período recomendado para a manutenção é de 12 meses para ambientes normais.

Tabela 2.22 – Fatores de manutenção

Categoria do recinto	Fator de manutenção do fluxo	Fator de manutenção da luminária e do recinto	Fator de manutenção total
Limpo	0,9	0,9	0,8
Médio	0,9	0,8	0,7
Sujo	0,9	0,7	0,6

O fator de utilização do recinto no plano de trabalho leva em conta quanto do fluxo luminoso emitido pela fonte de luz atinge o plano de trabalho, considerando as dimensões do recinto. Parte do fluxo luminoso atinge diretamente e parte atinge por reflexões do teto, paredes e piso.

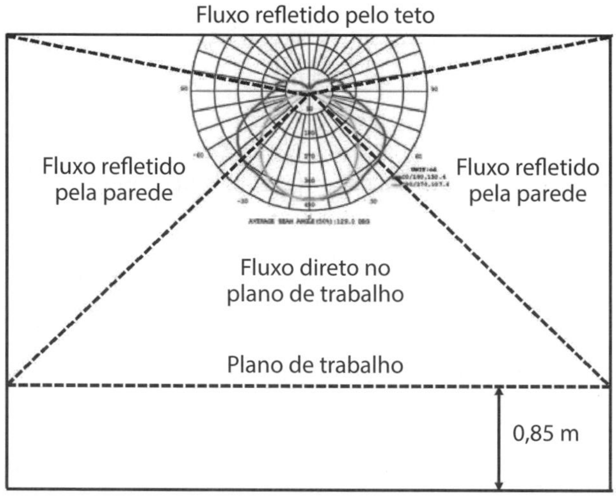

Figura 2.30 – Aproveitamento do fluxo luminoso em um recinto.

Para a determinação do fator de utilização do recinto, é preciso considerar o índice que avalia as dimensões dele, K.

$$K = \frac{a \times b}{h(a+b)} \quad \text{ou} \quad K' = \frac{3(a \times b)}{2h'(a+b)}$$

Na qual:

- K = índice do recinto;
- a = comprimento do recinto;
- b = largura do recinto;
- h = altura da fonte de luz ao plano de trabalho;
- h' = altura do teto ao plano de trabalho.

Um dos fatores mais importantes para a obtenção da iluminância média é a distribuição das luminárias em um recinto, também em relação ao grau de ofuscamento provocado pelas fontes de luz. Quanto mais distribuídas as luminárias em um recinto, mais uniforme é a iluminância e menor o grau de ofuscamento causado pelas luminâncias. As recomendações para a distribuição das luminárias no sentido do comprimento e largura são apresentadas na Tabela 2.23. A distância de uma luminária até a parede deve ser a metade da distância entre luminárias, tanto em um sentido quanto no outro.

Tabela 2.23 – Número de luminárias em função de K

K	0,6	0,8	1,0	1,25	1,5	2,0	2,5	3,0	4,0	5,0
C	2	2	3	3	4	4	5	6	8	10
L	1	2	2	3	3	4	4	4	5	6

C representa o número de luminárias no sentido do comprimento, e L, no sentido da largura.

Os valores para o fator de utilização para o plano de trabalho (ηwp) a serem considerados são os apresentados nos catálogos dos bons fabricantes de luminárias. A Tabela 2.24 traz os fatores para um tipo específico de luminárias e válidos apenas quando da especificação dessas. Ela será utilizada para exemplificar seu uso e calcular a iluminação de um recinto exemplo.

Na Tabela 2.24, os índices de reflexão do teto, parede e piso são representados pelos primeiros algarismos. Assim, um recinto com graus de reflexão de teto de 70%, parede de 50% e piso de 10% está representado pela coluna 751, e assim por diante.

Tabela 2.24 – Fatores de utilização (ηwp)

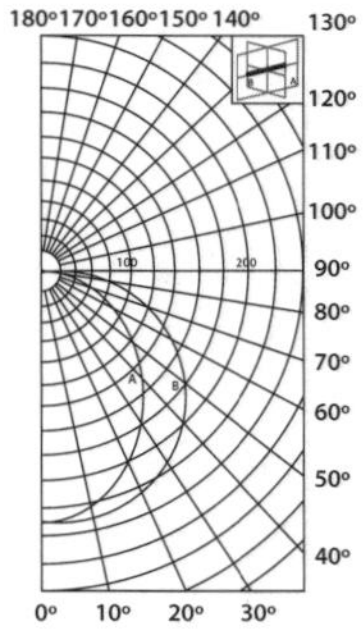

K	751	731	711	551	531	511	331	311	000
0,60	0,31	0,26	0,23	0,30	0,26	0,23	0,26	0,23	0,22
0,80	0,38	0,33	0,29	0,37	0,32	0,29	0,32	0,29	0,28
1,00	0,43	0,38	0,35	0,42	0,37	0,34	0,37	0,34	0,33
1,25	0,47	0,43	0,40	0,46	0,42	0,39	0,42	0,39	0,38
1,50	0,51	0,47	0,43	0,49	0,46	0,43	0,45	0,43	0,41
2,00	0,55	0,52	0,49	0,54	0,51	0,49	0,50	0,48	0,47
2,50	0,58	0,56	0,53	0,57	0,55	0,53	0,54	0,52	0,50
3,00	0,61	0,58	0,56	0,59	0,57	0,55	0,56	0,54	0,53
4,00	0,63	0,61	0,59	0,62	0,60	0,58	0,59	0,58	0,56
5,00	0,64	0,63	0,61	0,63	0,62	0,60	0,61	0,59	0,58

2.6.7 EXEMPLO DE CÁLCULO DE ILUMINAÇÃO: MÉTODO DOS RENDIMENTOS

a) Dados do projeto:

- objetivo: calcular a iluminação de uma sala de escritórios para uma iluminância média de 500 lux;
- largura = 10 m;
- comprimento = 15 m;
- área = 150 m^2;
- altura = 3,5 m;
- altura do Plano de trabalho = 0,85 m.

Graus de reflexão

- Teto – 70%;
- parede – 50%;
- piso – 10%.

b) Índice do recinto K = 10 x 15/((3,5 – 0,85)(10+15)) = 2,26.

c) Luminárias embutidas no teto classe A2 (Fig 2.26).

d) Fator de utilização ηwp = 0,5656 (por interpolação da Tab 2.24).

e) Fator de manutenção M = 0,9 (Tab 2.22).

f) Cálculo do fluxo luminoso E = 147.336,2 lúmens.

g) Cálculo do número de lâmpadas:

- utilizando lâmpadas de LED tubulares de 26 W, 4 mil K (intermediária) com 3.900 lm cada;
- NL = 37,8 lâmpadas.

h) Número de luminárias:

C = 5 no sentido do comprimento e L = 4 no sentido da largura (Tab 2.23).

i) Recomendação de projeto: 20 luminárias de 2 lâmpadas de LED tubulares de 26 W; temperatura da cor de 4.000 K.

j) Iluminância final:

é importante o posicionamento das luminárias no teto. Elas devem ser colocadas de tal forma tal que a maior quantidade de fluxo luminoso das lâmpadas fique direcionada para a maior distância entre o centro das luminárias. Como a maior distância é no sentido do comprimento de 15 metros, as luminárias devem ser colocadas longitudinalmente em paralelo com a largura do recinto.

$$E_{méd} = \frac{Ø \times \eta_{wp} \times M}{A} \text{ (lx)}$$

$$E_{méd} = \frac{40 \times 3900 \times 0{,}5656 \times 0{,}9}{150} = 529{,}4 \text{ lx}$$

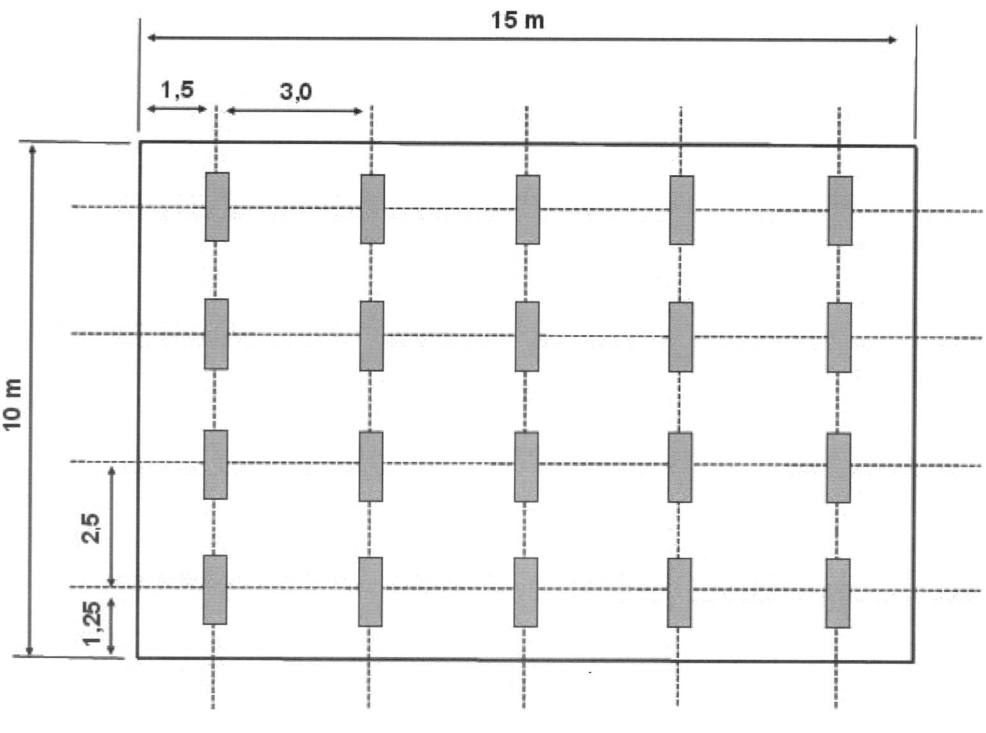

Figura 2.31 – Distribuição das luminárias no recinto projetado.

REFERÊNCIAS

ABNT. **NBR 5413**: Iluminância de interiores. Rio de Janeiro: ABNT, 1992.

ABNT. **NBR ISO/CIE 8995 - 1**: Iluminação de Ambientes de Trabalho: Parte 1: Interior. Rio de Janeiro: ABNT, 2013.

ABREU, J. P. G. Novas Definições Elétricas e o Preço da Energia. **Revista Eletricidade Moderna Editora Aranda**, v. X, p. X, maio, 1997.

EISBERG, R. RESNICK, R. **Física Quântica**: átomos, moléculas, sólidos, núcleos e partículas. Rio de Janeiro: Campus, 1988.

HADDAD, J.; NEGRISOLI, M.; GUIMARÃES, C. A. Comportamento de Reatores com Variação de Tensão. **Revista Eletricidade Moderna - MM Editora**, Ano XV, nº 158, p. 25 a 30, mar, 1987.

IES. **Lighting Handbook**. 10. ed. Nova York: Illuminating Engineering Society, 2011.

PHILIPS. **Manual de Iluminação**. 3. ed. Holland: Philips Lighting Division, 1981.

PHILIPS. **Catálogos de Iluminação Lumicenter**. Disponível em: <iluminacao.com.br/reprodução de cores>.

SINDAT. **Sistema de Informações Geográficas Cadastrais do SIN**, 2021. Disponível em: <http://www.ons.org.br/paginas/sobre-o-sin/mapas>.

WESTINGHOUSE. **Manual de Luminotécnica**. Westinghouse: 1976.

CAPÍTULO 3

DETERMINAÇÃO DA CAPACIDADE DOS PONTOS DE CONSUMO DE ENERGIA ELÉTRICA

De nada adianta a mente conceber se as mãos não puderem executar.

ANTÔNIO AURELIANO CHAVES DE MENDONÇA
Projeto Pró-Memória IEMI/IEI/EFEI/UNIFEI

3.1 INTRODUÇÃO

A determinação da potência de um ponto de consumo de energia elétrica é função do equipamento a ser conectado nesse ponto. Quando as tomadas são exclusivas para aparelhos fixos de consumo mais elevados que os portáteis (por exemplo, ar-condicionado, chuveiro, aquecedores elétricos de acumulação, torneira elétrica, micro-ondas, lava-louça, lava-roupas etc.), tomam-se as informações técnicas desses aparelhos, como, tensão, potência e fator de potência, para a correta especificação de tomadas e circuitos correspondentes.

Neste capítulo, são mostrados os critérios de colocação das tomadas e as maneiras práticas do levantamento da potência elétrica de alguns aparelhos usados em instalações elétricas residenciais e comerciais. A determinação exata dessas cargas especiais, como, ar-condicionado, bombas para recalque de água e aquecedores elétricos, é assunto específico de cada ramo da engenharia. Os processos de cálculo apresentados têm por objetivo o levantamento aproximado desses aparelhos para previsão de carga da instalação elétrica.

3.2 INSTALAÇÃO DE TOMADAS

As exigências normativas, em relação a instalações de tomadas tratadas neste livro, referem-se a instalações residenciais, de apart-hotéis, *flats*, hotéis, motéis e similares. Além das regras recomendadas pela NBR 5410 na sua Seção 4, são apresentadas sugestões para melhoria da segurança e do conforto dos usuários das instalações elétricas.

3.2.1 TOMADAS DE CARGA CONSIDERADA 100 VA

As tomadas para uso não exclusivo de um determinado equipamento são consideradas, para efeito de projeto, como tendo uma carga equivalente a 100 VA. Essas tomadas não são utilizadas simultaneamente e, portanto, esse valor não deve ser considerado como um limite. O que importa é a capacidade nominal dessas tomadas; por exemplo, 10 A em 127 V, o que equivale a 1.270 VA. Para estabelecer o número mínimo desses tipos de tomadas, recomendam-se os seguintes critérios:

- para dependências comuns, devem ser instaladas 1 tomada para os primeiros 6 m^2 e, para áreas superiores, 1 a cada 5 m de perímetro;
- em banheiros, deve ser instalada 1 tomada junto ao lavatório, desde que no mínimo a 0,60 m da área de box e banheiras (Volume 3, conforme item 9 da NBR 5410);
- em subsolos, garagens, sótãos ou varandas, deve haver pelo menos 1 tomada.

Essas são recomendações mínimas. Com a crescente utilização de aparelhos com necessidade de carregamento, como celulares, tablets etc., é interessante que o usuário não necessite procurar por uma tomada. Ela deve sempre estar disponível e em número suficiente para que não se caia na tentação do uso de multiplicadores de pontos, os conhecidos como "tês", e extensões que multiplicam o número de pontos. Esses artifícios podem provocar acidentes, por aumentarem a potência de um ponto de consumo sem que o circuito elétrico (proteção, condutores e tomadas) tenha sido dimensionado para tal.

O ideal é que em cada parede haja, pelo menos, uma tomada, e sobre balcões, bancadas e mesas de cabeceira haja sempre um ponto de tomada disponível para carregamento de aparelhos móveis, sem a necessidade de que o usuário se abaixe para conexão do aparelho à tomada.

3.2.2 TOMADAS DE CARGA CONSIDERADA 600 VA

A potência de 600 VA deve ser considerada para tomadas instaladas em cozinhas, áreas de serviço, lavanderias, copas, banheiros e locais análogos. Embora a recomendação seja de 3 tomadas com essa potência e as demais, de 100 VA, deve-se observar que equipamentos com corrente elétrica superior a 10 A têm seus plugues com diâmetro maior que as tomadas para 10 A, conforme NBR 14136/2012

Os circuitos para atender a essa região das instalações devem ser dimensionados para 20 A devido à maioria dos equipamentos para essas áreas terem potência superior a 1.200 VA. Podem ser citados fornos elétricos, torradeiras, lava-louças, máquinas de lavar roupa, ferro elétrico, secadores de cabelo, aspiradores de pó etc. É interessante que, nessas áreas mencionadas, todas as tomadas e seus respectivos circuitos sejam dimensionados para 20 A, inclusive em todas as outras dependências deve haver pelo menos uma tomada especificada para 20 A.

Sobre as bancadas e pias, devem ser previstas tomadas, além das necessárias aos equipamentos fixos, para equipamentos móveis. Essas tomadas devem ser instaladas a 30 cm de altura em relação à bancada.

3.2.3 TOMADAS DE USO EXCLUSIVO

Aparelhos fixos e de potência superior a 1.200 VA devem ter sua tomada de uso exclusivo e com um circuito especialmente projetado para ele. A Tabela 3.1 apresenta as potências de alguns equipamentos de uso residencial e comercial.

Tabela 3.1 – Potências típicas de alguns eletrodomésticos

Aparelhos	Potência (VA)
Airfryer	1.400 a 1.800
Aparelhos de ar-condicionado	900 a 3.600
Aquecedores elétricos centrais	1.000 a 2.500
Aquecedores elétricos de passagem	8.000
Aspiradores de pó	1.000 a 1.800
Batedeiras	100 a 300
Cafeteiras elétricas	500 a 750
Chuveiros elétricos	4.500 a 7.800
Exaustores	150 a 350
Ferros elétricos	1.000 a 1.500
Fornos elétricos	1.000 a 1.500
Fornos micro-ondas	1.000 a 1.500
Freezers	300 a 500
Liquidificadores	200 a 350
Máquinas de café expresso	1.200 a 1.500
Máquinas de lavar louça	1.500 a 2.500
Máquinas de lavar roupas	400 a 800
Secadora de roupas	4.000 a 5.000
Refrigeradores	150 a 400

(continua)

Tabela 3.1 – Potências típicas de alguns eletrodomésticos (*continuação*)

Aparelhos	Potência (VA)
Secadores de cabelo	1.000 a 1.500
Televisores	50 a 150
Torneiras elétricas	5.000 a 5.500
Torradeiras	750 a 1.000

3.3 CONDICIONADORES DE AR

Embora o dimensionamento exato dos condicionadores de ar seja de uma área específica da engenharia, será apresentado um método simplificado, com o objetivo de proporcionar ao projetista das instalações elétricas uma orientação para a especificação adequada do circuito elétrico, a fim de que suporte a carga elétrica desses equipamentos.

No cálculo do circuito elétrico para atendimento dessa carga elétrica, as informações de potência, tensão e fator de potência são necessárias, e, na maioria das vezes, tais informações não estão disponíveis no momento do projeto elétrico; daí a necessidade dessa estimativa.

3.3.1 DETERMINAÇÃO DA CARGA TÉRMICA

a) Determine o volume do local em metros cúbicos e multiplique pela quantidade de kcal/h para cada m^3 do recinto. A unidade de energia térmica no Sistema Internacional de Unidades (SI) é caloria (cal), e seu múltiplo, quilocaloria (kcal). Outra unidade para a energia térmica é o BTU/h (*British Thermal Unit*). Uma kcal/h equivale a 3,97 BTU/h.

Tabela 3.2 – Coeficientes de volume do recinto em kcal/(h.m^3)

Entre andares	Sob telhados
16,00	22,33

b) Determine as áreas de janelas:

- some a área de todas as janelas situadas na mesma parede;
- verifique se possuem ou possuirão cortinas;
- verifique a posição do recinto em relação ao sol, se será iluminado pelo Sol da manhã ou da tarde;
- multiplique a área encontrada pela densidade de energia térmica (kcal/(h.m^2)).

Quando houver mais de uma parede com janelas, deve-se considerar aquela que receber a maior quantidade de calor. As outras janelas das outras paredes devem ser consideradas à sombra.

Tabela 3.3 – Coeficientes de área de janelas em kcal/(h.m^2)

Com cortina		**Sem cortina**		**À sombra**
Sol da manhã	**Sol da tarde**	**Sol da manhã**	**Sol da tarde**	
160	212	222	410	37

c) Verifique o número de pessoas que habitualmente permanecem no local e multiplique esse número por 125 kcal/h por pessoa.

d) Some as áreas das portas, dos arcos ou vãos que possam permanecer abertos para espaços sem condicionamento de ar e multiplique esse valor por 125 kcal/h por m^2.

Quando a largura da porta, do arco ou vão exceder um terço do comprimento da parede em que está localizada, o espaço vizinho deve ser considerado como parte integrante do ambiente a ter seu ar-condicionado.

e) Quando houver algum aparelho elétrico em uso no ambiente e que libere calor, tais como, esterilizadores, estufas, cafeteiras, lâmpadas etc. deve ser considerada 0,9 kcal/h por cada watt de potência dissipada no ambiente.

Tabela 3.4 – Levantamento da carga térmica do local

Item	**Tipo**	**Quantidade**	**Unidade**	**Carga térmica (kcal/h)**
a	Recinto		m^3	
b	Janelas		m^2	
c	Pessoas			
d	Portas		m^2	
e	Aparelhos		watts	
TOTAL				

Calculada a carga térmica necessária ao local, procuram-se especificar os equipamentos de ar-condicionado mais adequados e, de posse de suas características elétricas, dimensionar os circuitos para atendimento exclusivo desses dispositivos.

Tabela 3.5 – Características elétricas de aparelhos de ar-condicionado quente/frio

Capacidade térmica	**BTU/h**	9.000	12.000	18.000	24.000	36.000
	Kcal/h	2.267	3.022	4.534	6.045	9.068
Potência (W)		815	1.085	1.630	1.990	2.895
Corrente (A)		4,5	6,0	8,2	9,6	13,8
Tensão (V)		220	220	220	220	220
Potência (VA)		990	1.320	1.804	2.112	3.036

Os dados da Tabela 3.5 são orientativos. Durante o projeto, devem ser consultados os respectivos catálogos dos fabricantes ou dos dados do projeto de ar-condicionado.

Exemplo 3.1

– Calcular o(s) aparelho(s) de ar-condicionado para a sala.

Tome-se a sala do exemplo do Item 2.6.7 do Capítulo 2:

- comprimento – 15 m;
- largura – 10 m;
- altura – 3,5 m;
- volume – 525 m^3;
- janela de 15 m de comprimento por 2 m de altura, com cortina, recebendo o sol da manhã;
- número de pessoas no recinto – 20;
- duas portas de 1 m de largura por 2 m de altura;
- aparelhos diversos + iluminação – 2.000 W.

Item	Tipo	Quantidade	Unidade	Carga térmica (kcal/h)
a	Recinto	525	m^3	8.400
b	Janelas	30	m^2	4.800
c	Pessoas	20		2.500
d	Portas	4	m^2	500
e	Aparelhos	2.000	watts	1.800
TOTAL				18.000

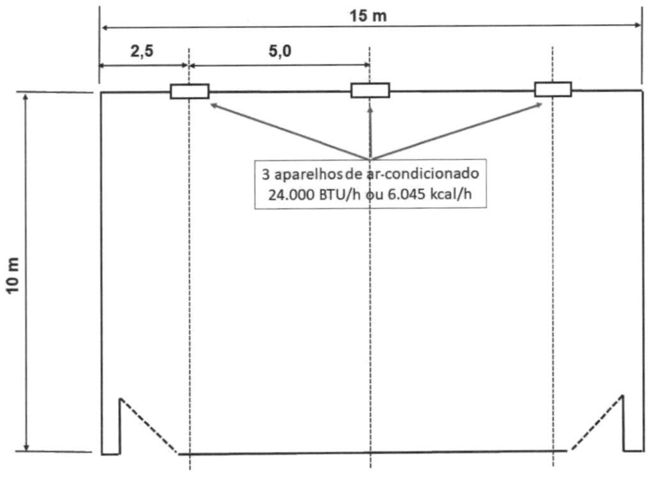

Figura 3.1 – Sala de escritórios do exemplo.

Resultado: três aparelhos de ar-condicionado com 24.000 BTU/h cada. Potência aparente de cada aparelho de 2.112 VA, e alimentação monofásica em 220 V.

3.4 SISTEMA PARA ELEVAÇÃO DE ÁGUA

Em um projeto elétrico predial, deve ser prevista a instalação de um conjunto elevatório (motor-bomba) para levar água até a caixa superior. A seguir, é mostrado um processo orientativo para o dimensionamento da instalação elétrica desse sistema, caso o projeto hidráulico não esteja disponível por ocasião da elaboração do projeto de instalações elétricas.

3.4.1 POTÊNCIA DOS MOTORES PARA BOMBAS DE RECALQUE DE ÁGUA

O conjunto elevatório motor-bomba deverá ser capaz de vencer uma diferença de nível entre os níveis inferior e superior as perdas de carga na tubulação por atrito e devido a peças especiais necessárias ao longo do trajeto. A potência do motor necessária para elevar água da caixa inferior para a caixa superior é dada pela expressão:

$$P = \frac{\Upsilon . Q . H}{75 . \eta}$$

- P = potência do motor em cavalo vapor (cv);
- Υ = peso específico do líquido a ser elevado (água ou esgoto = 1.000kg/m^3);
- H = altura total (incluindo as perdas de carga) em metros;
- η = rendimento da bomba;
- Q = vazão em m^3/s;
- 1 cv = 75 kgm/s.

Os valores adotados para o cálculo de um sistema elevatório são feitos considerando-se um consumo médio de utilização diária de 200 litros por pessoa, tanto para residências quanto para apartamentos. Segundo a Organização das Nações Unidas (ONU), o uso de 110 litros de água por dia é suficiente para atender às necessidades básicas de higiene e consumo de uma pessoa. Cada brasileiro usa, em média, 185 litros/dia de água. O índice da Comunidade Europeia é de 200 litros. Antes de executar qualquer projeto, é necessário consultar o consumo médio da região. No Rio de Janeiro, o consumo médio é de 250 litros.

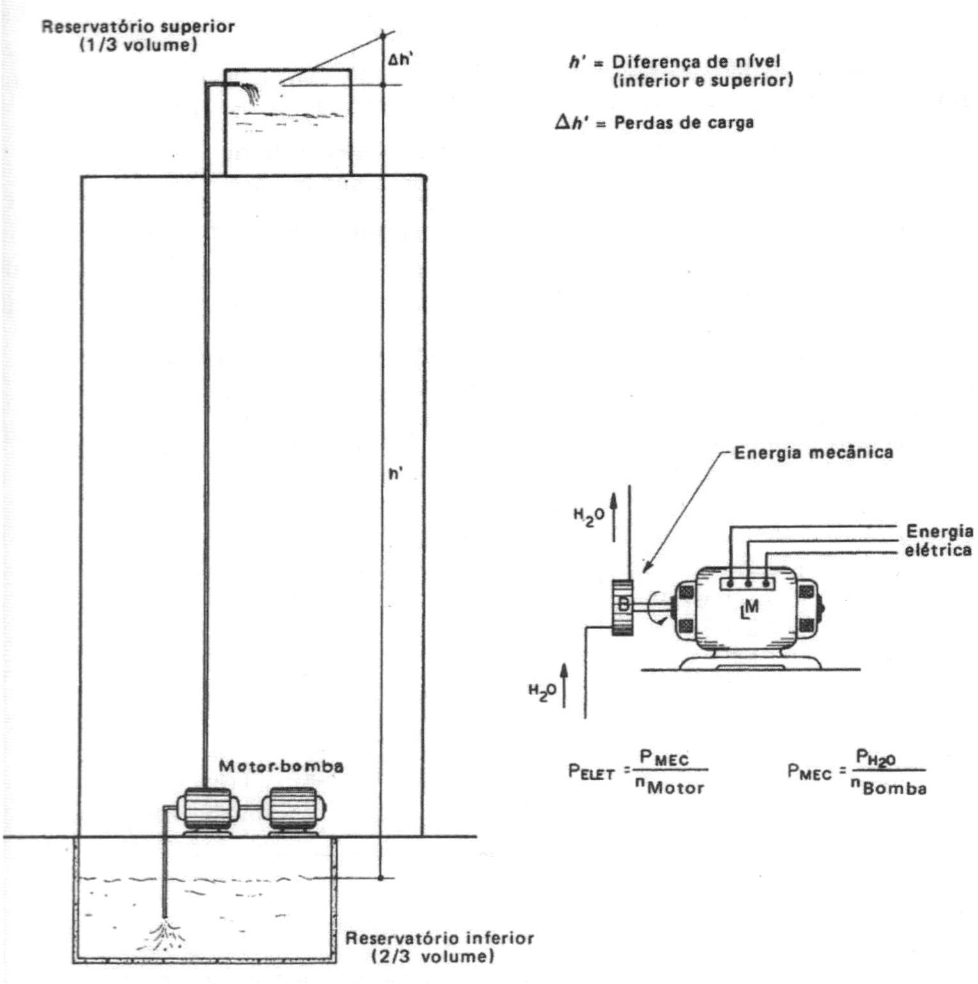

Figura 3.2 – Conjunto elevatório motor-bomba.

3.4.2 RENDIMENTO DAS BOMBAS

O rendimento das bombas de recalque de água, até certo ponto, pode variar com a potência por motivos construtivos, sendo mais elevado para as grandes máquinas, variando também com a altura de elevação dos líquidos.

De forma geral as bombas centrífugas apresentam rendimentos típicos de acordo com a Tabela 3.6.

Tabela 3.6 – Rendimentos típicos de bombas hidráulicas

W = 1.700 rpm hmáx = 15 m		**W = 3.400 rpm hmáx = 25 m**		**W = 3.400 rpm hmáx = 60 m**	
Vazão (l/min)	η (%)	**Vazão (l/min)**	η (%)	**Vazão (l/min)**	η (%)
10	30	20	30	20	30
20	40	40	40	40	40
30	50	60	50	60	50
40	53	80	53	80	53

3.4.3 POTÊNCIA INSTALADA

Deve-se admitir, na prática, uma certa reserva de potência para os motores elétricos. Os seguintes acréscimos são recomendáveis:

Tabela 3.7 – Características elétricas de aparelhos de ar-condicionado quente/frio

Potência (cv)	**Acréscimo (%)**
Até 2	50
De 2 a 5	30
De 5 a 10	20
De 10 a 20	15
Acima de 20	10

Determinada a mínima potência elétrica do motor necessária para garantir a elevação da água da caixa inferior até a superior, verifica-se a potência nominal entre os valores padronizados. Tais potência são: 1/3; ½; ¾; 1; 1 ½; 2; 3; 5; 6; 7 1/2; 10; 12 ½; 15; 20, 25; 30; 40; 50.

Para o cálculo da corrente elétrica nominal que o motor solicitará da rede, usa-se uma das seguintes fórmulas, dependendo do tipo de ligação:

$$I_n = \frac{P.736}{\sqrt{3}.V_{ff}.\eta.\cos\theta}$$ para motores trifásicos

$$I_n = \frac{P.736}{V_{fn}.\eta.\cos\theta}$$ para motores monofásicos

- In = corrente nominal do motor (A);
- P = potência elétrica do motor (cv);
- Vff = tensão entre fases (V);
- Vfn = tensão entre fase e neutro (V);
- Cos Θ= fator de potência;
- η = rendimento do motor.

Tabela 3.8 – Características elétricas de motores de indução monofásicos – 2 polos (220 V)

Potência		Corrente nominal In	Corrente de rotor bloqueado Ip/In	Rendimento %	Fator de potência
CV	kW				
1/3	0,25	2,6	6,6	60	0,73
1/2	0,37	3,6	6,5	62	0,75
3/4	0,55	5,1	5,6	64	0,77
1,00	0,74	6,3	7,2	70	0,76
1,50	1,1	9,15	6,7	70	0,78
2,00	1,47	12,9	6,7	72	0,72
3,00	2,21	16,5	5,6	78	0,78

Tabela 3.9 – Características elétricas de motores de indução trifásicos – 2 polos (220 V)

Potência		Corrente nominal In	Corrente de rotor bloqueado	Rendimento %	Fator de potência
cv	kW				
0,5	0,37	1,71	5,5	68,4	0,83
0,75	0,55	2,39	6,2	71	0,85
1	0,75	3,01	7,2	77	0,85
1,5	1,1	4,28	7,5	78,5	0,86
2	1,5	5,46	7,5	81	0,89
3	2,2	8,43	7,8	81,5	0,84
4	3	11	7,9	83	0,86
5	3,7	12,9	8	85,6	0,88

3.4.4 EXEMPLO DE CÁLCULO DE MOTOR PARA BOMBA-D'ÁGUA

- 10 andares de dois apartamentos cada (3 quartos);
- população estimada = 20 x 5 = 100 pessoas;
- consumo diário = 200 (l/pessoa) 100 pessoas = 20.000 l;

- volume de água a ser elevado diariamente – 20 m^3;
- vazão = 20 m^3/ 8 horas = 2,5 m^3/h = 41,7 l/min;
- vazão adotada = 60 (l/min) = 10-3 (m^3/s);
- diferença de nível = 40 m;
- rendimento da bomba = 0,50;
- perdas = 5 m;
- altura total = 45 m;
- potência mínima – motor monofásico:

$$P = \frac{1000\,(kg/m^3).10^{-3}(m^3/s).45(m)}{75((kgm/s)/cv).0,5} = \mathbf{1,2\,(cv)};$$

- acréscimo de 50% = 1,8 (cv);
- motor adotado = 2 (cv)

$$I_n = \frac{2.736}{220.0,72.0,72} = 12,9\ A$$

3.5 AQUECEDORES ELÉTRICOS CENTRAIS

A potência elétrica requerida por uma instalação de água quente depende do sistema de aquecimento escolhido. As opções são chuveiros elétricos, aquecedores de passagem e aquecimento por acumulação. A escolha do tamanho do aquecedor por acumulação, que mantém a água permanentemente aquecida a uma temperatura média de 70º C, depende do consumo a ser atendido.

Tabela 3.10 – Estimativa de consumo de água quente

Utilização	Consumo médio (l/dia)
Casa popular	36 por pessoa
Residência	45 por pessoa
Apartamento	60 por pessoa
Hotel (sem cozinha e lavanderia)	36 por hóspede
Hospital	125 por leito
Restaurante	12 por refeição
Lavanderia	15 por kg de roupa seca

Tabela 3.11 – Características elétricas de aquecedores por acumulação

Volume diário (l)	Capacidade do aquecedor (l)	Potência (W)	Tensão (V)
60	50	1.000	127/220
95	75	1.200	127/220
130	100	1.250	127/220
200	150	1.500	127/220
260	200	2.000	127/220
330	250	2.500	127/220
430	300	3.000	127/220

Exemplo de cálculo de aquecedor por acumulação de água:

- dado = apartamento de 3 dormitórios – população – 5 pessoas;
- consumo diário = 5 (pessoas) x 60 (l/pessoa) = 300 litros;
- volume do aquecedor = 250 litros;
- potência = 2.500 W;
- tensão = 220 V;
- corrente = 11,4 A.

3.6 ELEVADORES

Para o projeto elétrico de uma instalação predial, devemos prever a potência elétrica requerida pelo sistema. A escolha dos elevadores deve ser feita conforme determina a NBR 5665.

3.6.1 CAPACIDADE DE TRÁFEGO

A capacidade de tráfego é o número de pessoas atendidas por intervalo de tempo. A instalação deve ser capaz de transportar em 5 minutos as seguintes percentagens mínimas da população de um edifício, de acordo com o item 5.2 da NBR 5665:

- escritórios de uma única entidade: 15%;
- escritórios em geral e consultórios: 12%;
- apartamentos: 10%;
- hotéis (para hóspedes e funcionários): 10%;
- restaurantes (para frequentadores): 6%;
- hospitais:
  - quando houver tubos de queda para roupas e lixo, e monta-cargas para o serviço de nutrição: 8%.

    - quando não houver essas condições: 12%.
- escolas: 20%;
- garagens com rampa e sem manobristas: 10%;
- lojas e centros comerciais: 10%.

A capacidade de tráfego total deve ser calculada somando-se as capacidades de tráfego de cada elevador.

3.6.2 POPULAÇÃO DE UM EDIFÍCIO

A população de um edifício pode ser calculada com base nas seguintes relações, conforme o Item 5.1 da NBR 5665:

- escritórios de uma única entidade: 1 pessoa por 7 m^2 de área;
- escritórios em geral e consultórios: 1 pessoa por 7 m^2 de área;
- apartamentos:
    - 2 pessoas por apartamento de 1 dormitório;
    - 4 pessoas por apartamento de 2 dormitórios;
    - 5 pessoas por apartamento de 3 dormitórios;
    - 6 pessoas por apartamento de 4 ou mais dormitórios;
    - 1 pessoa por dormitório de funcionário.
- hotéis: 2 pessoas por dormitório;
- restaurantes: 1 pessoa por 1,5 m^2 de salão de refeições;
- hospitais: 2,5 pessoas por leito;
- escolas:
    - salas de aula: 1 pessoa a cada 2 m^2 de sala de aulas;
    - salas de administração: 1 pessoa a cada 7 m^2.
- garagem: 4 pessoas por vaga;
- lojas e centros comerciais: 1 pessoa por 4 m^2 de loja.

3.6.3 INTERVALO DE TRÁFEGO

O intervalo de tráfego máximo admissível deve obedecer aos valores estabelecidos na Tabela 3.12, de acordo com o item 6.5 da NBR 5665, exceto para edifícios onde os elevadores que atendem exclusivamente a apartamentos, para os quais não existe uma exigência nessa norma. Entretanto, recomendam-se os intervalos de tráfego constantes na Tabela 3.13, conforme a legislação da cidade do Rio de Janeiro para edifícios com mais de 15 andares.

O intervalo de tráfego real da instalação de elevadores deve ser calculado pela fórmula:

$$I = \frac{T}{n_e}$$

- I = intervalo de tráfego (s);
- T = tempo total de viagem (s);
- ne = número de elevadores.

Tabela 3.12 – Intervalos de tráfego máximo para edifícios residenciais

Número de elevadores	Intervalo de tráfego (s)
1	100
2	80
3	70
4 ou mais	60

Tabela 3.13 – Intervalos de tráfego máximo para prédios

<table>
<tr><th>Número de elevadores</th><th>Finalidade do prédio</th><th>Intervalo de tráfego (s)</th></tr>
<tr><td>1</td><td rowspan="3">Geral</td><td>80</td></tr>
<tr><td>2</td><td>60</td></tr>
<tr><td>3</td><td>50</td></tr>
<tr><td rowspan="4">≥4 zoneados ou não</td><td>Escritório entidade única</td><td>40</td></tr>
<tr><td>Escritórios em geral e consultórios</td><td>40</td></tr>
<tr><td>Hospitais</td><td>45</td></tr>
<tr><td>Hotéis</td><td>45</td></tr>
<tr><td rowspan="4">Zoneados independentes do número de Elevadores</td><td>Escolas</td><td>45</td></tr>
<tr><td>Lojas</td><td>45</td></tr>
<tr><td>Garagens</td><td>45</td></tr>
<tr><td>Restaurantes</td><td>45</td></tr>
</table>

3.6.4 TEMPO TOTAL DE VIAGEM

O tempo total de viagem (T) deve ser calculado pela fórmula:

$$T = T1 + T2 + 1{,}1(T3 + T4)$$

- T = tempo total de viagem;
- T1 = tempo de percurso total, ida e volta, entre pavimentos extremos sem paradas;
- T2 = tempo de aceleração e retardamento (metade do resultado da multiplicação do número de paradas prováveis, N, pelos tempos da Tab. 3.14);
- T3 = tempo total de abertura e fechamento de portas (resultado da multiplicação de N pelo tempo de abertura e fechamento das portas por parada dado pela Tab. 3.15);
- T4 = tempo total de entrada e saída de passageiros (resultado da multiplicação do valor correspondente a 80% da lotação da cabine do elevador pelo tempo de entrada e saída de cada passageiro, dado pela Tabela 3.16).

Tabela 3.14 – Tempo de aceleração e retardamento

Velocidade (m/s)	Tempo (s)
0,75	2,50
1,00	3,00
1,25	3,00
1,50	3,50
1,75	4,00
2,00	4,50
2,50	5,50
> 2,50	6,00

Tabela 3.15 – Tempo de abertura e fechamento de portas

Tipo de porta	Tempo (s)
Abertura central (AC)	3,90
Abertura lateral (AL)	5,50
Eixo vertical (EV)	6,00

Tabela 3.16 – Tempo de entrada e saída de passageiros

Abertura da porta (m)	Tempo (s)
<1,10	2,40
≥1,10	2,00

3.6.5 PARADAS PROVÁVEIS

O número de paradas prováveis que o elevador pode efetuar é função da capacidade da cabina e da quantidade de pavimentos a serem atendidos. O número de paradas prováveis deve ser calculado pela fórmula, conforme Item 6.2 da NBR 5665:

$$N = p - (p-1)\left(\frac{p-2}{p-1}\right)^{c}$$

- N = número de paradas prováveis;
- p = número de paradas do elevador;
- c = 80% da lotação da cabina, excluindo-se ascensorista, quando houver.

3.6.6 CAPACIDADE DE TRANSPORTE

É a quantidade de pessoas que serão transportadas por um elevador em um tempo de 5 minutos (300 segundos).

$$C_t = \frac{0{,}8.L.300}{T}$$

- Ct = capacidade de transporte;
- L = lotação da cabina;
- T = tempo total de viagem.

3.6.7 VELOCIDADES RECOMENDADAS

Para prédios comerciais, hospitais e hotéis, as velocidades recomendadas, em função do percurso, estão indicadas na Tabela 3.17, e, para edifícios residenciais, na Tabela 3.18.

Tabela 3.17 – Velocidades recomendadas para edifícios não residenciais

Percurso (m)	Velocidade (m/s)
Até 17	De 0,50 a 1,00
De 18 a 29	De 1,00 a 1,75
De 30 a 44	De 1,75 a 2,50
De 45 a 59	De 2,50 a 3,50
De 60 a 74	De 3,50 a 4,00
De 75 a 89	De 4,00 a 5,00
De 90 a 150	De 5,00 a 6,00
>150	De 6,00 a 8,00

Tabela 3.18 – Velocidades recomendadas para edifícios residenciais

Percurso (m)	Velocidade (m/s)
Até 29	De 0,75 a 1,00
De 30 a 44	De 1,00 a 1,50
De 45 a 59	De 1,25 a 2,00
De 60 a 74	De 1,75 a 2,50
De 75 a 90	De 2,50 a 3,50

Tabela 3.19 – Dados técnicos típicos de elevadores

Lotação (pessoas)	Velocidade (m/s)	Potência (cv)	Paradas recomendadas (máx.)
6	0,75	6	15
6	1,00	7,5	21
8	1,00	10,5	21
8	1,50	15	30
10	1,00	10,5	21
12	1,00	11,5	21
12	1,50	20	30

3.6.8 EXEMPLO DE DIMENSIONAMENTO DE ELEVADORES

Dimensionar os elevadores para atender a um edifício de uso residencial, com 15 andares, de 2 apartamentos de 3 quartos por andar. Altura de 60 m.

População

- Apartamentos de 3 quartos = 5 pessoas por apartamento;
- população total do edifício = 75 pessoas;
- população a ser transportada em 5 minutos (10%) = 7,5 pessoas;
- intervalo de tráfego = 80 segundos para 2 elevadores (social e serviço);
- inicialmente se adota o conjunto menor para o cálculo. No caso um elevador de 6 passageiros com velocidade de 0,75 (m/s), abertura lateral.

Tempo total de viagem

- C = 80% da capacidade = 4,8;
- P = número de paradas do elevador = 16;

- número de paradas prováveis = 5,23;
- percurso total = 120 m;
- T1 = 120 (m)/0,75 (m/s) = 160 segundos;
- T2 = 5,23 x 2,5/2 = 6,54 segundos;
- T3 = 5,23 x 3,9 = 20,4 segundos;
- T4 = 0,8 x 6 x 2,00 = 9,60 segundos;
- T = T1 + T2 + 1,1 x (T3 + T4) = 199,54 segundos.

Capacidade de transporte

- Ct = 0.8 x 6 x 300/199,54 = 7,22 pessoas em 5 minutos;
- Capacidade de tráfego = 7,5 pessoas.

Resultado: o elevador escolhido ficou abaixo da capacidade de tráfego mínima para 5 minutos, que é de 7,5 pessoas.

Recalculando para o elevador de capacidade de 6 pessoas e 1,00 m/s de velocidade, tem-se:

Tempo total de viagem

- C = 80% da capacidade = 4,8;
- P = número de paradas do elevador = 16;
- número de paradas prováveis = 5,23;
- percurso total = 120 m;
- T1 = 120 (m)/1,00 (m/s) = 120 segundos;
- T2 = 5,23 x 3,00/2 = 7,85 segundos;
- T3 = 5,23 x 3,9 = 20,4 segundos;
- T4 = 0,8 x 6 x 2,00 = 9,60 segundos;
- T = T1 + T2 + 1,1 x (T3 + T4) = 160,85 segundos.

Capacidade de transporte

Ct = 0.8 x 6 x 300/160,85 = 8,95 pessoas em 5 minutos;

Capacidade de tráfego = 7,5 pessoas.

Resultado: elevador para 6 passageiros, com velocidade de 1,00 m/s e abertura lateral. Motor de 7,5 cv.

REFERÊNCIAS

ABNT. **NBR 5410**: Instalações elétricas de baixa tensão. Rio de Janeiro: ABNT, 2008.

ABNT. **NBR 5626**: Instalação predial de água fria. Rio de Janeiro: ABNT, 1998.

ABNT. **NBR 5665**: Cálculo do tráfego nos elevadores. Rio de Janeiro: ABNT, 1983.

ABNT. **NBR 7198**: Projeto e execução de instalações prediais de água quente. Rio de Janeiro: ABNT, 1993.

ANA. **Agência Nacional de Águas e Saneamento Básico**, c2021. Página inicial. Disponível em: <https://www.gov.br/ana/pt-br>. Acesso em: 06 de maio de 2021.

ANEEL. **A sua conta de luz por sua conta**. Brasília: ANEEL, SMA, 2001.

NETO, J. M. A. **Manual de Hidráulica**. São Paulo: Blucher, 1977.

OTIS. **Informativo Técnico**. [S.l.]: Otis, [s.d.].

PHILCO. **Informativo Técnico**. [S.l.]: Philco, [s.d.].

CAPÍTULO 4

CONDUTORES ELÉTRICOS DE BAIXA TENSÃO

Se a ciência é filha da observação e da experiência, estes são os meios pelos quais ela deve ser ensinada.

Princípio de ensino – IEMI/IEI/EFEI/UNIFEI – Projeto Pró-Memória

4.1 CARACTERÍSTICAS CONSTRUTIVAS

Os condutores elétricos de baixa tensão têm uma constituição mais simples do que os condutores de média e alta tensões devido ao campo elétrico gerado pela tensão no condutor. Nas tensões mais elevadas (a partir da média tensão), os cabos necessitam de blindagem aterrada.

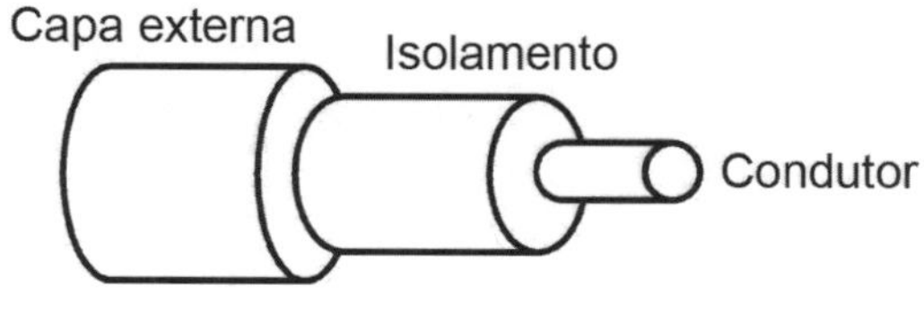

Figura 4.1 – Condutor elétrico singelo típico de baixa tensão.

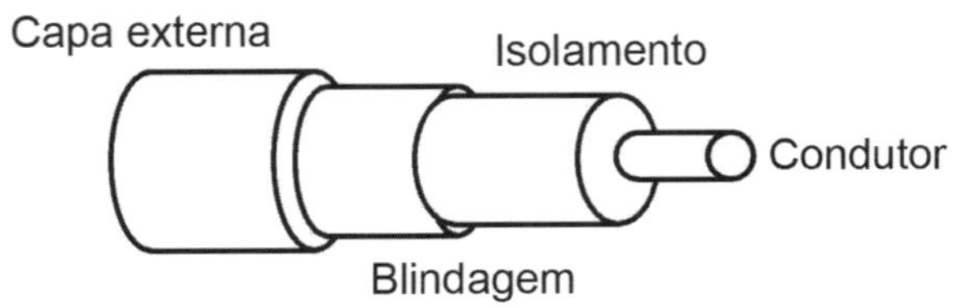

Figura 4.2 – Condutor elétrico singelo típico de média tensão.

Um condutor elétrico é composto por:

- condutor – elemento metálico, cobre ou alumínio, geralmente de forma cilíndrica com a função específica de conduzir corrente elétrica;
- fio – produto metálico de qualquer seção maciça; os fios podem ser utilizados diretamente como condutores elétricos ou produtos semiacabados destinados à fabricação de cabos;
- cabo – conjunto de fios encordoados, isolados ou não entre si, podendo ser isolado ou não;
- isolamento – é a parte que envolve o condutor com a finalidade de isolar o potencial em que ele se encontra, de tal modo que, mesmo energizado, não oferece risco de potencial de contato na parte externa do conjunto;
- capa externa – sua função é proteger o isolamento dos agentes agressivos do meio ambiente quando o meio de instalação não oferecer a devida proteção;
- blindagem – camada metálica, após o isolamento, cuja função é evitar campos elétricos além dos limites do conjunto; está presente em condutores elétricos com tensões acima de 1.000 V.

A parte condutora tem sua seção transversal em escala métrica. Entretanto, o Brasil, até a década de 1980, usou a escala AWG (*American Wire Gauge*) que é padrão nos Estados Unidos desde 1857. Um círculo de 1 polegada (25,4 milímetros) tem uma área equivalente a 506,7 mm^2, que corresponde à bitola de 1.000 MCM (1000 Circular Mils).

Tabela 4.1 – Bitola de condutores em AWG e MCM

Escala		Diâmetro		Área
AWG	MCM	Polegada	Milímetro	mm²
16		0,051	1,291	1,31
14		0,064	1,628	2,08
12		0,081	2,053	3,31
10		0,102	2,588	5,26
8		0,129	3,264	8,37
6		0,162	4,115	13,30
4		0,204	5,189	21,15
2		0,258	6,544	33,63
1/0		0,325	8,252	53,48
2/0		0,363	9,226	66,85
3/0		0,409	10,400	84,95
4/0		0,467	11,860	110,47
	250	0,500	12,700	126,68
	300	0,548	13,910	151,97
	350	0,592	15,030	177,42
	400	0,632	16,060	202,57
	450	0,671	17,040	228,05
	500	0,707	17,960	253,34

Tabela 4.2 – Características construtivas de fios e cabos isolados em PVC sem capa externa

Seção nominal (mm²)	Diâmetro nominal condutor (mm)	Espessura nominal da isolação (mm)	Diâmetro externo nominal (mm)	Peso líquido nominal (kg/km)
FIOS PIRASTIC ANTIFLAM BWF 450/750 V				
0,5	0,78	0,60	2,10	8,6
0,5	0,95	0,60	2,20	12
1	1,11	0,60	2,40	14
1,5	1,36	0,70	2,80	21
2,5	1,74	0,80	3,40	32
4	2,20	0,80	3,90	46
6	2,70	0,80	4,40	65
10	3,50	1,00	5,60	110
16	4,41	1,00	6,50	165
CABOS PIRASTIC ANTIFLAM BWF 450/750 V				
1,5	r 1,55	0,70	3,00	22
2,5	r 2,00	0,80	3,70	34
4	r 2,50	0,80	4,20	50
6	r 3,10	0,80	4,80	70
10	c 3,75	1,00	5,90	115
16	c 4,75	1,00	6,90	170
25	c 5,95	1,20	8,50	265
35	c 7,00	1,20	9,50	355
50	c 8,05	1,40	11,00	480
70	c 9,70	1,40	13,00	675
95	c 11,45	1,60	15,00	930
120	c 12,80	1,60	16,50	1160
150	c 14,25	1,80	18,00	1450
185	c 15,85	2,00	20,00	1790
240	c 18,35	2,20	23,00	2350
300	c 20,60	2,54	26,00	2930
400	c 23,10	2,60	28,50	3730
500	c 26,20	2,80	32,00	4770

r = Condutor redondo normal
c = Condutor redondo compacto

Tabela 4.3 – Características construtivas de cabos isolados em PVC com capa externa

Número cond. x seção nominal (mm²)	Diâmetro nominal condutor (mm)	Espessura nominal (mm)		Diâmetro externo nominal (mm)	Peso líquido nominal (kg/km)
		Isolação	Cobertura		
CABOS SINTENAX ANTIFLAM 0,6/1 kV Unipolar (1 condutor)					
1X 1,5	r 1,55	0,80	0,90	5,10	42
1X 2,5	r 2,00	0,80	0,90	5,60	55
1X 4	r 2,50	1,00	1,00	6,70	82
1X 6	r 3,10	1,00	1,00	7,30	110
1X 10	c 3,75	1,00	1,00	8,00	145
1X 16	c 4,75	1,00	1,00	9,00	210
1X 25	c 5,95	1,20	1,10	11,00	320
1X 35	c 7,00	1,20	1,10	12,00	415
1X 50	c 8,05	1,40	1,20	14,00	555
1X 70	c 9,70	1,40	1,20	15,50	760
1X 95	c 11,45	1,60	1,30	18,00	1040
1X 120	c 12,80	1,60	1,30	19,00	1280
1X 150	c 14,25	1,80	1,40	21,00	1590
1X 185	c 15,85	2,00	1,50	23,50	1950
1X 240	c 18,35	2,20	1,60	26,50	2550
1X 300	c 20,60	2,40	1,70	29,50	3170
1X 400	c 23,10	2,60	1,80	32,50	4010
1X 500	c 26,20	2,80	1,90	36,00	5090
1X 630	c 29,80	2,80	2,00	40,00	6470
1X 800	c 37,20	2,80	2,10	48,00	8530
1X 1 000	c 41,60	3,00	2,30	53,00	10620
CABOS SINTENAX ANTIFLAM 0,6/1 KV Bipolar (2 condutores)					
2X 1,5	r 1,55	0,80	1,00	8,80	125
2X 2,5	r 2,00	0,80	1,10	10,00	165
2X 4	r 2,50	1,00	1,10	12,00	240
2X 6	r 3,10	1,00	1,20	13,50	315
2X 10	c 3,75	1,00	1,20	15,00	420
2X 16	c 4,75	1,00	1,30	17,50	615
2X 25	c 5,95	1,20	1,40	21,00	920
2X 35	c 7,00	1,20	1,50	23,00	1190
2X 50	c 8,05	1,40	1,60	26,00	1580
2X 70	c 9,70	1,40	1,70	29,50	2130
2X 95	c 11,45	1,60	1,80	34,00	2890
2X 120	c 12,80	1,60	1,90	37,00	3530
2X 150	c 14,25	1,80	2,00	41,00	4370
2X 185	c 15,85	2,00	2,20	45,50	5390
2X 240	c 18,35	2,20	2,40	52,00	7010
2X 300	c 20,50	2,40	2,50	57,00	8670

r = Condutor redondo normal
c = Condutor redondo compacto

Tabela 4.4 – Classe 1 – Condutores sólidos para cabos unipolares e multipolares (NBR 6880/81)

Seção nominal (mm^2)	*Resistência máxima do condutor a 20° C*	
	Condutores circulares	
	Fios nus Ω / km	*Fios revestidos Ω / km*
0,5	35,0	35,7
0,75	24,5	24,8
1	18,1	18,2
1,5	12,1	12,2
2,5	7,41	7,56
4	4,61	4,70
6	3,08	3,11
10	1,83	1,84
16	1,15	1,16

Tabela 4.5 – Classe 2 – Condutores encordoados para cabos unipolares e multipolares (NBR 6880/81)

Seção nominal (mm^2)	*Número mínimo de fios no condutor*			*Resistência máxima do condutor a 20° C*	
	Condutor não compactado circular	*Condutor compactado circular*	*Condutor compactado não circular*	*Fios nus Ω / km*	*Fios revestidos Ω*
0,5	7	—	—	36,0	36,7
0,75	7	—	—	24,5	24,8
1	7	—	—	18,1	18,2
1,5	7	6	—	12,1	12,2
2,5	7	6	—	7,41	7,56
4	7	6	—	4,61	4,70
6	7	6	—	3,08	3,11
10	7	6	—	1,83	1,84
16	7	6	—	1,15	1,16
25	7	6	6	0,727	0,734
35	7	6	6	0,524	0,529
50	19	6	6	0,387	0,391
70	19	12	12	0,268	0,270
95	19	15	15	0,193	0,195
120	27	18	18	0,153	0,154
150	27	18	18	0,124	0,126
185	27	30	30	0,0991	0,100
240	61	34	34	0,0754	0,0762
300	61	34	34	0,0601	0,0607
400	61	53	53	0,0470	0,0475
500	61	53	53	0,0366	0,0369
630	91	53	53	0,0283	0,0286
800	91	53	—	0,0221	0,0224
1 000	91	53	—	0,0176	0,0177

4.2 ISOLAMENTO DOS CONDUTORES DE BAIXA TENSÃO

O isolamento de um condutor deve atender a dois princípios básicos: suportar o gradiente de tensão originado pelo potencial a que o condutor está submetido e suportar o aquecimento gerado pela passagem de corrente elétrica pelo condutor.

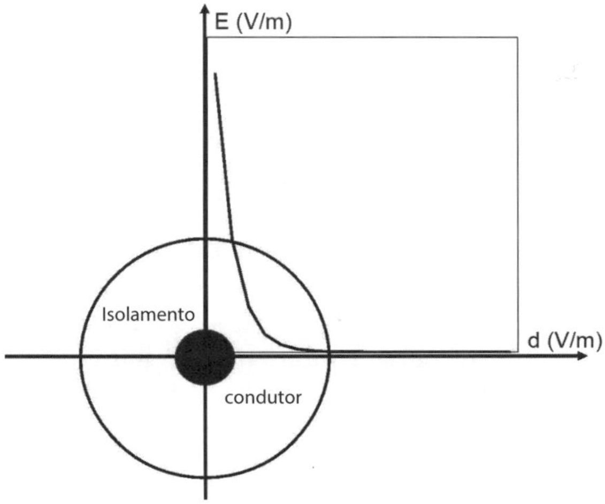

Figura 4.3 – Perfil do campo elétrico originado no condutor.

4.3 TIPOS DE ISOLAMENTO

Os isolamentos sólidos dividem-se em duas grandes famílias: os termoplásticos (que amolecem a partir de determinada temperatura) e os termofixos (que não amolecem com o aumento da temperatura). Dentre os termoplásticos, estão o cloreto de polivinila (PVC) e o polietileno. Dentre os termofixos, estão o polietileno reticulado e a borracha etileno-propileno (EPR). Quimicamente, os termoplásticos são polímeros de cadeia linear, e os termofixos, polímeros tridimensionais obtidos por vulcanização.

A escolha certa do tipo de isolante a ser usado depende exclusivamente das condições de instalação. A Tabela 4.6 apresenta as condições suportáveis de temperatura para os diversos tipos de isolamento.

A temperatura de regime normal é a que o condutor trabalha durante todo o dia, sendo o valor utilizado para a determinação da corrente de regime normal permitido para uma seção transversal condutora.

Tabela 4.6 – Temperatura de operação em graus centígrados

Isolante	Regime normal	Sobrecarga	Curto-circuito
PVC	70	100	160
Polietileno reticulado	90	130	250
Borracha etileno-propileno (EPR)	90	130	250
Papel impregnado	95	115	200

A temperatura de sobrecarga é aquela admitida durante, no máximo, 100 horas por ano e, no máximo, 500 horas durante a vida útil do condutor.

A temperatura de curto-circuito é o maior valor de temperatura que um condutor pode atingir. Esse valor depende da seção transversal condutora, do valor da corrente de curto-circuito e do seu tempo de duração. Isto é, uma particular seção condutora suporta um valor de corrente de curto-circuito por um tempo definido, que será responsável pela elevação da temperatura do condutor até a temperatura limite de curto-circuito para cada tipo de isolante.

Por exemplo, um condutor de seção 4 mm^2, a uma temperatura de 70° C, quando submetido a uma corrente de curto-circuito de 2,5 kA, durante o tempo de dois ciclos, tem sua temperatura elevada a 160° C. É importante realçar que a temperatura anormal no condutor persiste por um intervalo de tempo maior do que o da duração do curto-circuito. É necessário, portanto, aguardar o esfriamento do condutor antes de religá-lo. Tal procedimento aumenta a vida útil do condutor.

As tabelas a seguir mostram o comportamento de cada isolante em situações particulares de trabalho.

Tabela 4.7 – Características dos Isolantes

Material		Características					
Isolante	Proteção (capa)	Resistência mecânica ao choque e ao esmagámento	Estanqueidade (à umidade e à água)	Resistência aos agentes químicos	Comportamento ao fogo e ao incêndio	Flexibili-dade	Resistência aos agentes atmosféricos
PVC especial	*PVC*	Regular	Regular	Boa	Bom	Regular	Regular
Polietileno reticulado	*PVC*	Boa	Boa	Boa	Regular	Regular	Regular
Polietileno reticulado	–	Boa	Boa	Muito boa	Medíocre	Regular	Boa
Borracha etileno-propileno (*EPR*)	*PVC*	Regular	Boa	Boa	Regular	Boa	Boa
Borracha etileno-propileno (*EPR*)	Neoprene	De regular a boa	Regular	Excelente	Bom	Excelente	Excelente
Papel impregnado	*Al/PVC*	Medíocre	Excelente	Excelente	Regular	Medíocre	Excelente

Tabela 4.8 – Resistência aos ácidos
(de particular interesse para materiais das capas protetoras)

	Sulfúrico (de 3% a 30%)	Nítrico (10%)	Clorídrico (10%)	Fosfórico (10%)
PVC	Regular	Regular	Regular	Regular
Polietileno	Excelente	Boa	Excelente	Excelente
Polietileno reticulado	Excelente	Boa	Excelente	Excelente
Neoprene	Excelente	Regular	Medíocre	Excelente

Tabela 4.9 – Resistência aos sais e bases
(de particular interesse para materiais das capas protetoras)

	Hidróxido de sódio (10%)	Carbonato de sódio (2%)	Cloreto de sódio (10%)
PVC	Medíocre	Regular	Boa
Polietileno	Excelente	Excelente	Excelente
Polietileno reticulado	Excelente	Excelente	Excelente
Neoprene	Excelente	Boa	Excelente

Tabela 4.10 – Resistência aos agentes químicos orgânicos
(de particular interesse para materiais das capas protetoras)

	Acetona	Tetracloreto de carbono	Óleos	Gasolina	Creosoto
PVC	Medíocre	Boa	Regular	Boa	Regular
Polietileno	Boa	Boa	Boa	Boa	Boa
Polietileno reticulado	Boa	Boa	Boa	Boa	Boa
Neoprene	Boa	Medíocre	Boa	Regular	Medíocre

Tabela 4.11 – Características dielétricas dos isolantes

Material	ε	tg δ	Rigidez ao impulso (kV/mm)
PVC	5,0	0,06	50
EPR	2,6	0,007	60
Polietileno reticulado	2,3	0,0003	65
Papel impregnado com massa	3,7	0,014	75

A Tabela 4.11 apresenta algumas características dos vários tipos de isolamento, como constante dielétrica (ε), tangente do ângulo de perda (tg δ) e rigidez dielétrica ao impulso (kV/mm) sob a forma de onda, normalmente adotada para representar impulsos atmosféricos (1,2/50 μs).

4.4 INSTALAÇÃO DE CONDUTORES EM ELETRODUTOS RÍGIDOS

Os eletrodutos têm a função de proteger mecanicamente os condutores no seu interior. Quando esses eletrodutos eram metálicos, também tinham a função de estabelecer uma rede contínua, ligada diretamente à terra. Entretanto, com a utilização de eletrodutos plásticos, a função de aterramento passou a ser exercida pelo condutor de proteção (PE), conforme a NBR 5410/2008.

4.4.1 DETERMINAÇÃO DO DIÂMETRO INTERNO DOS ELETRODUTOS

O diâmetro externo dos eletrodutos deve ser igual ou superior a 16 mm, sendo que se pode passar qualquer número de condutores nos mesmos, desde que dimensionados corretamente. Na prática, não se deve exagerar nesse número, e, em caso de um número superior a 10 condutores, outros caminhos devem ser adotados, visando sempre a facilitar o lançamento e a retirada dos cabos e sua manutenção.

De acordo com a seção 6.2.10 da NBR 5410, a taxa máxima de ocupação de um eletroduto em relação a sua seção transversal não deve exceder a:

- 53%, no caso de um condutor ou cabo;
- 31%, no caso de dois condutores ou cabos; e
- 40%, no caso de três ou mais condutores ou cabos.

Pode-se calcular o diâmetro interno de um eletroduto em função do somatório dos diâmetros dos condutores que nele serão lançados.

$$di = \sqrt{\frac{\sum dc^2}{TMO}}$$

- di = diâmetro interno do eletroduto;
- dc = diâmetro do condutor com isolamento;
- TMO = taxa máxima de ocupação.

Tabela 4.12 – Dimensões de eletrodutos com perfil corrugado flexível (mm)

Diâmetro externo	Diâmetro interno	Espessura
16	11,7	2,1
20	15	2,5
25	19,4	2,8
32	25,6	3,2

Tabela 4.13 – Dimensões de eletrodutos de PVC rígidos (mm)

Diâmetro nominal	Diâmetro externo	Diâmetro interno	Espessura
20	20	15	2,5
25	25	20	2,5
32	32	26	3,0
40	40	34	3,0
50	48	40	4,0
63	58	50	4,0
75	75	67	4,0
90	88	78	5,0
110	110	100	5,0

4.4.2 DETERMINAÇÃO DAS DISTÂNCIAS ENTRE CAIXAS DE PASSAGEM

Em trechos retilíneos devem ser colocadas caixas de passagem intermediárias a cada 15 metros. Em trechos com curvas, a distância máxima de 15 metros deve ser reduzida em 3 metros a cada curva de 90°. Em cada distância entre caixas de passagem podem existir, no máximo, 3 curvas de 90° ou o equivalente a 270°.

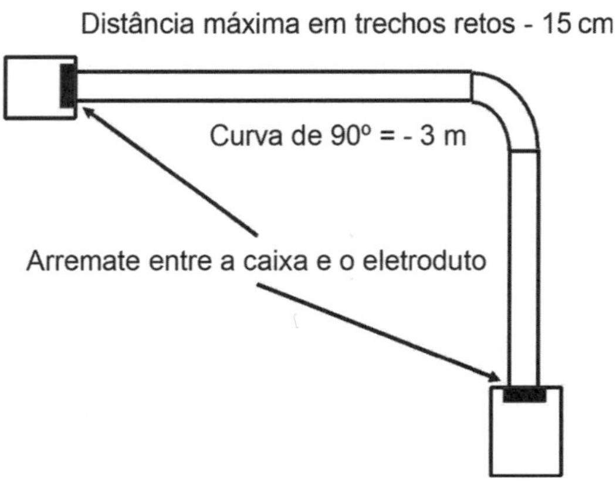

Figura 4.4 – Detalhes de instalação de eletrodutos.

Em locais onde não há a possibilidade de colocação de caixas de passagem intermediárias, essa distância pode ser aumentada, desde que observados os seguintes pontos:

- calcula-se a distância máxima permissível levando-se em conta o número máximo de curvas de 90º;
- para cada 6 metros, ou fração, de aumento nessa distância, utiliza-se um eletroduto de diâmetro ou tamanho nominal imediatamente superior ao do eletroduto que normalmente seria empregado para o número e tipo de condutores.

As curvas feitas nos eletrodutos não podem reduzir o seu diâmetro interno e devem ser instaladas caixas de passagem:

- em todos os pontos de entrada e saída de condutores;
- em todos os pontos de emendas e derivações de condutores;
- para dividir distâncias maiores que as permitidas.

Exemplo 4.1

Calcular a bitola do eletroduto para uma distância inacessível de 14 metros, entre duas caixas de passagem, com duas curvas de 90º, onde serão instalados 4 cabos isolados em PVC, na bitola de 4 mm^2.

Dados:

- diâmetro externo nominal (4 mm^2) = 4,2 mm;
- taxa máxima de ocupação = TMO = 0,40.

Cálculo:

- diâmetro mínimo interno do eletroduto = di:

$$\mathbf{di = \sqrt{\frac{\sum dc^2}{TMO}}}$$

Adotando-se, a princípio, uma espessura de 2,5 mm, o diâmetro externo seria de:

- 13,28 + 2 x 2,5 = 18,28 mm (eletroduto adotado = 20 mm);
- distância máxima entre caixas de passagem = 15 – 2 x 3 = 9 metros.

Conclusão:

A distância real é de 14 metros, havendo, portanto, um aumento de 5 metros em relação aos 9 metros permitidos para um eletroduto de 20 mm. Como para cada aumento de 6 metros ou fração devemos adotar uma bitola superior nominal do eletroduto, a solução indicada é usar um eletroduto de 25 mm.

4.5 DIMENSIONAMENTO DE CONDUTORES ELÉTRICOS DE BAIXA TENSÃO

O dimensionamento de condutores elétricos em uma instalação deve obedecer aos seguintes critérios:

- pela máxima corrente permanente permitida;
- pela máxima queda de tensão admissível;
- pela máxima corrente de curto-circuito;
- pela máxima corrente de sobrecarga.

Os critérios de máximas correntes permanentes, de sobrecarga e de curta duração (curto-circuito) são limitadas pela temperatura admissível do isolamento do condutor.

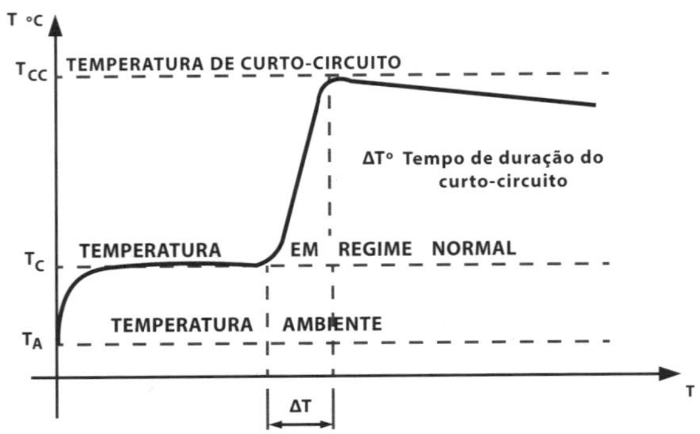

Figura 4.5 – Variação da temperatura no condutor quando sujeito a uma corrente i.

A especificação de um condutor, exceto a do critério da queda de tensão, obedece a critérios térmicos. O calor gerado pela passagem de corrente pelo condutor ($R.I^2$) atravessa o isolamento do condutor e a capa, quando existente, e percorre o meio onde o condutor está instalado até a temperatura do ambiente. O gradiente de temperatura entre o condutor e o meio ambiente é diretamente proporcional à capacidade de transferência de calor do isolamento e do ambiente onde o condutor está instalado.

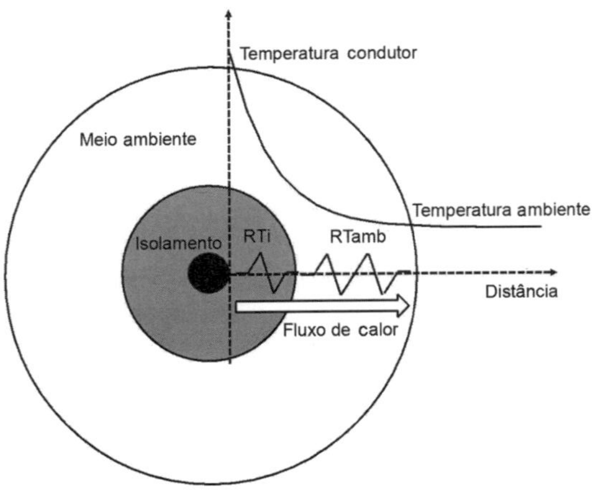

Figura 4.6 – Fluxo de calor através do condutor.

4.5.1 DIMENSIONAMENTO DE CONDUTORES ELÉTRICOS PELO CRITÉRIO DA MÁXIMA CORRENTE PERMITIDA

Neste critério, é avaliada a temperatura de operação permanente de um condutor, limitada pela suportabilidade do material isolante, sem que este perca suas propriedades. A temperatura do condutor se estabiliza quando o calor gerado pela passagem da corrente permanente é igual ao calor trocado com o meio ambiente. Assim, pode-se afirmar que a corrente permitida pela seção transversal de um condutor é função da capacidade térmica do isolamento e da capacidade de dissipação do meio ambiente. Dessa forma, são determinantes na escolha da bitola do condutor a forma da instalação e o tipo de isolamento especificado.

Tabela 4.14 – Maneiras de instalação de condutores elétricos

Maneira de instalar	Esquema
1. Cabos isolados dentro de eletroduto em montagem aparente.	
2. Cabos isolados dentro de eletrodutos embutidos em gesso, alvenaria ou parede de cimento.	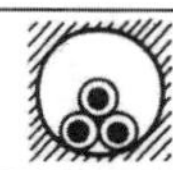
3. Cabos isolados dentro de eletroduto em canaleta (aberta ou ventilada).	
4. Cabos uni ou multipolares em condutos formados na estrutura do prédio.	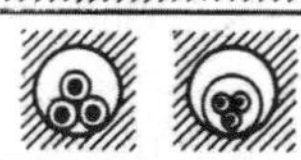
5. Cabos isolados em calhas (abertas ou fechadas).	
6. Cabos isolados em molduras ou rodapés.	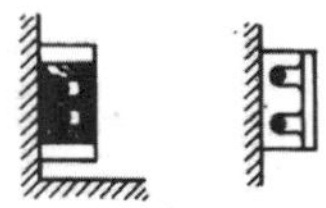
7. Cabos uni ou multipolares em espaços de construção ou poços.	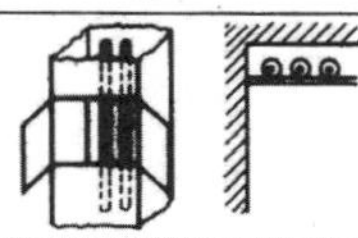
8. Cabos uni ou multipolares fixados às paredes.	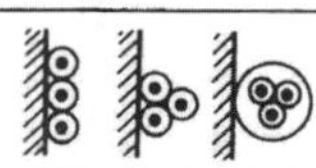
9. Cabos uni ou multipolares com canaleta (aberta ou ventilada).	
10. Cabos uni ou multipolares em bandejas ou prateleiras.	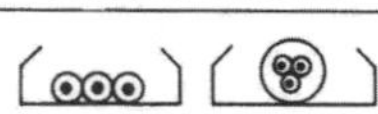
11. Cabos uni ou multipolares suspensos em cabo mensageiro.	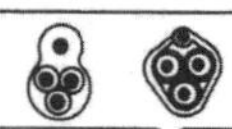
12. Cabos isolados instalados sobre isoladores.	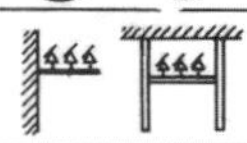
13. Cabos isolados em linhas aéreas.	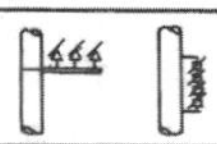

Tabela 4.15 – Capacidade de condução de corrente para cabos isolados em PVC 70° C, à temperatura ambiente de 30° C, para as maneiras de instalar de 1 a 7 da Tabela 4.14

Seção nominal (mm^2)	Capacidade de condução de corrente (em A)			
	Cobre		Alumínio	
	2 condutores carregados	3 condutores carregados	2 condutores carregados	3 condutores carregados
1,0	13,5	12	—	—
1,5	17,5	15,5	—	—
2,5	24	21	—	—
4	32	28	—	—
6	41	36	—	—
10	57	50	—	—
16	76	68	—	—
25	101	89	—	—
35	125	111	98	86
50	151	134	118	105
70	192	171	150	133
95	232	207	181	161
120	269	239	210	186
150	309	272	240	212
185	353	310	275	243
240	415	364	323	287
300	473	419	371	331
400	566	502	445	397
500	651	578	512	458

Tabela 4.16 – Capacidade de condução de corrente para cabos isolados em PVC 70° C, à temperatura ambiente de 30° C, para as maneiras de instalar de 8 a 13 da Tabela 4.14.

Seção nominal (mm2)	Capacidade de condução de corrente (em A)			
	Cobre		Alumínio	
	2 condutores carregados	3 condutores carregados	2 condutores carregados	3 condutores carregados
1,0	15	13,5	—	—
1,5	19,5	17,5	—	—
2,5	26	24	—	—
4	35	32	—	—
6	46	41	—	—
10	63	57	—	—
16	85	76	—	—
25	112	101	—	—
35	138	125	108	97
50	168	151	131	118
70	213	192	166	150
95	258	232	200	181
120	299	269	232	210
150	344	309	268	240
185	392	353	305	275
240	461	415	360	323
300	526	473	413	371
400	631	566	494	445
500	725	651	570	512

NOTA: Os valores desta tabela podem ser igualmente aplicados aos cabos flexíveis isolados com PVC, de modelos de acordo com a IEC 227, utilizados nas instalações prediais fixas e instalados ao ar livre, à temperatura ambiente de 30° C. Entretanto, estes valores não são aplicáveis aos cabos flexíveis de seção igual ou inferior a 10 mm^2, fixados aos aparelhos domésticos e de uso análogo.

4.5.1.1 Fatores de correção de temperatura

As tabelas de capacidade de condução de corrente (ampacidades) são elaboradas baseando-se em um valor definido de temperatura ambiente. Esse valor é fundamental, pois a capacidade de corrente no condutor é diretamente proporcional ao gradiente de temperatura entre o condutor e o ambiente onde ele se encontra.

Assim, se a temperatura do ambiente onde for instalado o condutor for diferente daquela para o qual ele foi calculado, deve ser usado um fator de correção da tabela de ampacidades.

Entende-se por temperatura ambiente, para efeitos de capacidade de condução de corrente, aquela do local da instalação, e é considerada a temperatura média do dia mais quente do ano. Os valores adotados são:

- Instalações ao ar livre:
    - o na sombra, em lugar ventilado – 30° C;
    - o cabos expostos ao sol – 50°.
- Instalações em eletrodutos ou canaletas:
    - o canaletas bem ventiladas – 30° C;
    - o eletrodutos em locais abrigados e bem ventilados – 30° C.
- Instalações diretamente aterradas (profundidade de 1m):
    - o região Sul do Brasil – de 25° C a 30° C;
    - o demais Regiões do Brasil – de 30° C a 35° C.

Tabela 4.17 – Fatores de correção de temperatura ambiente para temperatura no condutor de 70° C

Temperatura ambiente considerada °C	Fatores de correção para temperatura ambiente diferente da considerada					
	35	40	45	50	55	60
30	0,93	0,87	0,79	0,71	0,61	0,50

Tabela 4.18 – Fatores de correção de temperatura ambiente para temperatura no condutor de 90° C

Temperatura ambiente considerada (°C)	*Fatores de correção para temperatura ambiente diferentes da considerada*						
	20	*25*	*30*	*35*	*40*	*45*	*50*
25	1,04	1,00	0,96	0,92	0,88	0,83	0,78
30	1,08	1,04	1,00	0,96	0,91	0,87	0,82

Para aplicação correta do fator de correção quanto à temperatura ambiente, deve-se observar a temperatura do condutor considerado, uma vez que uma mesma variação de temperatura ambiente tem efeitos diferentes para as diferentes temperaturas no condutor. Por exemplo, a correção de temperatura de 30° C para 40° C apresenta um gradiente de temperatura de 30° C para um condutor isolado em PVC e um gradiente de temperatura de 50° C para um condutor isolado em EPR. O fator de correção passa de 0,87 (PVC) para 0,91 (EPR).

4.5.1.2 Fatores de correção para agrupamento de condutores

A correção da corrente permitida em estado permanente nos condutores se faz necessária devido à maior geração de calor a ser dissipada no mesmo ambiente. Os fatores de correção quanto ao agrupamento, aplicáveis às Tabelas 4.15 e 4.16 são apresentadas na Tabela 4.19 e são aplicáveis aos valores de corrente para 2 condutores carregados.

Tabela 4.19 – Fatores de correção para agrupamentos de mais de 3 cabos isolados não multipolares a serem aplicados aos valores para 2 condutores carregados da Tabela 4.15

Várias camadas, sem espaçamento entre cabos de uma mesma camada ou entre camadas, ou qualquer outro agrupamento em vários planos											
Número de cabos carregados											
4	6	8	10	12	16	20	24	28	32	36	40
0,80	0,69	0,62	0,59	0,55	0,51	0,48	0,43	0,41	0,39	0,38	0,36

Os fatores de correção para instalação de condutores em bandejas, ao ar livre ou solo, encontram-se nas Tabelas 4.20 e 4.21.

Tabela 4.20 – Fatores de redução em função do agrupamento em instalações ao ar livre (bandejas)

Agrupamento de cabos em sistemas trifásicos, instalados em ambientes abertos e ventilados. Estes valores são válidos – desde que os cabos mantenham as disposições de instalação propostas			Número de sistemas			Multiplicar pelos valores da coluna
			1	2	3	
CABOS SINGELOS EM PLANO			Fatores de redução			
Instalação em bandejas	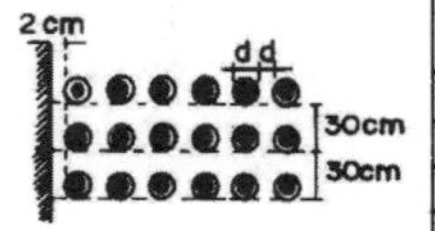	Número de bandejas				I
		1	1	0,97	0,96	
		2	0,97	0,94	0,93	
		3	0,96	0,93	0,92	
		6	0,94	0,91	0,90	
Instalação vertical	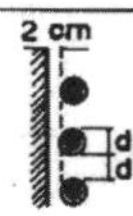		0,94	0,91	0,89	
Casos em que não há necessidade de correção	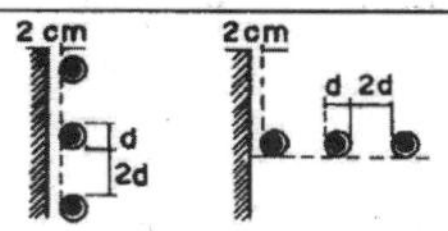		Número qualquer de sistemas			
Cabos singelos em trifólio						
INSTALAÇÃO EM BANDEJAS	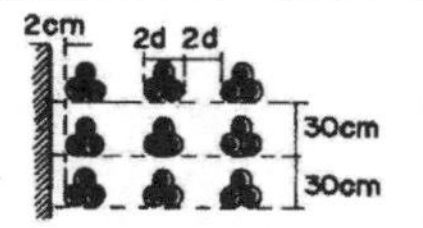	Número de bandejas				II
		1	1	0,98	0,96	
		2	1	0,95	0,93	
		3	1	0,94	0,92	
		6	1	0,93	0,90	
INSTALAÇÃO VERTICAL	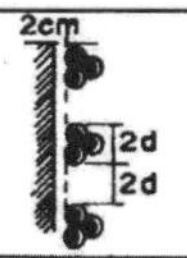		1	0,93	0,90	
Casos em que não há necessidade de correção	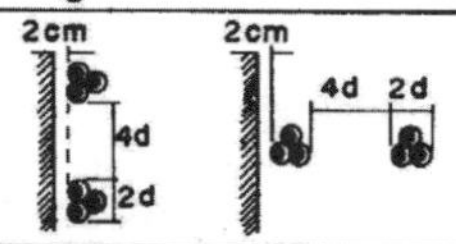		Número qualquer de sistemas			

Cabos de três condutores			Número de cabos					Multiplicar pelos valores da coluna
		Número de bandejas	1	2	3	6	9	
				Fatores de redução				
Instalação em bandejas	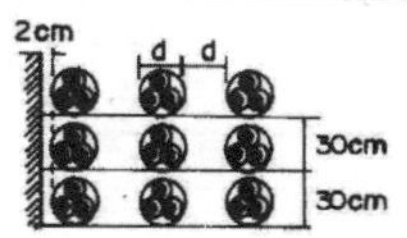	1	1	0,98	0,96	0,93	0,92	III
		2	1	0,95	0,93	0,90	0,89	
		3	1	0,94	0,92	0,89	0,88	
		6	1	0,93	0,90	0,87	0,86	
Instalação vertical	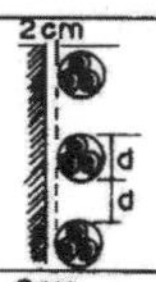		1	0,93	0,90	0,87	0,87	
Casos em que não há necessidade de correção	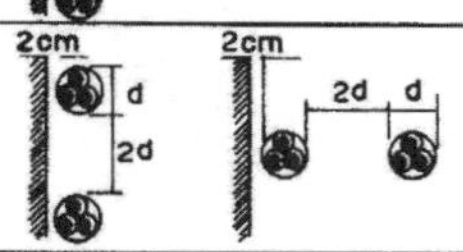		Número qualquer de cabos					

Nas instalações em bandejas, considera-se o número de sistemas ou cabos por bandeja

Tabela 4.21 – Fatores de redução em função do agrupamento em instalações diretamente enterradas

Em banco de dutos			
Multiplicar pelos valores da Coluna VII	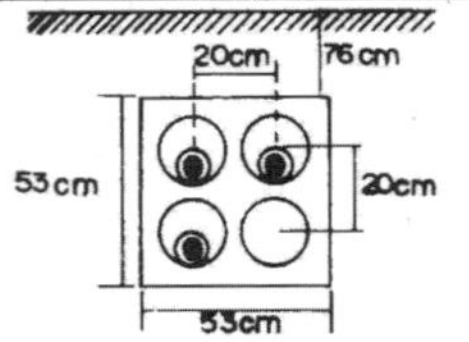	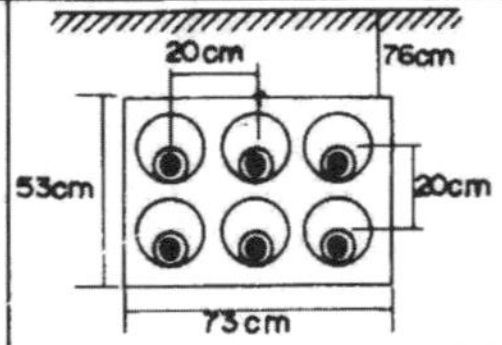	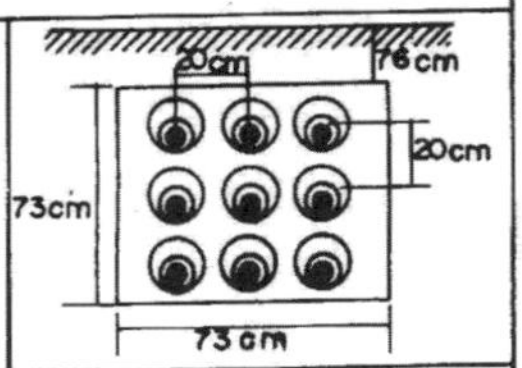
Até bitola 4/0 AWG	1,00	0,90	0,82
Acima de 4/0 AWG	1,00	0,87	0,77
Multiplicar pelos valores da Coluna VIII	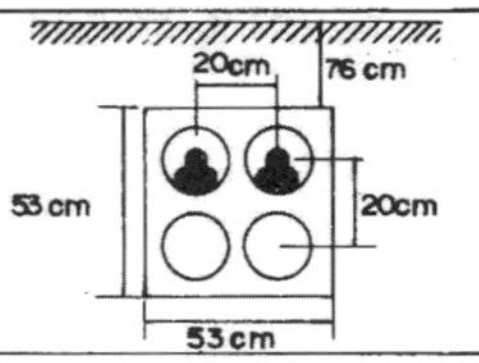	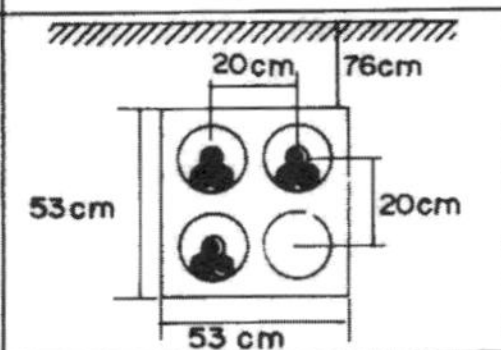	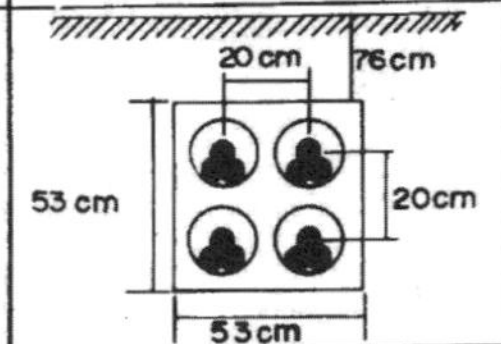
Até bitola 4/0 AWG	0,91	0,85	0,79
Acima de 4/0 AWG	0,88	0,81	0,73
Multiplicar pelos valores da Coluna IX	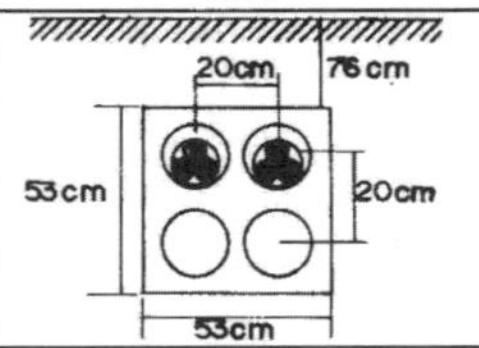	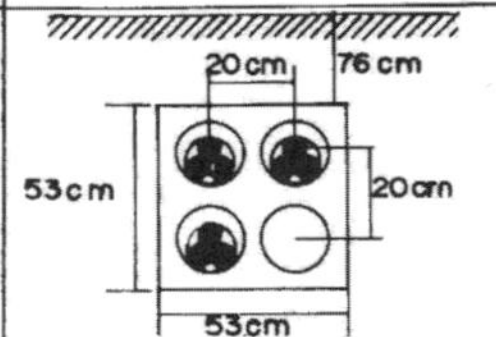	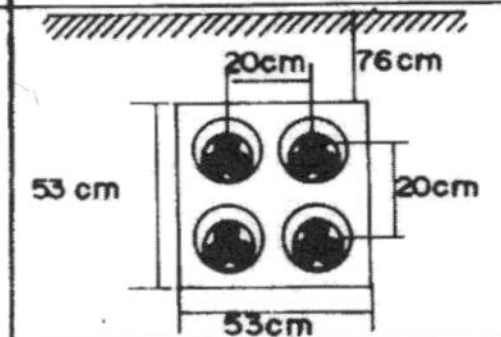
Até bitola 4/0 AWG	0,91	0,85	0,79
Acima de 4/0 AWG	0,88	0,81	0,73
Diretamente enterrados			
Multiplicar pelos valores da Coluna X		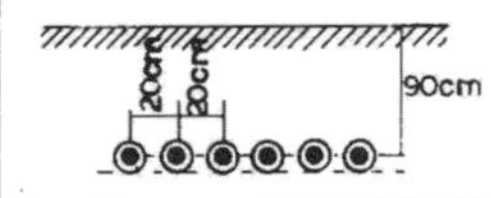	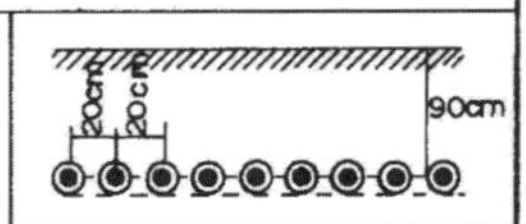
Até bitola 4/0 AWG	1,00	0,87	0,80
Acima de 4/0 AWG	1,00	0,85	0,78
Multiplicar pelos valores da Coluna XI	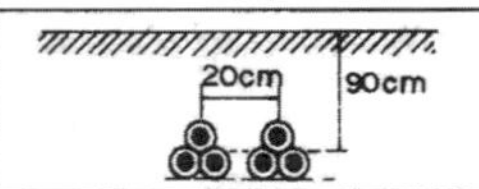	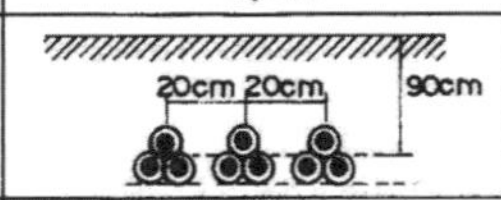	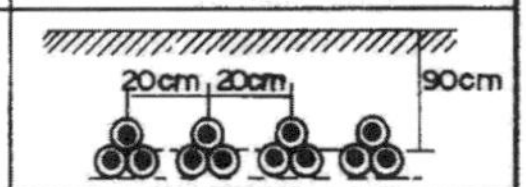
Até bitola 4/0 AWG	0,86	0,79	0,71
Acima de 4/0 AWG	0,83	0,76	0,67
Multiplicar pelos valores da Coluna XII	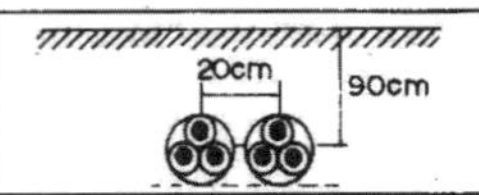	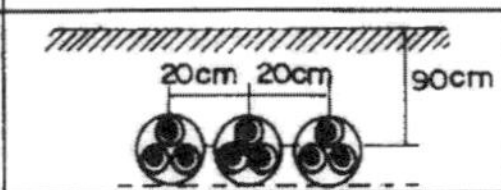	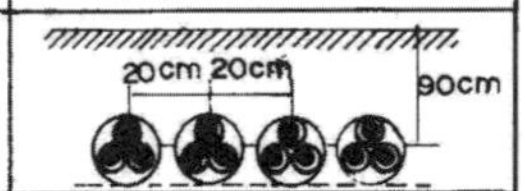
Até bitola 4/0 AWG	0,86	0,79	0,71
Acima de 4/0 AWG	0,83	0,76	0,67

Nota: No caso de circuitos com vários cabos por fase, recomenda-se adotar uma disposição geométrica entre cabos tal que não comprometa o equilíbrio de indutância das fases

4.5.2 DIMENSIONAMENTO DE CONDUTORES ELÉTRICOS PELO CRITÉRIO DA MÁXIMA QUEDA DE TENSÃO ADMISSÍVEL

De acordo com o item 6.2.7 da NBR 5410, a queda de tensão entre a origem da instalação e qualquer ponto de utilização deve ser igual ou inferior aos valores abaixo, em relação a tensão nominal:

- 7%, calculados a partir dos terminais secundários do transformador MT/BT, no caso de transformador de propriedade da(s) unidade(s) consumidora(s);
- 7%, calculados a partir dos terminais secundários do transformador MT/BT da empresa distribuidora de eletricidade, quando o ponto de entrega for aí localizado;
- 5%, calculados a partir do ponto de entrega, nos demais casos de ponto de entrega com fornecimento em tensão secundária de distribuição;
- 7%, calculados a partir dos terminais de saída do gerador, no caso de grupo gerador próprio.

As quedas de tensão nos circuitos terminais não devem ser superiores a 4%.

A ANEEL, nos Procedimentos de Distribuição (PRODIST), no Módulo 8: Qualidade da Energia Elétrica, estabelece os limites de tensão de atendimento para unidades consumidoras ligadas diretamente nas redes secundárias de distribuição em baixa tensão (< 1000 V).

Tabela 4.22 – Faixas aplicadas às tensões nominais inferiores a 1 kV

Tensão de atendimento	Faixa de variação da tensão de leitura (TL) em relação à tensão nominal (TN)
Adequada	0,92TN ≤ TL ≤ 1,05TN
Precária	0,87TN ≤ TL<0,92TN ou 1,05TN < TL ≤ 1,06TN
Crítica	TL<0,87TN ou TL ≥1,06TN

Isso significa que, para a regulação dos serviços públicos de distribuição de energia elétrica, a tensão estará adequada, no ponto de conexão com a unidade consumidora, se a tensão estiver entre 92% e 105% da tensão nominal. Se a tensão de conexão com o sistema de distribuição estiver fora desses limites, a concessionária deverá adequá-la dentro de um tempo regulado e deverá compensar financeiramente a unidade consumidora.

O valor de tensão nominal considerado, para os casos em que as unidades consumidoras recebem energia sob tensão de utilização da concessionária, é a tensão junto ao medidor de energia.

O valor da queda de tensão percentual é:

$$Vn = \frac{Vn - Vc}{Vn} 100\%$$

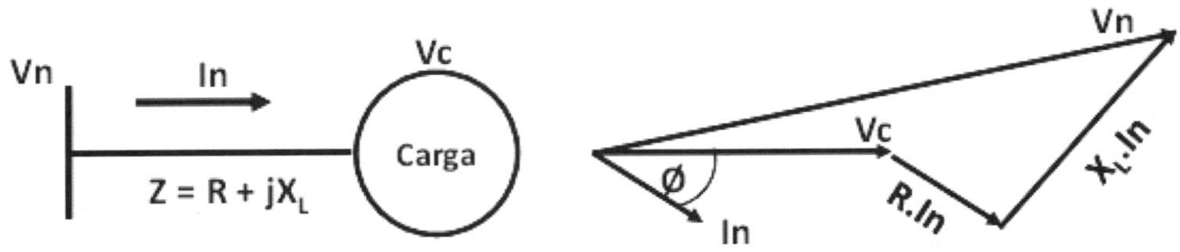

Figura 4.7 – Diagrama vetorial das tensões na origem e na carga.

O valor da queda de tensão pode ser, com alguma aproximação, escrito da seguinte forma:

a) Sistemas trifásicos

$$Vn - Vc = \sqrt{3} \ . \ In. \ L.(R.\cos Ø + X_L.\text{sen } Ø)$$

b) Sistemas monofásicos

$$Vn - Vc = 2. \ In. \ L.(R.\cos Ø + X_L.\text{sen } Ø)$$

Na qual:

- Vn = tensão nominal;
- Vc = tensão na carga;
- Vn – Vc = queda de tensão;
- In = corrente nominal da carga;
- Ø = ângulo do fator de potência;
- L = comprimento do circuito;
- R = resistência ôhmica do condutor por unidade de comprimento;
- XL = reatância indutiva do condutor por unidade de comprimento.

Tabela 4.23 – Quedas de tensão para fios e cabos isolados em PVC, sem capa, à temperatura ambiente de 30° C, para maneiras de instalar 1, 2, 3, 5 e 6.

Seção nominal (mm²)	*Queda de tensão V/A.km (Cos φ = 0,8)*		
	Sistema monofásico	*Sistema trifásico*	*Eletrodutos magnéticos*
1,0	34,00	29,00	34,00
1,5	23,00	20,00	23,00
2,5	14,00	12,00	14,00
4	8,70	7,50	8,70
6	5,80	5,10	5,80
10	3,50	3,00	3,50
16	2,30	1,95	2,30
25	1,50	1,27	1,50
35	1,10	0,95	1,10
50	0,83	0,72	0,83
70	0,61	0,53	0,61
95	0,47	0,41	0,47
120	0,39	0,34	0,40
150	0,34	0,30	0,35
185	0,30	0,26	0,31
240	0,25	0,22	0,26
300	0,23	0,20	0,24
400	0,20	0,18	0,22
500	0,19	0,16	0,21

Tabela 4.24 – Quedas de tensão para fios e cabos isolados em PVC, sem capa, à temperatura ambiente de 30° C, para as maneiras de instalar 12 e 13.

Seção nominal (mm²)	*Queda de tensão V/A.km (Cos φ = 0,8)*	
	Sistema monofásico	*Sistema trifásico*
1,0	34,00	29,50
1,5	23,00	19,86
2,5	14,00	12,32
4	9,00	7,81
6	6,17	5,34
10	3,83	3,32
16	2,55	2,21
25	1,75	1,51
35	1,35	1,17
50	1,08	0,94
70	0,85	0,73
95	0,69	0,60
120	0,61	0,53
150	0,55	0,47
185	0,49	0,43
240	0,44	0,38
300	0,40	0,35
400	0,37	0,32
500	0,34	0,29

Tabela 4.25 – Quedas de tensão para fios e cabos isolados em PVC, sem capa, à temperatura ambiente de 30° C, para as maneiras de instalar 4 e 7.

Seção nominal (mm²)	*Queda de tensão V/A.km (Cos φ = 0,8)*		
	Sistema monofásico	*Sistema trifásico*	*Eletrodutos magnéticos*
1,5	23,00	20,00	23,00
2,5	14,00	12,00	14,00
4	9,00	7,60	9,00
6	5,87	5,10	5,87
10	3,54	3,10	3,54
16	2,27	2,10	2,27
25	1,50	1,30	1,50
35	1,10	0,96	1,12
50	0,85	0,74	0,86
70	0,62	0,54	0,64
95	0,49	0,40	0,50
120	0,41	0,35	0,42
150	0,36	0,31	0,37
185	0,31	0,27	0,32
240	0,27	0,23	0,29
300	0,24	0,21	0,27
400	0,21	0,19	0,24
500	0,20	0,17	0,23

Tabela 4.26 – Quedas de tensão para fios e cabos isolados em PVC, sem capa, à temperatura ambiente de 30° C, para as maneiras de instalar 8, 9, 10 e 11.

Seção nominal (mm²)	*Queda de tensão V/A.km (Cos φ = 0,8)*	
	Sistema monofásico	*Sistema trifásico*
1,5	23,00	20,00
2,5	14,00	12,00
4	9,00	7,60
6	5,87	5,10
10	3,54	3,10
16	2,27	2,00
25	1,50	1,30
35	1,10	0,96
50	0,85	0,74
70	0,62	0,54
95	0,49	0,40
120	0,41	0,35
150	0,36	0,31
185	0,31	0,27
240	0,27	0,23
300	0,24	0,21
400	0,21	0,19
500	0,20	0,17

As Tabelas de 4.23 a 4.26 apresentam as quedas de tensão para condutores de temperatura de serviço de 70° C, 750 V, sistemas mono e trifásicos em V/(Amper.km). Essa unidade corresponde à impedância do condutor em Ω/km.

Exemplo 4.2

Enunciado: calcular a bitola dos condutores de cobre, singelos, temperatura no condutor de 70° C, que alimentam um centro de distribuição de 20 kVA (cos Ø = 0,8), 220 V, trifásico, para iluminação, a uma distância de 40 m do transformador, pelos critérios de corrente permanente e da máxima queda de tensão. Os condutores estão instalados em eletroduto magnético.

- Corrente nominal (In) = 20.000/ (√3.220) = 52,5 (A);
- pela Tabela 4.15, a bitola que atende ao critério da máxima corrente permanente é 16 mm^2;
- queda máxima de tensão = 4% de 220 V = 8,8 V

  V/(A.km) = 8,8/ (52,5 x 40 x 10^{-3}) = 4,19;
- pela Tabela 4.23, a bitola que atende ao critério é 10 mm^2 com 3,00 V/(A.km);
- O critério predominante foi o da máxima corrente permitida, ou seja, 16 mm^2.

Recalculando a queda real de tensão:

V/(A.km) = 3,00 = V/ (52,5 x 40 x 10^{-3})

V = 1,43 V = 0,65%

4.5.3 DIMENSIONAMENTO DE CONDUTORES ELÉTRICOS PELO CRITÉRIO DA MÁXIMA CORRENTE DE CURTO-CIRCUITO

Este critério de especificação dos condutores elétricos considera o valor da corrente de curto-circuito e a sua duração. Essa duração depende da característica tempo *versus* a corrente do dispositivo de proteção. Normalmente, a sua duração se restringe a poucos ciclos (cada ciclo corresponde a um tempo de 1/60 segundo, ou seja, de 16,66 milissegundos).

Como a duração do curto-circuito é de poucos milissegundos, não há tempo suficiente para a dissipação do calor gerado. Assim, toda essa energia fica no condutor, elevando a sua temperatura.

Cada tipo de isolamento suporta um valor diferente de temperatura de pico. Para os condutores isolados em PVC, a temperatura máxima é de 160° C, e, para os condutores isolados em EPR, a temperatura máxima é de 250° C.

Para a resolução do problema de curto-circuito em condutores isolados, foram desenvolvidas duas fórmulas: uma para condutor de cobre e outra para condutores de alumínio. As expressões baseiam-se na energia térmica armazenada no material condutor e no limite máximo de temperatura admitida pelo isolamento.

$$\left(\frac{I}{S_m}\right)^2 t = 115.679 \log\left(\frac{T2 + 234}{T1 + 234}\right) \quad \text{(cobre)}$$

$$\left(\frac{I}{S_m}\right)^2 t = 48.688 \log\left(\frac{T2 + 228}{T1 + 228}\right) \quad \text{(alumínio)}$$

- I = corrente de curto-circuito (A);
- Sm = seção transversal do condutor (mm^2);
- t = tempo de duração do curto-circuito (s);
- T1 = temperatura máxima admissível no condutor em temperatura normal (°C);
- T2 = temperatura máxima admissível no condutor em curto-circuito (°C).

Geralmente, a temperatura inicial do condutor não é conhecida no instante da ocorrência do curto-circuito, uma vez que depende do carregamento do condutor e da temperatura ambiente. Dessa forma, deve ser adotada a temperatura máxima admissível no condutor, nas condições de regime permanente.

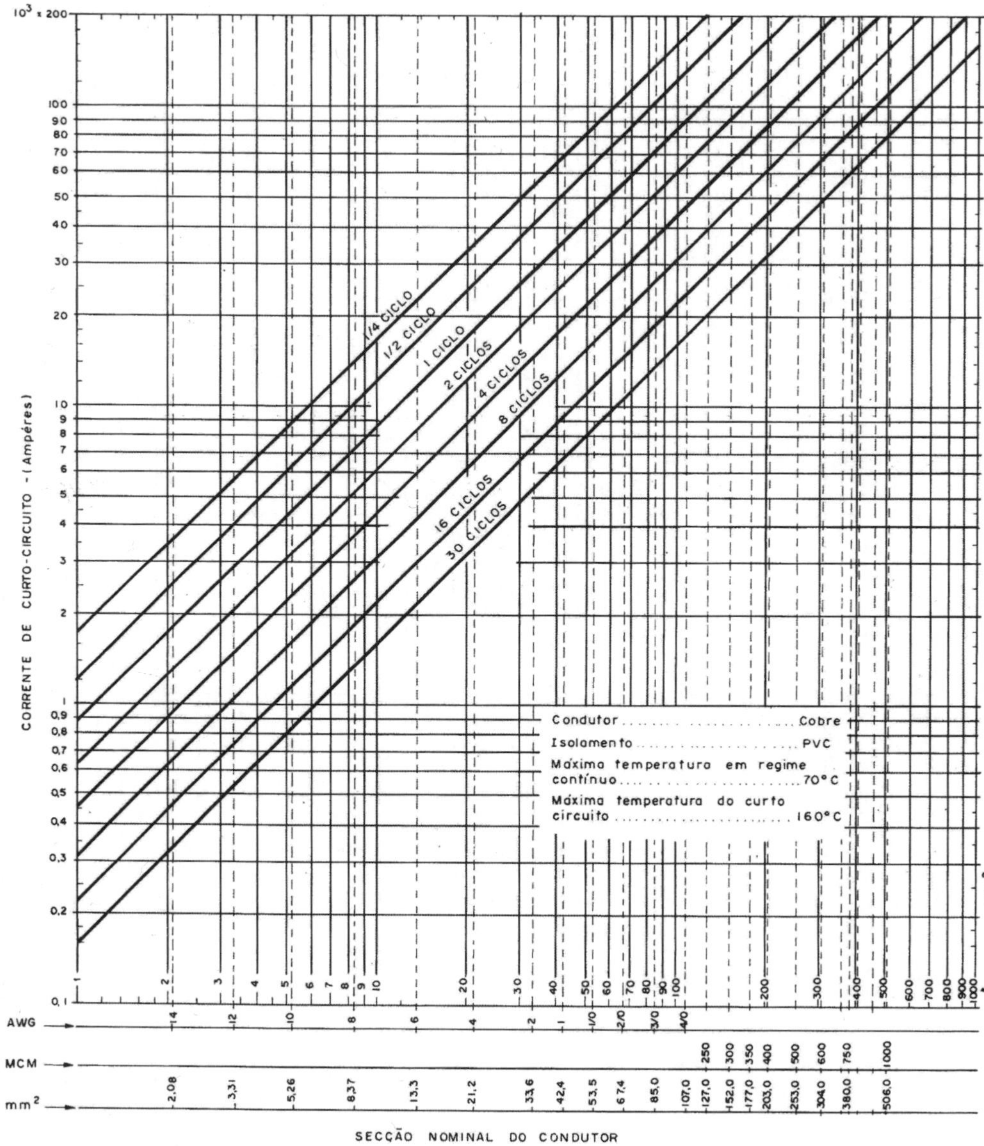

Figura 4.8 – Correntes máximas de curto-circuito – cabos tipo Pirastic (Pirelli) (mm²).

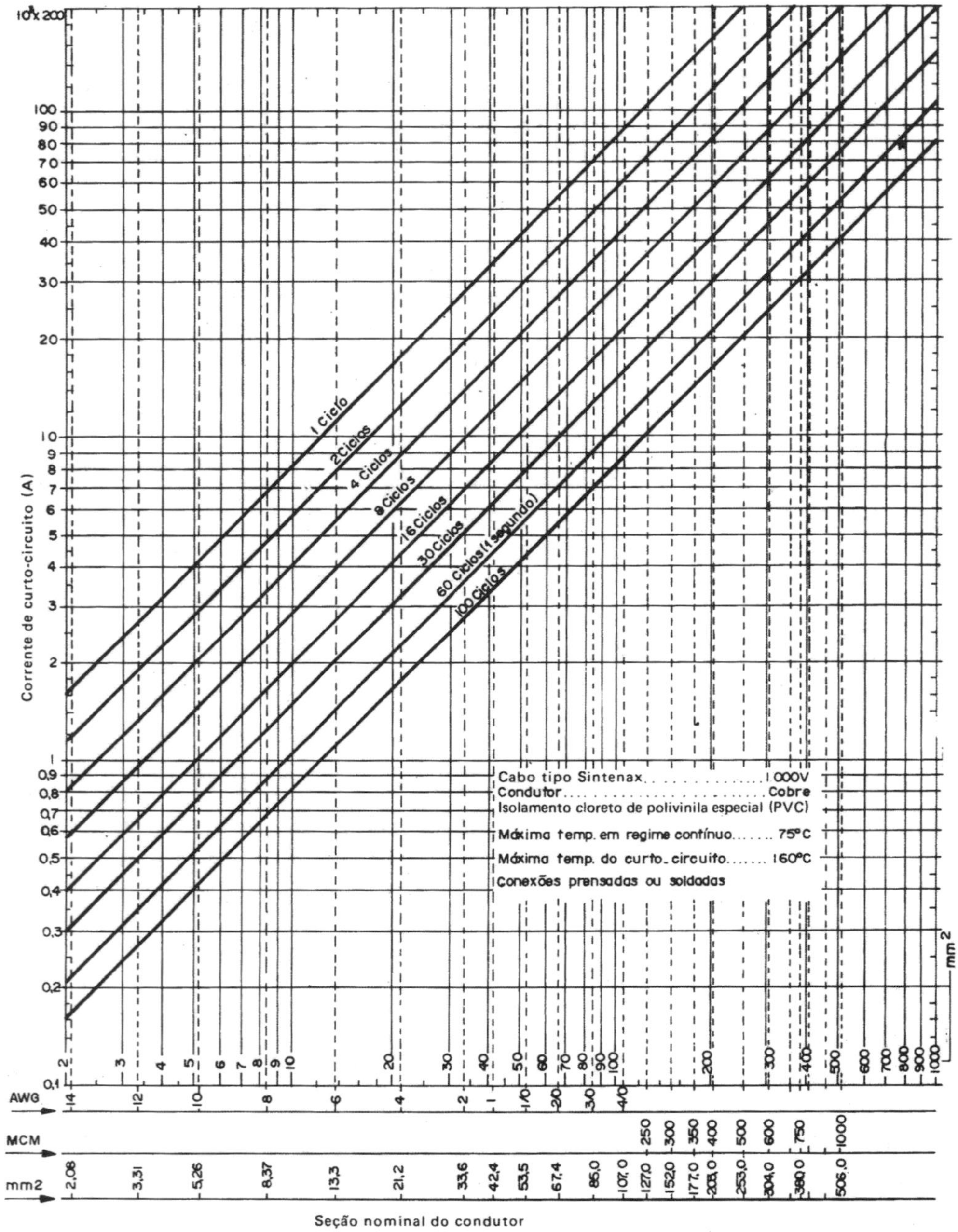

Figura 4.9 – Correntes máximas de curto-circuito – cabos tipo Sintenax (Pirelli) (mm²).

Comumente, na instalação de um condutor de energia, devemos observar as conexões. A suportabilidade quanto à temperatura da conexão deve ser igual ou maior que a temperatura de curto-circuito do condutor. Em conexões soldadas, não se recomenda temperatura acima de 160° C.

As expressões de cálculo da seção do condutor em função do valor da corrente e duração do curto-circuito podem ser simplificadas de acordo com a Tabela 4.28.

Tabela 4.27 – Fórmulas simplificadas para cálculo de condutores pelo critério da máxima corrente de curto-circuito

T_1 °C	Fórmula baseada na máxima temperatura de curto-circuito							
	Condutor de cobre				Condutor de alumínio			
	Conexões prensadas		Conexões soldadas		Conexões prensadas		Conexões soldadas	
	T_2 °C	Fórmula	T_2 °C	Fórmula	T_2 °C	Fórmula	T_2 °C	Fórmula
			–	–	150	$I\sqrt{t} = 76\ Sm$	–	–
70	160	$I\sqrt{t} = 115\ Sm$	–	–	160	$I\sqrt{t} = 74\ Sm$	–	–
			–	–	160	$I\sqrt{t} = 72\ Sm$	–	–
90	250	$I\sqrt{t} = 142\ Sm$	160	$I\sqrt{t} = 99\ Sm$	250	$I\sqrt{t} = 93\ Sm$	160	$I\sqrt{t} = 65\ Sm$
95	200	$I\sqrt{t} = 118\ Sm$	160	$I\sqrt{t} = 95\ Sm$	200	$I\sqrt{t} = 77\ Sm$	160	$I\sqrt{t} = 62\ Sm$

Exemplo 4.3

Completar a especificação do condutor alimentador do Exemplo 4.2 considerando:

I = corrente de curto-circuito = 8.330 A;

T = 1,5 ciclos = 1,5/60 segundos.

Condutor isolado em PVC com:

- temperatura máxima de curto-circuito = 160° C;
- temperatura em regime permanente = 70° C.

$$S_m = \frac{I\sqrt{t}}{115} = 11{,}45\ (mm^2)$$

Resultado: condutor de 16 mm².

- Critério da máxima corrente permitida = 16 mm²;
- critério da máxima queda de tensão = 10 mm²;
- critério da máxima corrente de curto-circuito = 16 mm².

REFERÊNCIAS

ABNT. **NBR 5410**: Instalações elétricas de baixa tensão. Rio de Janeiro: ABNT, 2008.

ABNT. **NBR 6880**. Condutores de cobre para cabos isolados: Características dimensionais. Rio de Janeiro: ABNT, 1997.

ABNT. **NBR 15465**: Sistemas de eletrodutos plásticos para instalações elétricas de baixa tensão: Requisitos de desempenho. Rio de Janeiro: ABNT, 2008.

ANEEL. **Agência Nacional de Energia Elétrica**: ANEEL, c2021. PRODIST – Módulo 8. Disponível em: <https://www.aneel.gov.br/modulo-8>. Acesso em: 06 de maio de 2021.

OLIVEIRA, J. C.; COGO, J. R.; ABREU, J. P. G. **Transformadores**: Teoria e Ensaios. 2. ed. São Paulo: Blucher, 2018.

PIRELLI. **Catálogo Técnico**. [S.l.], [s.d.].

CAPÍTULO 5

DIMENSIONAMENTO, PROTEÇÃO E CONTROLE DOS CIRCUITOS ELÉTRICOS

Você é senhor do seu silêncio e escravo das suas palavras.

Antônio Aureliano Chaves de Mendonça
– Projeto Pró-Memória

5.1 DIMENSIONAMENTO DE UM CIRCUITO ELÉTRICO

Entende-se por circuito elétrico o conjunto de cargas alimentadas pelos mesmos condutores e protegidas pelo mesmo dispositivo de proteção. Esses circuitos deverão ser dimensionados em função da carga que alimentarão, e, em residências, o número de circuitos não deve ser inferior a um circuito para cada 60 m^2, ou fração, e, em lojas e escritórios, um circuito para cada 50 m^2, ou fração, de construção. Essa indicação de número de circuitos por edificação é mínima, devendo as cargas ser divididas pela sua natureza e função, para que a proteção e a operação de uma instalação guarde coerência com sua finalidade.

De acordo com a NBR 5410, no Item 4.2.5, os circuitos terminais devem ser individualizados pela função dos equipamentos de utilização que alimentam. Devem ser previstos circuitos distintos para pontos de iluminação e para pontos de tomadas. Dessa forma, a instalação fica mais organizada, e o projetista tem que observar as futuras utilização e manutenção da instalação elétrica.

Como a menor bitola de condutor elétrico permitida em instalações interiores é de 1,5 mm^2 (na vigência da escala AWG, a menor bitola era 14 AWG, equivalente a 2,09 mm^2). Em uma forma típica de instalação de até 3 condutores carregados, no interior de um eletroduto, isolado em PVC, a capacidade de condução de corrente para um condutor de seção transversal de 1,5 mm^2 é de 15,5 A.

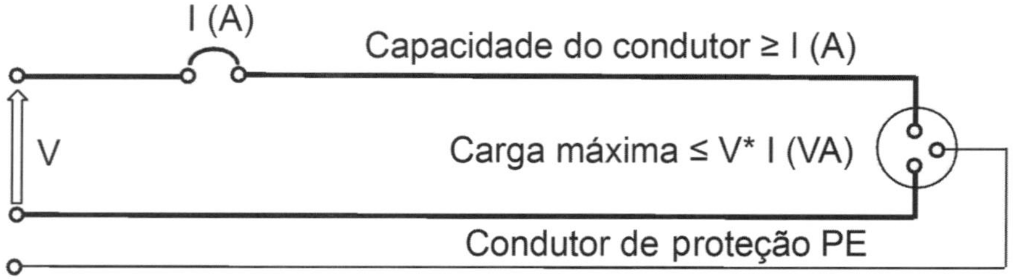

Figura 5.1 – Características de um circuito elétrico monofásico.

Além desses cuidados, de acordo com a NBR 5410 (Item 9.5.3), todo equipamento com corrente nominal superior a 10 A deve constituir um circuito independente, tomando-se o cuidado na especificação da tomada para 20 A.

5.1.1 CIRCUITOS PARA ILUMINAÇÃO E TOMADAS (100 VA)

Esses circuitos são destinados à alimentação de iluminação e tomadas de carga consideradas 10 VA. Normalmente, agrupam-se cargas até totalizar em 1.200 VA por circuito, em tensão entre 110 e 127 V. Como, para efeito de atribuição de carga por ponto, se considera um valor de 100 VA, a folga no dimensionamento (120 V * 15 A = 1.800 VA) torna o circuito capaz de suportar as cargas típicas de uma residência ou escritório.

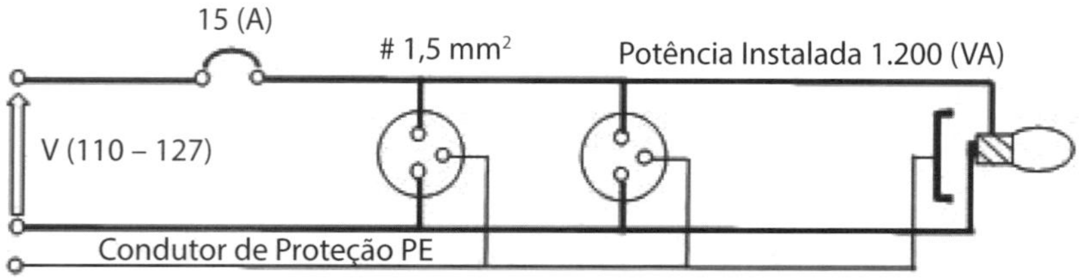

Figura 5.2 – Circuito típico mínimo para iluminação e tomadas.

5.1.2 CIRCUITOS PARA TOMADAS (600 VA)

Esses circuitos são destinados a atender pontos de tomada de cozinhas, áreas de serviço, copas, lavanderias e similares. São circuitos dimensionados para 20 A, com condutores compatíveis (2,5 mm^2), e não servem a pontos de iluminação. As tomadas devem ser agrupadas em número de 3 por circuito e computadas de carga nominal de 600 VA, totalizando no circuito 1.800 VA.

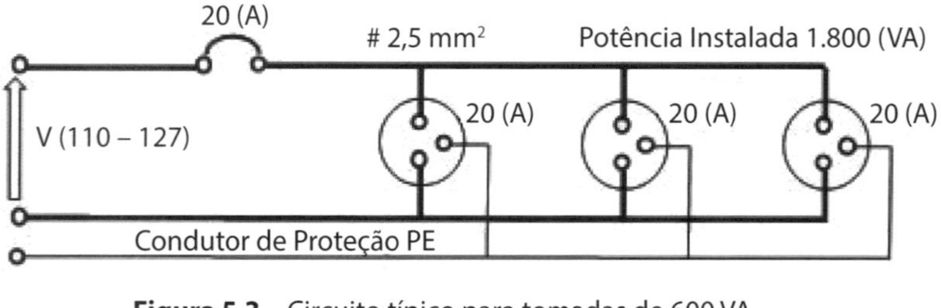

Figura 5.3 – Circuito típico para tomadas de 600 VA.

A especificação de 600 VA por tomada é apenas para computação de carga elétrica. Como a capacidade do circuito é de 20 A em 120 V, por exemplo, a capacidade tanto dos condutores quanto das tomadas é de 2.400 VA. Até essa potência de aparelho, o circuito está perfeitamente dimensionado. Seria o caso, por exemplo, da ligação de um aparelho *airfryer* de 1.800 W, ou de um forno micro-ondas de 1.500 W. Aqui, cabe o conceito de potência ativa (W), que é a potência faturada pela distribuidora, e de potência aparente (VA), que é a que circula na instalação. A relação entre elas é o fator de potência da carga.

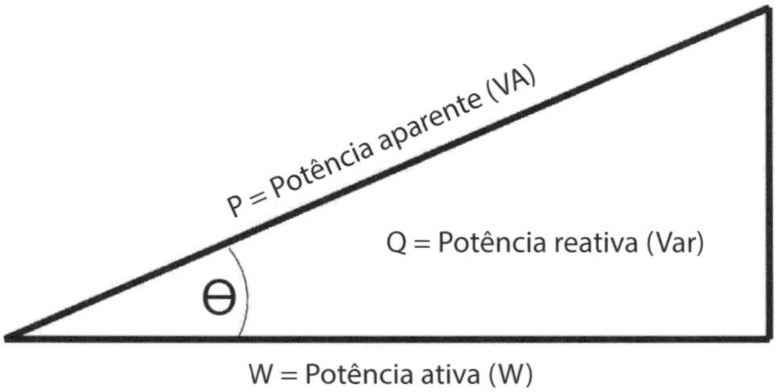

Figura 5.4 – Triângulo de potências.

5.1.3 CIRCUITOS PARA TOMADAS EXCLUSIVAS

O desenvolvimento da tecnologia tem colocado à disposição dos usuários vários equipamentos para as mais diversas funções e com inteligência embarcada. Esses aparelhos exigem atenção na instalação, tanto no dimensionamento dos circuitos quanto nas proteções individuais. Quando esses aparelhos excedem a potência individual de 1.500 VA, recomenda-se designar um circuito exclusivo para os mesmos. Como exemplo, podem ser citados equipamentos localizados em cozinhas e áreas de serviço, como lavadoras e secadoras de roupas, lava-louças, aquecedores de elétricos de água, chuveiros, ares-condicionados etc.

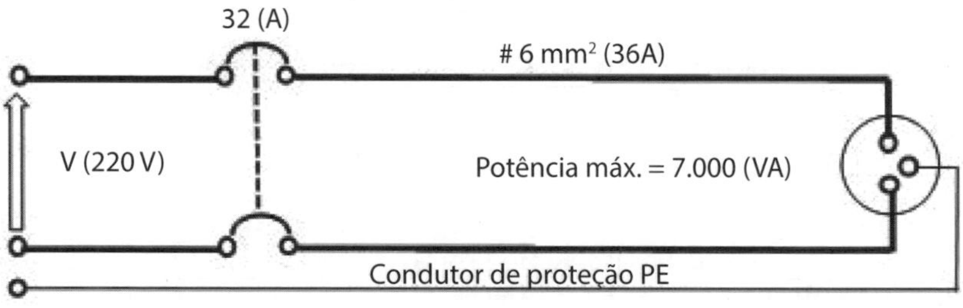

Figura 5.5 – Circuito típico para tomada exclusiva.

Quanto às tensões nominais de cada circuito, dependerão dos valores e dos grupos de conexão dos transformadores de distribuição que alimentam eletricamente a instalação. Os circuitos exclusivos, preferencialmente, devem ser alimentados em tensão fase – fase. Com a tensão de alimentação entre fases, as perdas por aquecimento diminuem, bem como a queda de tensão.

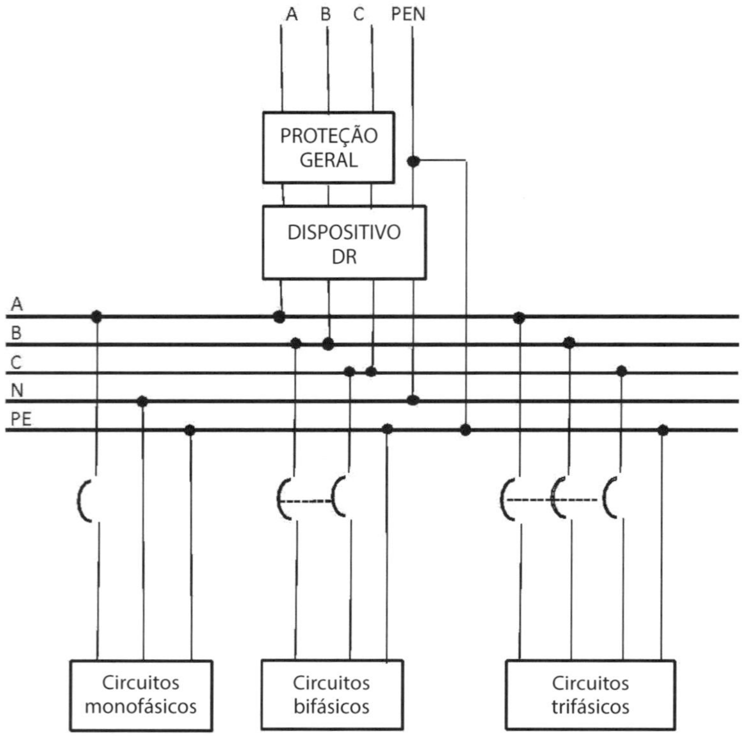

Legenda: Fases: A, B, C; Neutro: N; Condutor de proteção: PE; Funções de neutro e proteção: PEN; DR: Dispositivo de proteção residual (corrente de fuga).

Figura 5.6 – Diagrama trifilar típico (quadro de distribuição).

Nas instalações elétricas, por restrições também mecânicas, existem bitolas mínimas para os condutores elétricos a serem observadas. De acordo com a NBR 5410, na seção 6.2.6, sobre condutores, estão estabelecidas as seguintes recomendações:

Tabela 5.1 – Seção mínima para condutores fase (cobre)

Tipo de instalação		Utilização do Circuito	Seção mínima (mm^2)
Instalações fixas em geral	**Cabos isolados**	Iluminação	1,5
		Força	2,5
		Sinalização e controle	0,5
	Condutores nus	Força	10,0
		Sinalização e controle	4,0
Ligações flexíveis com cabos isolados		Equipamento específico	Conforme norma
		Outras aplicações	0,75
		Extra-baixa tensão	0,75

Tabela 5.2 – Seção mínima para condutores neutro (cobre)

Seção dos condutores fase (mm^2)	**Seção mínima neutro (mm^2)**
$S \leq 25$	S
35	25
50	25
70	35
95	50
120	70
150	70
185	95
240	120

Existem, ainda, recomendações quanto à bitola mínima dos condutores elétricos para circuitos que alimentam aparelhos específicos:

- tomadas em cozinhas, áreas de serviço, garagens e similares – 2,5 mm^2;
- aquecedores de água em geral – 2,5 mm^2;
- máquinas de secar roupas – 4,0 mm^2;
- aparelhos de ar-condicionado – 2,5 mm^2;
- fogões elétricos – 6,0 mm^2.

5.2 TIPOS DE SISTEMAS DE ATERRAMENTO

Todas as partes metálicas de uma instalação que não tenham por finalidade a condução de corrente elétrica devem ser aterradas, de modo a garantir a segurança das pessoas que se utilizam dessas instalações em relação às tensões de toque entre a carcaça dos equipamentos e o solo. O condutor neutro de uma distribuição de energia elétrica pode, sob certas restrições, ser usado como condutor de aterramento.

Normalmente, em distribuição secundária (baixa tensão de utilização) com transformadores de grupo de conexão estrela multiaterrado, isto é, cujo ponto neutro é aterrado em vários pontos da distribuição e interconectados, pode-se garantir uma resistência de terra próxima de zero, o que torna segura a utilização desse neutro como condutor terra.

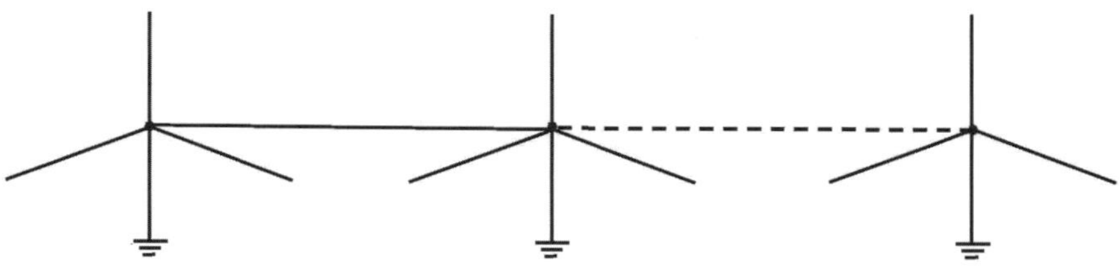

Figura 5.7 – Secundário dos transformadores de distribuição com neutro multiaterrado.

As opções quanto ao aterramento em um sistema elétrico se resumem à decisão entre usar um aterramento independente ou um comum ao neutro da instalação. Segundo a classificação normativa, temos:

- sistema TN–C: neutro e terra comuns ao longo da instalação;
- sistema TN–S: neutro e terra separados ao longo da instalação com ponto inicial comum;
- sistema TN–C-S: neutro e terra comuns em parte da instalação;
- sistema TT: neutro aterrado e terra distintos;
- sistema IT: neutro isolado e terra distinto.

5.2.1 SISTEMAS DE ATERRAMENTO TN

Nesse sistema de aterramento, o neutro do sistema de distribuição secundária de energia é usado como condutor de aterramento na instalação, havendo, entretanto, uma condicionante para tal aplicação. Como o neutro da instalação é aterrado e pode estar, em situações transitórias, energizado, é preciso assegurar que o valor máximo de tensão no neutro não possa colocar em risco a vida das pessoas que usam a instalação.

Uma situação de ocorrência não rara é a de um curto-circuito fase-terra na rede de distribuição, ou de rompimento do condutor neutro. A corrente de curto-circuito fase terra elevará a tensão do neutro. Eventuais contatos físicos entre condutores na distribuição aérea também podem elevar a tensão no neutro da instalação.

Se neutro e terra estiverem interligados, as massas dos equipamentos aterrados também sofrerão a mesma elevação de tensão do condutor neutro do sistema de distribuição.

As tensões limite a que o corpo humano pode estar submetido dependem principalmente do grau de umidade do ambiente onde está colocado. Para uma correta aplicação desse tipo de sistema de aterramento, dois conceitos se fazem necessários: a resistência do corpo humano perante a umidade e as características do local onde se encontram no momento do contato elétrico.

Tabela 5.3 – Resistência elétrica do corpo humano

Código	Característica	Resistência do corpo humano (Ω)	Tensão máxima admitida (V)
BB1	Pele seca	4.000	50
BB2	Pele úmida	2.000	50
BB3	Pele molhada	1.000	25
BB4	Pele imersa na água	500	12

Tabela 5.4 – Contato de pessoas com o potencial da terra

Código	Classificação	Característica
BC1	Nulo	Locais não condutores
BC2	Fraco	Locais sem contato com elementos condutores
BC3	Frequente	Locais com contatos com elementos condutores
BC4	Contínuo	Locais com contato permanente com elementos condutores

Quanto às medidas de proteção contra contatos indiretos em uma instalação elétrica, a norma brasileira define algumas situações:

- a situação 1 é a combinação das condições BB2 + BC1; BB2 + BC2 ou BB2 + BC3. A condição BB1, por representar uma situação teórica de pele seca sem suor, não é considerada para efeito de contato;
- a situação 2 corresponde à combinação de BB2 + BC4 ou BB3 com qualquer condição BC;
- a situação 3 é para pele imersa na água (BB4).

Tabela 5.5 – Valores máximos de tensão de contato (V)

Natureza da Corrente	Situação 1	Situação 2	Situação 3
Alternada (15 a 100 Hz)	50	25	12
Contínua (sem ondulação)	120	60	30

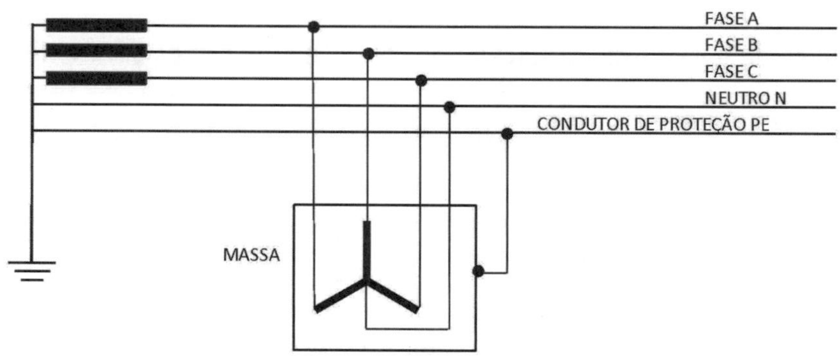

a) TN–S

(continua)

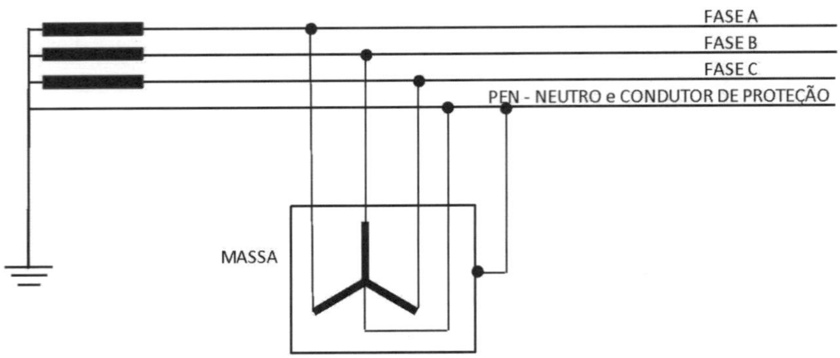

b) TN–C

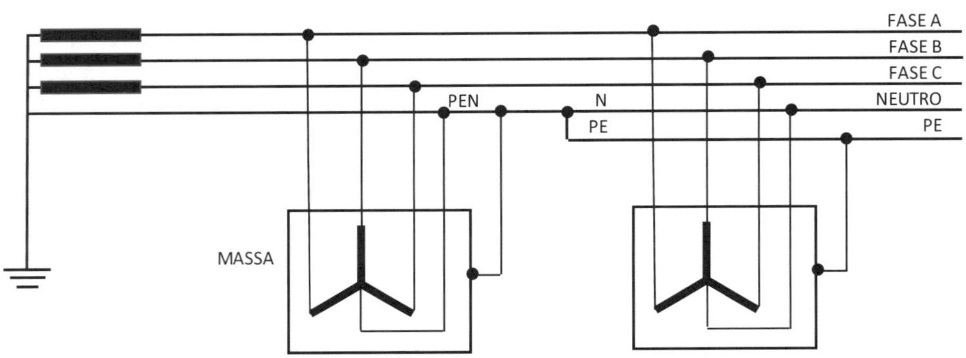

c) TN–C-S

Figura 5.8 – Sistema de aterramento TN.

O sistema de aterramento do tipo TN, com suas derivações, apresenta as seguintes características:

a) em caso de falta entre a parte energizada dos equipamentos e suas respectivas massas (falhas no isolamento interno dos equipamentos), o caminho da corrente de fuga é exclusivamente galvânico, uma vez que massa e neutro estão conectados no mesmo ponto;

b) as massas dos equipamentos aterrados estão sujeitas às sobretensões no neutro do sistema elétrico de distribuição secundária. Nesse caso, o uso desse sistema de aterramento está limitado à tensão no neutro de 50 V., e, mesmo que haja dispositivo de proteção diferencial residual, não haverá segurança;

c) em serviço normal de operação da instalação, existirá sempre uma tensão maior nas massas dos equipamentos no caso TN–C do que no caso do TN–S, devido à queda de tensão no neutro da instalação, provocada pelas correntes de desequilíbrio, naturais nas instalações convencionais de agrupamento de circuitos monofásicos.

O sistema que utiliza o mesmo condutor para neutro e condutor de proteção (PEN) só pode ser usado com condutores de seção igual ou superior a 10 mm^2, podendo ser reduzida para 4 mm^2 sob a condição de que o cabo seja do tipo concêntrico, que inclua todos os condutores fase.

O condutor PEN não deve ser comum a vários circuitos nem possuir dispositivo de proteção, nem seccionamento ou comando; deve ser contínuo.

5.2.2 SISTEMAS DE ATERRAMENTO TT

Nesse tipo de sistema, os pontos de aterramento do sistema de alimentação (neutro) e dos condutores de proteção (PE) são distintos. É um sistema a ser usado quando o sistema TN tiver suas restrições. As massas dos equipamentos e partes metálicas da instalação estarão ligadas em pontos distintos e eletricamente independentes do sistema de aterramento do neutro da instalação de distribuição supridora.

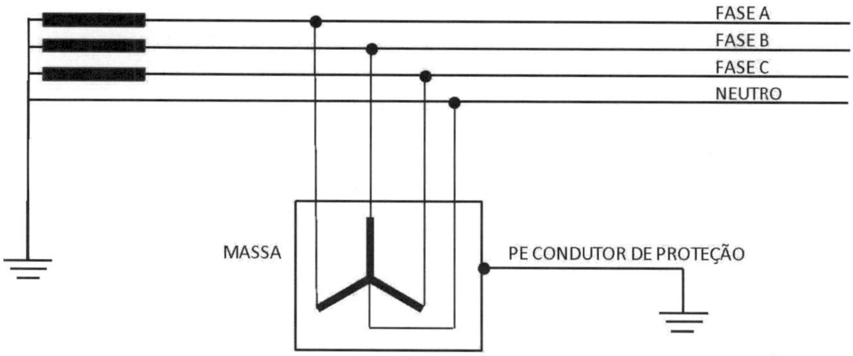

Figura 5.9 – Sistema de aterramento TT.

Esse sistema de aterramento apresenta as seguintes características:

a) as massas aterradas não estarão sujeitas às sobretensões do neutro da instalação;

b) em regime normal de desequilíbrio das cargas, as quedas normais de tensão não afetarão o potencial das massas;

c) as sobretensões no neutro são transferidas para o isolamento dos equipamentos;

d) não prescinde da proteção diferencial residual.

5.2.3 SISTEMAS DE ATERRAMENTO – IT

Como no Brasil existem sistemas de distribuição sem neutro, isto é, compostos por transformadores com secundário em conexão triângulo, torna-se necessário o uso deste sistema de aterramento, não há neutro, e as massas devem ter sua conexão com a terra por meio de um condutor de proteção PE.

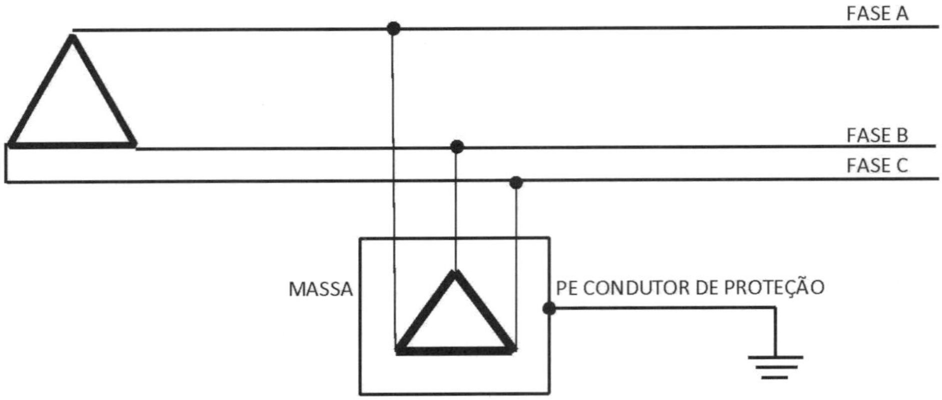

Figura 5.10 – Sistema de Aterramento IT.

Esse sistema de aterramento possui as seguintes características:

a) pelo fato de não existir um caminho para correntes de curto-circuito fase terra, ou um caminho de alta impedância, essas correntes não têm intensidade suficiente para provocar qualquer tensão de contato perigosa;

b) a limitação da intensidade de corrente resultante de uma primeira falta é obtida pela ausência de ligação à terra da alimentação ou pela inserção de uma impedância entre o ponto de alimentação, geralmente o neutro e a terra.

5.3 CÁLCULO DOS CONDUTORES DE PROTEÇÃO

Para o cálculo da seção mínima do condutor de proteção PE, é necessário identificar que tipo de corrente elétrica ele poderá conduzir. Em regime normal de operação, sua função é apenas de dar referência de potencial zero para as massas dos equipamentos e partes metálicas da instalação não destinadas à condução de corrente.

A situação extrema é a de um curto-circuito entre uma fase da instalação e a terra, usando como meio de condução o condutor de proteção. A diferença entre o cálculo do condutor de proteção e o condutor fase ou neutro em relação ao critério de curto-circuito, está na temperatura inicial do condutor. No condutor fase ou neutro em operação, a temperatura considerada no condutor é a máxima admitida pelo isolamento (no caso do isolamento em PVC 70° C). No condutor de proteção PE, como ele não está em operação, a temperatura considerada é a ambiente, normalmente 30° C.

De acordo com o critério de dimensionamento de condutores para suportar uma corrente de curto-circuito, a seção é calculada pela expressão:

$$S = \frac{I\sqrt{t}}{k} \left[mm^2 \right]$$

S = Seção do condutor PE (mm^2)
I = Valor eficaz da corrente de curto circuito (A)
t = tempo de interrupção da corrente de curto (s)

Onde k é igual a:

$$k = \sqrt{\frac{Q_c(\beta + 20)}{\rho_{20}} \ln \left(1 + \left(\frac{\theta_f - \theta_0}{\beta - \theta_0}\right)\right)} \left[\frac{A \times s^{1/2}}{mm^2} \right]$$

Q_c = Calor específico do material do condutor (J/ºC mm^3)
β = Inverso do coeficiente de temperatura a 0º C para o condutor (ºC)
ρ_{20} = resistividade elétrica do material condutor a 20º C (Ωxmm)
θ_f = temperatura inicial do condutor (ºC)
θ_0 = temperatura final do condutor (ºC)

Tabela 5.6 – Características típicas de materiais metálicos

Material	**β (°C)**	**Qc (J/° C mm³)**	**ρ20 (Ω mm)**
Cobre	234,5	3,45 10^{-3}	17,241 10-6
Alumínio	228	2,5 10^{-3}	28,264 10-6
Chumbo	230	1,45 10^{-3}	214 10-6
Aço	202	3,8 10^{-3}	138 10-6

Tabela 5.7 – Valores de k para condutores de proteção isolados, não incorporados aos cabos ou condutores de proteção nus em contato com o revestimento dos cabos

Material	**Material isolante dos condutores de proteção**	
	PVC	EPR/XLPE
Cobre	143	176
Alumínio	95	116
Aço	52	64

Notas:

a) temperatura inicial do condutor considerada 30° C;

b) temperatura final para o PVC 160 °C e EPR/XLPE de 250 °C.

Tabela 5.8 – Valores de k para condutores de proteção componentes de um cabo multipolar

Material	Material isolante dos condutores de proteção	
	PVC	EPR/XLPE
Cobre	115	143
Alumínio	76	94

Notas:

a) temperatura no condutor para o PVC 70 °C e EPR/XLPE 90 °C;

b) temperatura final para o PVC 160 °C e EPR/XLPE de 250 °C;

Tabela 5.9 – Valores de k para condutores nus quando não houver riscos de danos a qualquer material vizinho em virtude de temperatura indicada

Material	Condições		
	Visíveis em áreas restritas	Nos prédios	
		Condições normais	Riscos de incêndio
Cobre	228	159	138
Alumínio	125	76105	91
Aço	82	58	49

Notas:

a) temperatura inicial nos condutores 30 °C;

b) nos prédios, as temperaturas máximas admitidas são de 200 °C em condições normais e 150 °C com riscos de incêndio;

c) sob condições visíveis e em áreas restritas, as temperaturas máximas admitidas são de 500 °C para condutores de cobre ou aço e de 300 °C para condutores de alumínio.

Quando os condutores de proteção forem constituídos do mesmo material condutor que os condutores fase, as suas seções podem ser calculadas, opcionalmente, de forma mais simplificada, conforme Tabela 5.10.

Tabela 5.10 – Seções mínimas dos condutores de proteção

Seção (S) dos condutores fase (mm²)	Seção mínima dos condutores de proteção (mm²)
$S \leq 16$	S
$16 < S \leq 35$	16
$S > 35$	0,5 S

5.4 COMANDO DE LÂMPADAS ELÉTRICAS

Lâmpadas e tomadas podem ser comandadas por um número ilimitado de pontos distintos, ressalvando-se o caráter prático da instalação. Não se deve colocar interruptores, para um mesmo comando, com distâncias inferiores a 3 m umas das outras, o que, além de poluir as paredes, não é necessário, devido à proximidade entre os dois comandos. Entretanto, para cada possibilidade de entrada ou saída de um recinto, uma possibilidade de comando deve ser disponibilizada.

As figuras a seguir apresentam diagramas esquemáticos e em planta para as diversas situações normalmente encontradas em uma instalação elétrica convencional. A tecnologia disponível atualmente permite colocar inteligência nesses comandos; porém, faz parte de outra área do conhecimento e deve ser complementar a um projeto de instalações elétricas, uma vez que o meio físico de levar a energia até lâmpadas e equipamentos permanece o mesmo, alterando-se apenas as formas de comando.

Alguns detalhes tornam o uso do projeto mais confortável. A altura dos interruptores deve estar no alinhamento da fechadura. Assim, ao abrir a porta, a mão estará na altura do interruptor. O traçado dos eletrodutos no interior das paredes deve ser previsível. Deve ser colocado em trechos retos, obedecendo às paredes, horizontal e verticalmente.

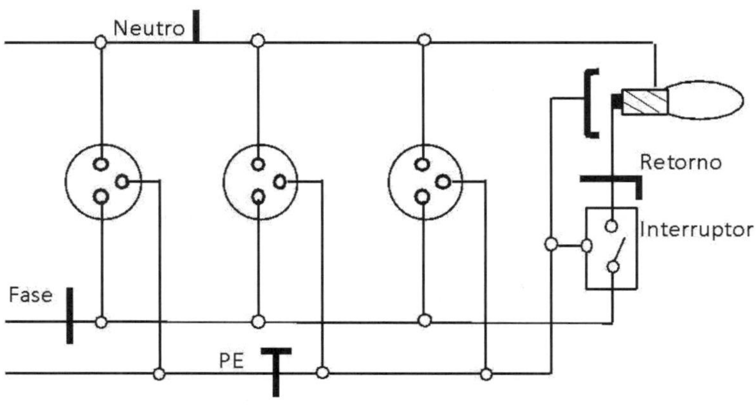

a) Diagrama de ligação

(*continua*)

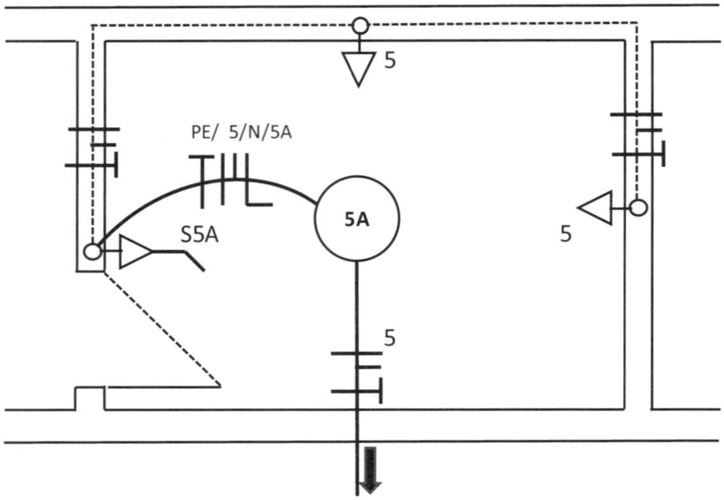

Quadro de distribuição de luz (QDL)

b) Diagrama em planta

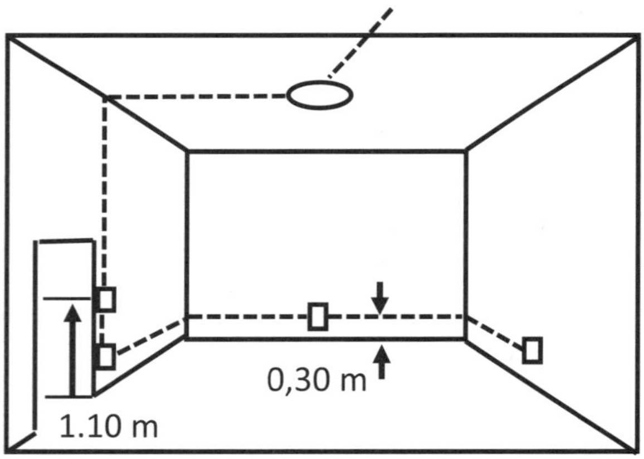

c) Diagrama Esquemático Tridimensional

Figura 5.11 – Comando de Iluminação de um Único Ponto (Interruptor Simples).

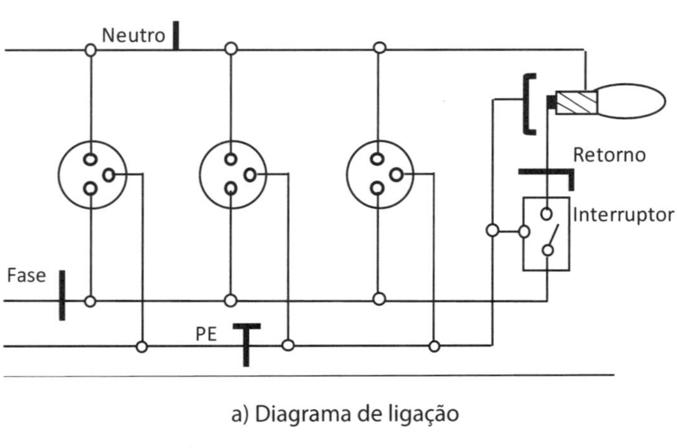

a) Diagrama de ligação

(continua)

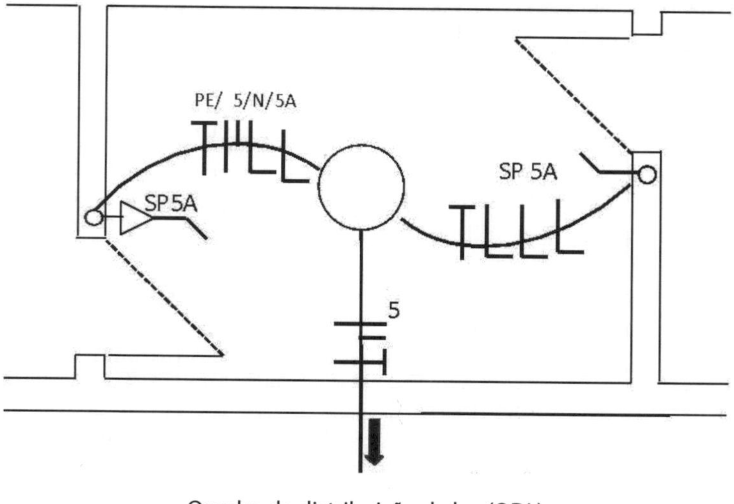

b) Diagrama em planta

Figura 5.12 – Comando de lâmpadas de 2 pontos (Interruptor Paralelo).

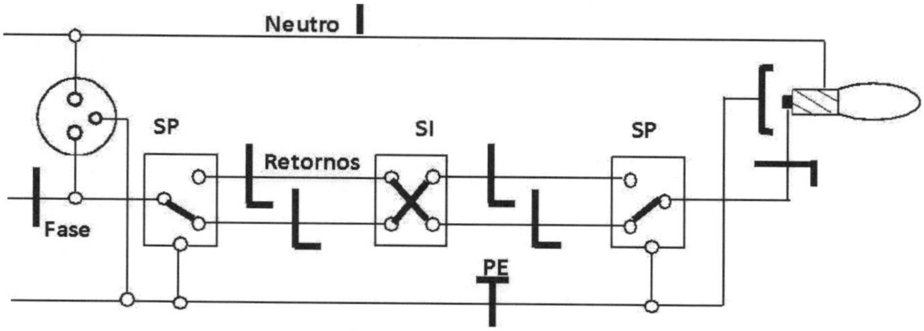

a) Diagrama de ligação

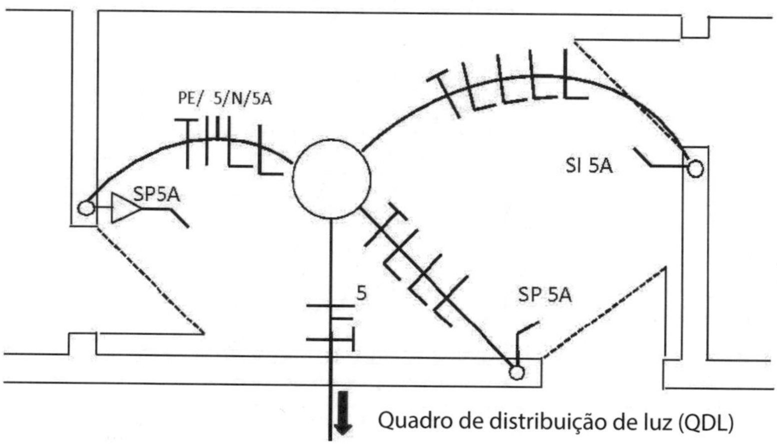

b) Diagrama em planta

Figura 5.13 – Comando de lâmpadas de 3 pontos (Interruptor Intermediário).

5.5 DISPOSITIVOS DE PROTEÇÃO DE CIRCUITOS ELÉTRICOS

5.5.1 FUSÍVEIS

Esses dispositivos de proteção interrompem um circuito elétrico quando uma corrente elétrica acima de determinado valor circular pela instalação. A interrupção se faz por meio da fusão de seu elemento elo-fusível. Esse dispositivo, uma vez operado, deve ser trocado, pois a abertura destrói o elemento elo-fusível.

O tempo de atuação do dispositivo depende da sua curva característica tempo x corrente, que, para um valor de corrente, corresponde um tempo de desligamento. Os fusíveis mais comuns para aplicação em instalações são do tipo *diazed* e NH.

- Tipo *diazed* para tensões até 750 V em corrente alternada ou contínua, com capacidade de ruptura de 50 kA em corrente alternada e 8 kA em corrente contínua, seguindo normas as IEC 60269 e DIN 0635 e 0636.

  Correntes nominais: 2; 4; 6; 10; 16; 20; 25; 32; 35; 50 e 63 A.

- Tipo NH, com capacidade de ruptura de 120 kA em até 690 V em corrente alternada, e 100 kA em até 250 V em corrente contínua, seguindo as normas IEC 60269 e DIN 0635 e 0636.

  Correntes nominais: 6; 10; 16; 20; 25; 32; 40; 50; 63; 80; 100; 125; 160; 200; 224; 250; 315; 355; 400 e 500 A.

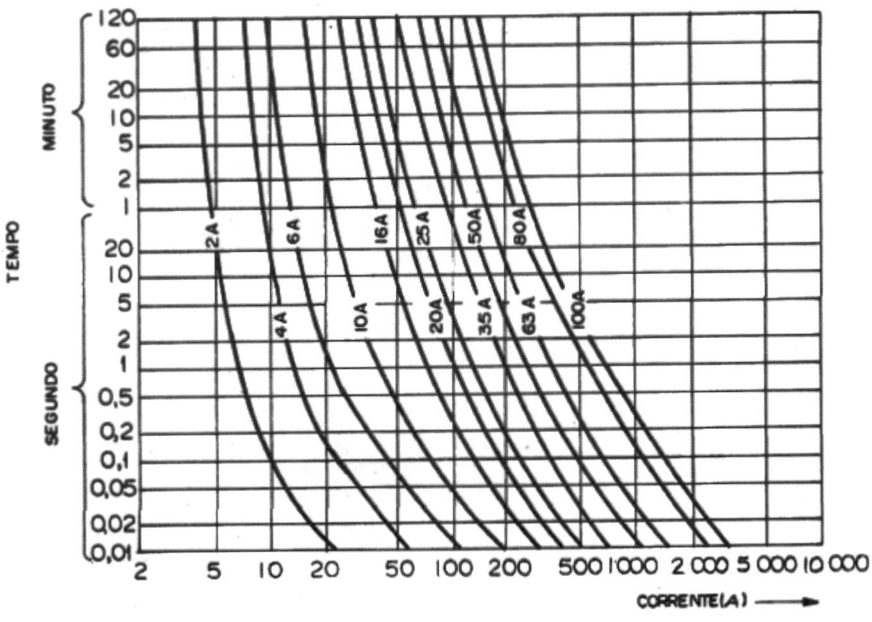

Figura 5.14 – Curvas características de fusíveis tipo *diazed*.

Fusíveis têm por característica a alta capacidade de interrupção de curto-circuito em um curto intervalo de tempo, não sendo recomendáveis para sobrecargas. Um curto-circuito (*short circuit*) é caracterizado por uma elevação de corrente elétrica com tensão caindo a zero e, portanto, deve ser interrompido no menor tempo possível, e corrigida a causa do defeito.

Uma sobrecarga caracteriza-se por um aumento na corrente elétrica, mantida a tensão nominal, não sendo caracterizada, a princípio, como um defeito, e sim, como um aumento da carga não previsto pelo dimensionamento da instalação.

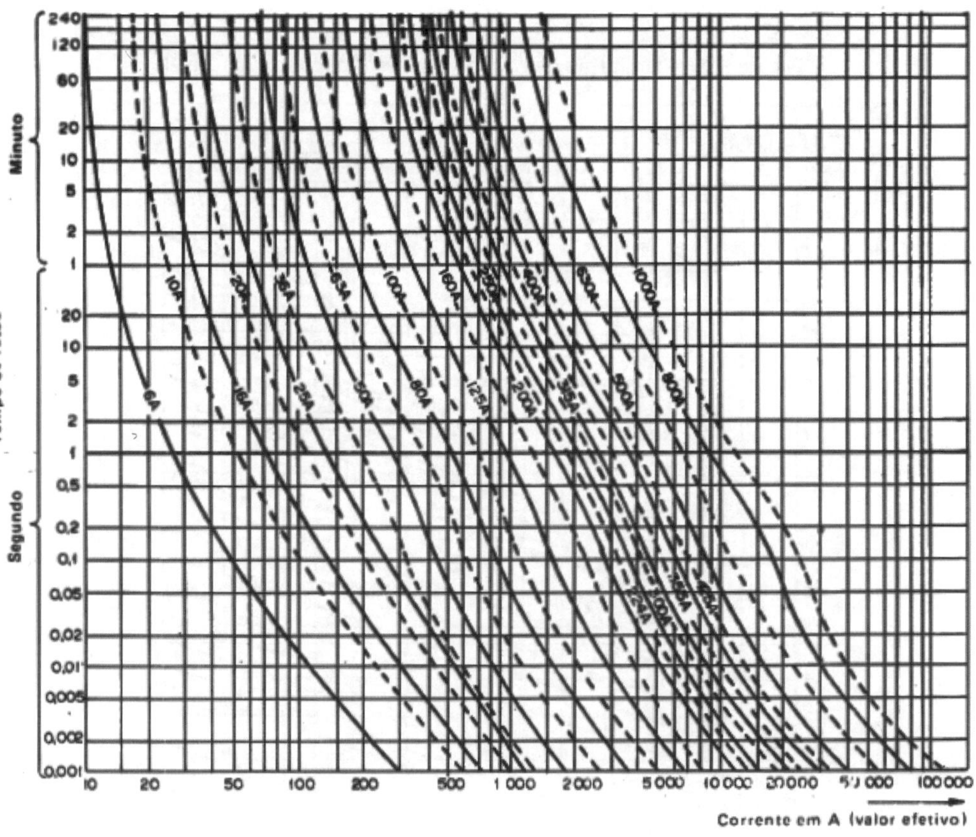

Figura 5.15 – Curvas características de fusíveis tipo NH.

Um fusível é também um limitador da corrente de curto-circuito, interrompendo o circuito antes que a corrente atinja o seu valor de pico. Por exemplo, um circuito protegido por um fusível NH de 160 A de corrente nominal colocado em uma instalação em que a corrente de curto-circuito simétrica tem um valor de 20 kA no barramento, com valor de pico de 42 kA no primeiro ciclo, será limitado a 12 kA, conforme as Figuras 5.16 e 5.17.

Figura 5.16 – Limitação da corrente de curto-circuito por fusível.

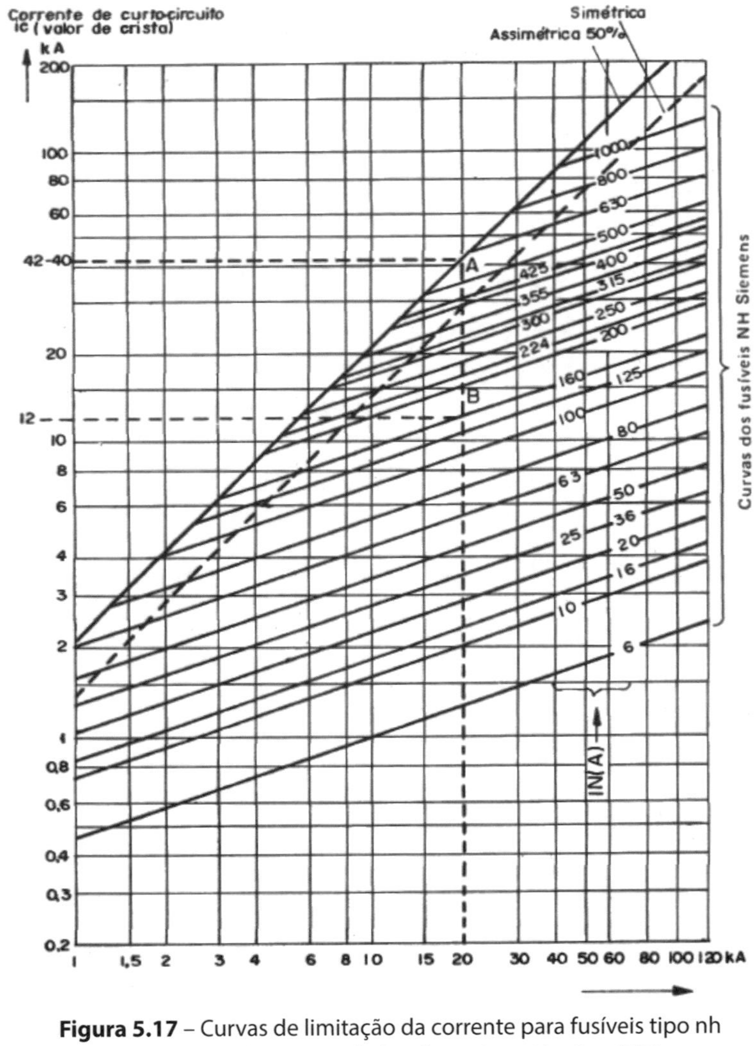

Figura 5.17 – Curvas de limitação da corrente para fusíveis tipo nh com característica retardada e fator de potência ≤ 0,70.

5.5.2 DISJUNTORES TERMOMAGNÉTICOS

Os disjuntores termomagnéticos são dispositivos de proteção com dois elementos distintos: um térmico de ação eficiente contra as sobrecargas, que dispõe de um disparador térmico com atraso (bimetal), dependendo da característica tempo corrente, e outro dispositivo magnético, sem atraso, de ação eficiente contra curtos-circuitos. Disjuntores não podem ser confundidos com interruptores e não devem ser usados para operar ligação e desligamento de circuitos. Essas manobras devem ser feitas por interruptores ou contatores.

Tabela 5.11 – Características dos disjuntores Siemens 5SX mono e bipolares

Corrente nominal (A)	**Capacidade de curto-circuito (kA) (NBR IEC 60947-2)**	
	220/127 V	**380/220 V**
6	5	4,5
10	5	4,5
13	5	4,5
16	5	4,5
20	5	4,5
25	5	4,5
32	5	4,5
40	5	3

Tabela 5.12 – Características dos disjuntores Siemens 5SY mono, bi e tripolares

Corrente nominal (A)	**Capacidade de curto-circuito (kA) (NBR IEC 60947-2)**	
	220/127 V	**380/220 V**
6	35	25
10	35	25
13	35	25
16	35	25
20	35	25
25	35	25
32	35	25
40	25	20
50	25	20
63	25	20

Tabela 5.13 – Características disjuntores Siemens 5SY mono, bi e tripolares

Corrente nominal (A)	Capacidade de curto-circuito (kA) (NBR IEC 60947-2)	
	220/127 V	**380/220 V**
6	45	30
10	45	30
13	45	30
16	45	30
20	45	30
25	45	30
32	45	30
40	30	25
50	30	25
63	30	25

Tabela 5.14 – Características disjuntores Siemens 5SX mono, bi e tripolares

Corrente nominal (A)	Capacidade de curto-circuito (kA) (NBR IEC 60947-2)	
	220/127 V	**380/220 V**
6	5	4,5
10	5	4,5
13	5	4,5
16	5	4,5
20	5	4,5
25	5	4,5
32	5	4,5
40	5	3,0
50	5	3,0
63	5	3,0
70	5	3,0
80	5	3,0

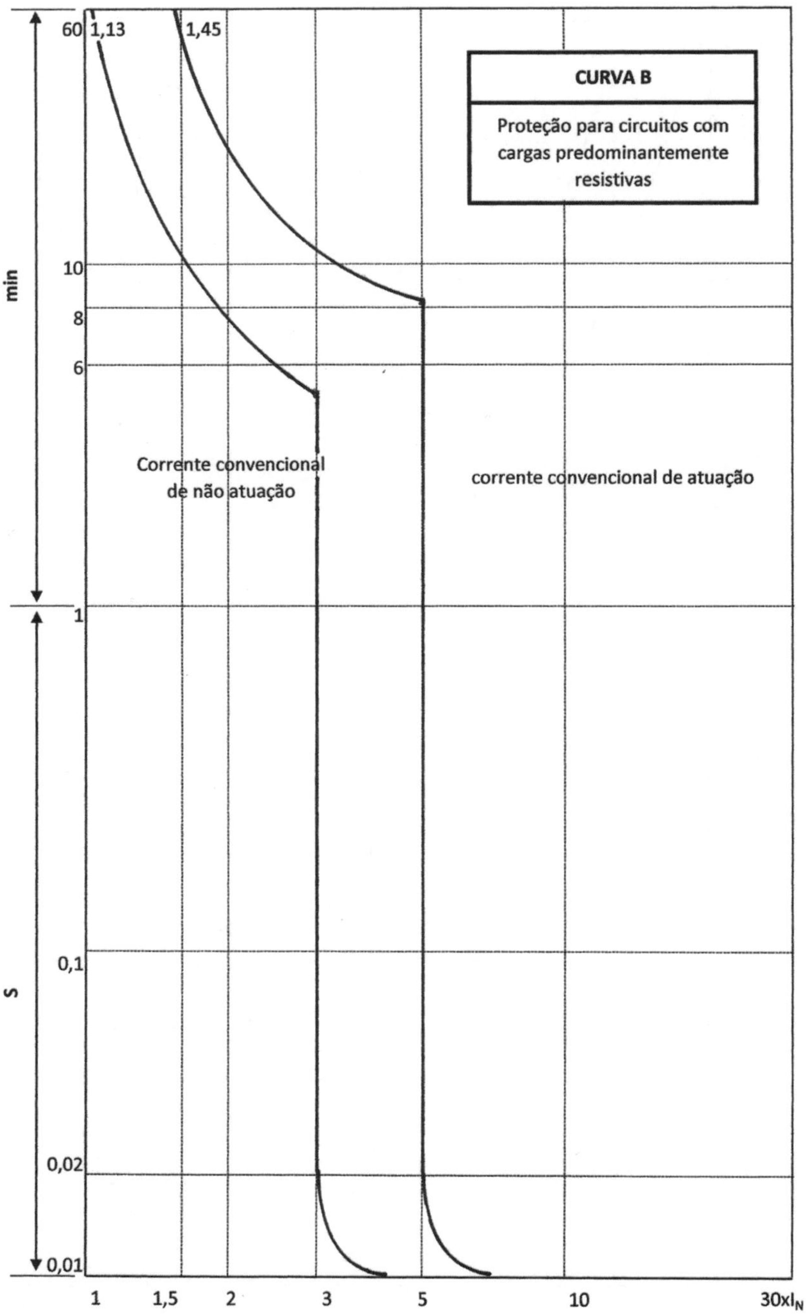

Notas: 1 - Curva Característica de Disparo tipo B

2 - Corrente de Disparo em Curto Circuito de 3 a 5 I_n

Figura 5.18 – Curvas B Características de Disparo para Disjuntores Tipo 5SX

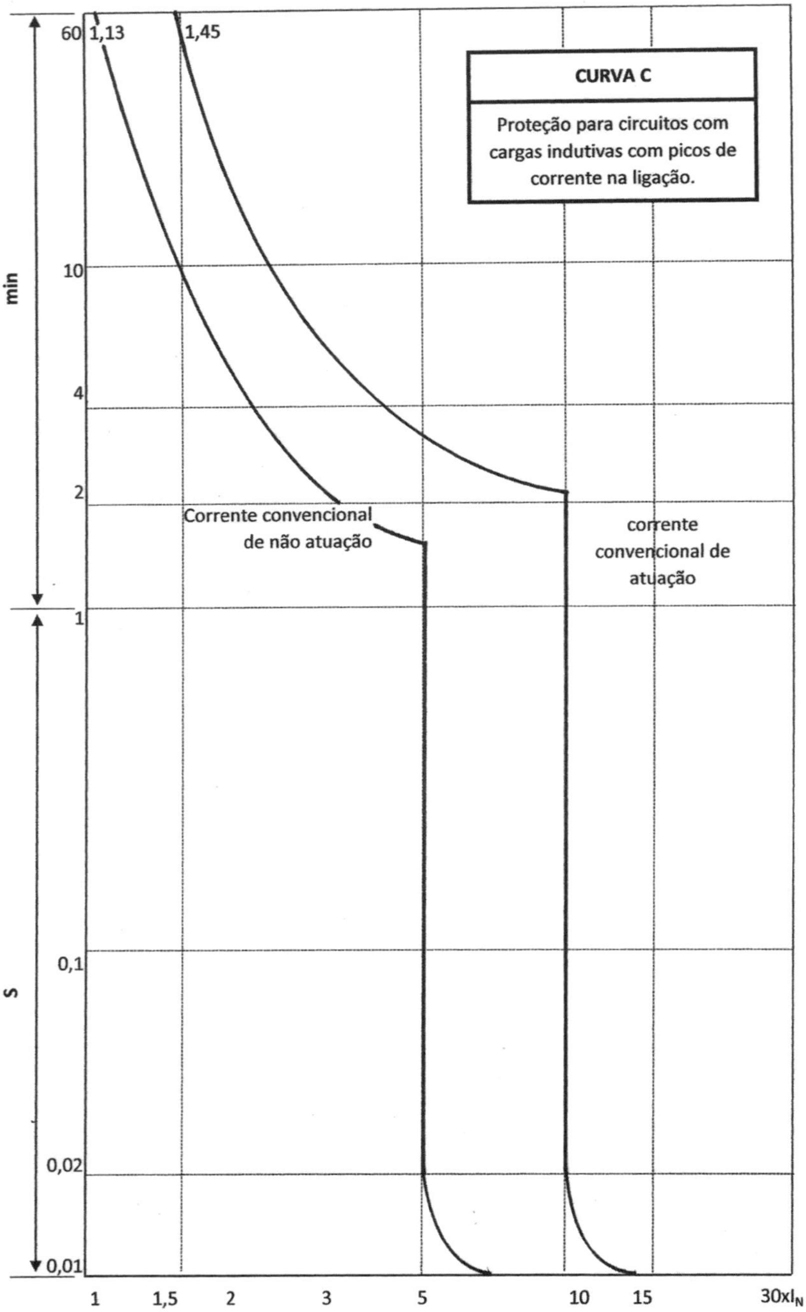

Notas: 1 - Curva Característica de Disparo tipo C

2 - Corrente de Disparo em Curto Circuito de 5 a 10 I_n

Figura 5.19 – Curvas C Características de Disparo para Disjuntores Tipo 5SY

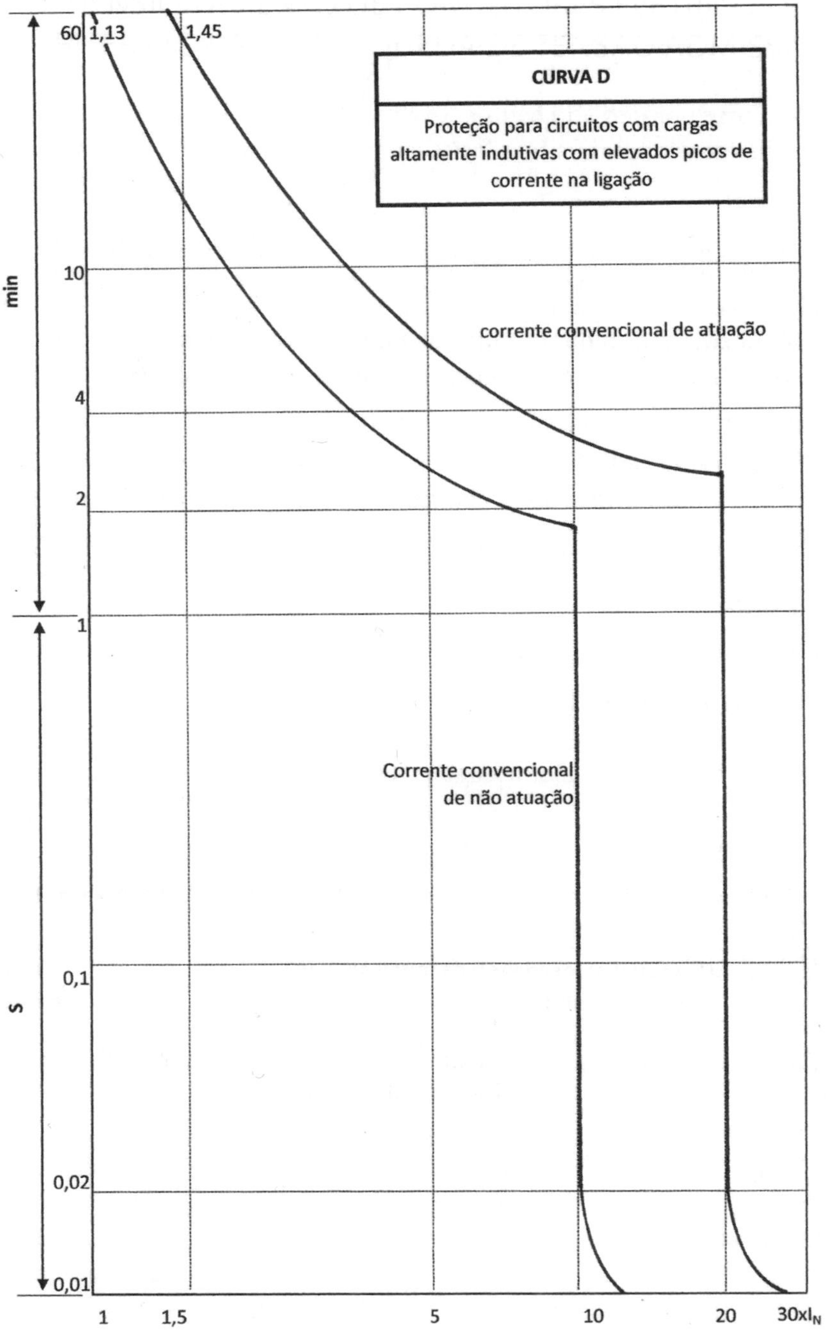

Notas: 1 - Curva Característica de Disparo tipo D

2 - CCorrente de Disparo em Curto Circuito de 10 a 20 I_n

Ao especificar os disjuntores procurar os catálogos técnicos dos fabricantes.

Figura 5.20 – Curvas D Características de Disparo para Disjuntores Tipo 5SY.

A ação térmica de um disjuntor termomagnético é dependente da temperatura ambiente de onde ele se encontra instalado. A corrente nominal do disjuntor se refere a uma temperatura específica de calibração. Dessa forma, a curva tempo x corrente se desloca em função da temperatura ambiente. Em geral, a corrente nominal do disjuntor se refere à temperatura ambiente de 30 °C. Se o disjuntor for instalado em locais de temperatura maior, deve ser feita uma compensação na corrente nominal, por exemplo, usando apenas 70% dela. Por outro lado, se a corrente nominal se referir a 40 °C, podem ser usados 100% de sua capacidade se a instalação for em locais de temperatura ambiente elevada. A utilização de disjuntores com compensação de temperatura ambiente elimina essa correção devido à barra de disparo ser feita com o mesmo material da lâmina do elemento bimetálico submetido a corrente elétrica. A distância relativa entre esses dois elementos não é afetada pela temperatura ambiente.

Disjuntores de corrente nominal acima de determinada corrente não têm associada a eles a função de proteção contra sobrecargas, devendo ser colocado um dispositivo de proteção para esse fim, associado ao comando do disjuntor.

A proteção de um circuito contra sobrecargas é assegurada pela função térmica (lâmina bimetálica) do disjuntor, e, para que tal proteção seja efetiva, a seguinte relação deve ser satisfeita:

- IB ≤ In ≤ Iz (condição normal);
- I2 ≤ 1,45 Iz (sobrecarga – atuação do disjuntor).

Na qual:

- IB é a corrente de projeto do circuito;
- In é a corrente nominal do disjuntor;
- Iz é a capacidade de condução de corrente dos condutores do circuito, nas condições de instalação previstas, e;
- I2 é a corrente convencional de atuação.

A proteção de um circuito contra curto-circuito, feita por um disjuntor, é assegurada pela função magnética do dispositivo de proteção. Para que um disjuntor garanta efetivamente essa proteção, devem ser consideradas duas condições:

1 – A capacidade de ruptura nominal do disjuntor Icn (corrente de interrupção) deve ser superior à corrente de curto-circuito simétrica, Ik, no ponto onde estará instalado.

$$\mathbf{Icn > I_k}$$

2 – Deve atender ao princípio da coordenação entre proteção e suportabilidade térmica do condutor protegido por ela. A energia gerada no condutor pela passagem da corrente de curto-circuito elevará a temperatura do condutor, e ela não deve exceder ao limite da suportabilidade do seu isolamento.

$$I_k^2 \times t \leq k^2 \times S^2$$

- t = tempo de duração do curto-circuito (tempo de interrupção do disjuntor);
- k = 115 (condutor de cobre isolado em PVC – 160 °C);
- k = 142 (condutor de cobre isolado em EPR – 250 °C);
- S = seção do condutor de cobre em mm² (Capítulo 4 – Item 4.5.3).

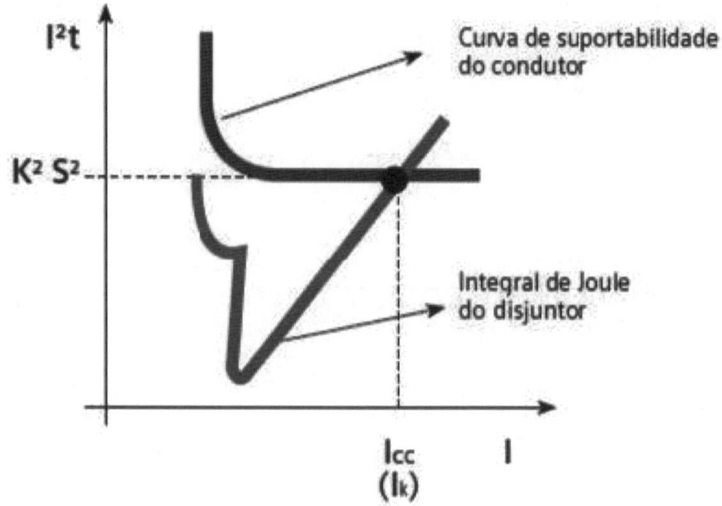

Figura 5.21 – Valor máximo de corrente de curto-circuito para proteção por disjuntores.

Exemplo 5.1

Dado o circuito abaixo, verificar se a proteção está adequada.

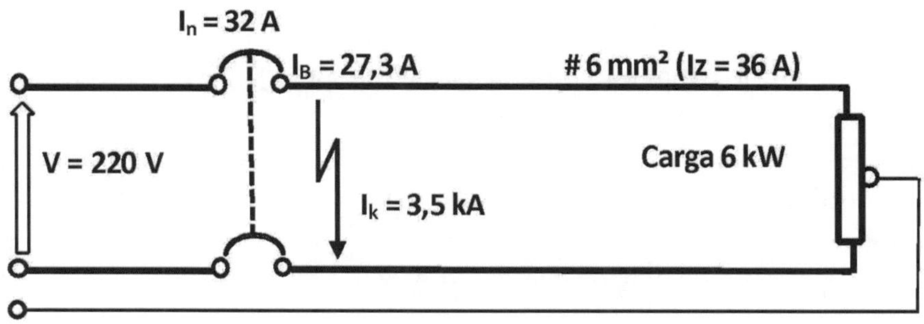

Figura 5.22 – Circuito elétrico do Exemplo 5.1.

- Condição normal:
  IB ≤ In ≤ Iz (27,3 ≤ 32 ≤ 36 A) – ok
- Capacidade de ruptura do disjuntor:
  Considerando um disjuntor do tipo bipolar de 32 A da Tabela 5.11, curva característica de disparo tipo B, capacidade de ruptura de 5 kA em 220 V:
  Icn > Ik.(5 kA > 3,5 kA) – ok

- Coordenação proteção condutor:

  Considerando um condutor de cobre, isolado em PVC (160 °C), de bitola 6 mm², a corrente de curto-circuito simétrica de 3,5 kA é 109,37 vezes o valor da corrente nominal do disjuntor (32 A). O tempo de interrupção será de 0,01 s (Figura 5.18).

  $I_k^2 \text{ x } t \leq k^2 \text{ x } S^2$

  $I_k = 3.500$ A

  $t = 0{,}01$ s

  $k = 116$

  $S > 3{,}04$ mm²

5.6 PROTEÇÃO CONTRA CORRENTES DE FUGA E CHOQUES ELÉTRICOS

Independentemente da proteção convencional contra sobrecargas e curto-circuito na instalação elétrica, a proteção contra correntes de fuga tem por finalidade principal a preservação da vida, tanto de pessoas quanto de animais domésticos.

A circulação de correntes para a terra, por falha de isolamento em equipamentos, na própria instalação, por meio de contatos ou nos isolamentos dos condutores, não é capaz de sensibilizar a proteção convencional, mas, ao entrar em contato com a parte metálica da instalação, sob defeito de isolamento, pode provocar um choque elétrico.

Instalações com falhas de isolamento produzem perdas de energia que oneram a conta de luz ao final do mês, sendo a instalação de proteção adequada para identificar e desligar instalações com defeitos também um fator econômico.

O elemento que possibilita a proteção dessas correntes de fuga é o dispositivo diferencial residual (DR). A NBR-5410 (Itens 5.1.2 e 5.1.3), sobre proteção contra contatos diretos, especifica uma ação complementar por dispositivo de proteção à corrente diferencial residual, independentemente do sistema de aterramento adotado (TN, TT ou IT), e que devem ser protegidos por dispositivo DR de alta sensibilidade (corrente diferencial residual nominal igual ou inferior a 30 mA):

a) os circuitos que sirvam a pontos situados em locais contendo banheira ou chuveiro;

b) os circuitos que alimentem tomadas de corrente situadas em áreas externas à edificação;

c) os circuitos de tomadas de corrente situadas em áreas internas, que possam vir a alimentar equipamentos no exterior;

d) os circuitos de tomadas de corrente de cozinhas, copas-cozinhas, lavanderias, áreas de serviço, garagens e, no geral, a todo local interno molhado em uso normal ou sujeito a lavagens.

5.6.1 PRINCÍPIO DE FUNCIONAMENTO DE UM DISPOSITIVO DIFERENCIAL RESIDUAL (DR)

Um dispositivo diferencial residual (DR) é composto por um núcleo magnético toroidal, um disparador e um mecanismo liga-desliga. Todos os condutores carregados, inclusive o neutro da instalação, devem passar pelo interior desse núcleo magnético. Qualquer desequilíbrio de corrente, acima da corrente de sensibilidade do DR, é captado pela bobina instalada nesse núcleo magnético que envolve os condutores alimentadores do circuito ou instalação. Esse desequilíbrio aciona o mecanismo para desligar o circuito.

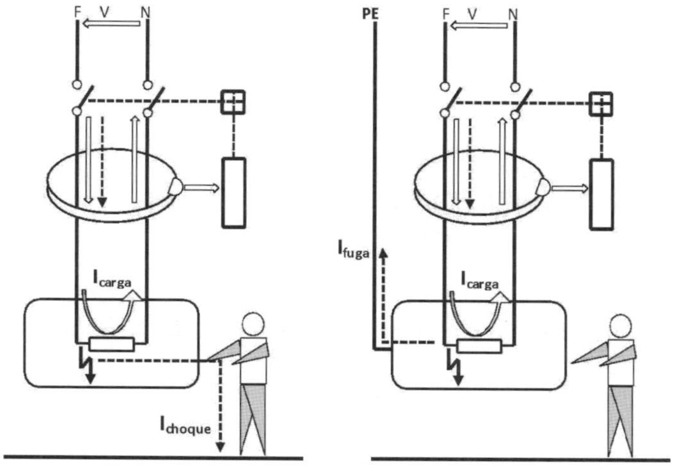

Figura 5.23 – Princípio de funcionamento de um dispositivo DR.

Na Figura 5.23, podemos observar que, se a instalação estiver aterrada (PE), a segurança será bem maior, uma vez que, quando houver falha no isolamento de algum equipamento, o dispositivo DR atuará evitando que ocorra o choque.

Tabela 5.15 – Características de dispositivos DR

Corrente Nominal (A)	Corrente residual (mA)	
	Bipolar (fase/neutro ou fase/fase) 220/127 V	**Tetrapolar (220/127 V e 380/220 V)**
16	10	Não disponível
25	30/100/300	30/300
40	30/100/300	30/300
63	30/100/300	30/300
80	30/100/300	30/300
100	30/100/300	Não disponível
125	30/100/300	30/300

Com a mudança do perfil das cargas presentes na instalação, é importante observar distorções na forma de onda da corrente elétrica. Existem três tipos de Dispositivos DR:

- tipo AC – detecta fugas de correntes senoidais para as cargas elétricas convencionais;
- tipo A – detecta correntes residuais alternadas e contínuas pulsantes; é aplicável em circuitos que contenham recursos eletrônicos que alterem a forma de onda senoidal;
- tipo B – detecta correntes residuais alternadas, contínuas pulsantes e contínuas puras; aplicável em circuitos de corrente alternada, normalmente trifásicos, que possuam, em sua forma de onda, partes senoidais, meia-onda ou, ainda, formas de ondas de corrente contínua, geradas por cargas como: equipamentos eletromédicos, entre outros.

5.6.2 COMPORTAMENTO DO CORPO HUMANO SUBMETIDO A CHOQUES ELÉTRICOS

Normas internacionais estabelecem limites para tensões de contato tanto para pessoas quanto para animais. A *VDE* (*Verband Deutscher Elektrotechniker*) admite as seguintes tensões de contato VB:

- pessoas – 65 V;
- animais – 24 V.

A ABNT NBR 5410 só admite 50 V como tensão permanente de contato por tempo indefinido. Entretanto, há outros fatores a serem considerados na especificação de dispositivos de proteção DR, como as condições de umidade da pele, características do local da instalação etc.

No Item 5.2.1, sobre aplicação dos sistemas de aterramento usando-se o neutro como terra (sistema TN), foram apresentadas algumas restrições para o uso do TN em relação às tensões que podem ser transmitidas pelo neutro da instalação. Para combinações de umidade da pele e local, as tensões admitidas estão colocadas na Tabela 5.5 (Valores máximos de tensão de contato) em 50 ou 25 volts.

Os vários estudos internacionais desenvolvidos sobre o comportamento do corpo humano sob efeito da passagem de correntes elétricas, resultaram na publicação pela *International Electrotechnical Commission* (IEC) número 479, "*Effects of current passing through the human body*".

Tabela 5.16 – Efeitos fisiológicos da corrente alternada (50/60 Hz) até 1 kV

Grupos	Corrente (mA)		Reações fisiológicas habituais
I	Até 25	0,05	• Formigamento apenas perceptível na língua
		0,1	• Formigamento perceptível ao contato dos dedos
		1	• Limiar da sensibilidade
		1 a 10	• Sensação de insensibilidade na mão
			• Leve sensação de enrijecimento da mão e do antebraço
			• Sensação de crispação da mão e do antebraço
		10 a 25	• Aumento da pressão arterial com o aumento da corrente
			• Sensação de crispação da mão e do antebraço
			• Aumento da pressão arterial
II	25 a 80		• Aumento da pressão arterial; ritmo cardíaco irregular • Parada cardíaca, com possibilidade de reanimação • Crispação dos músculos pulmonares e parada respiratória
III	80 a 5.000		• Fibrilação ventricular (função da duração)

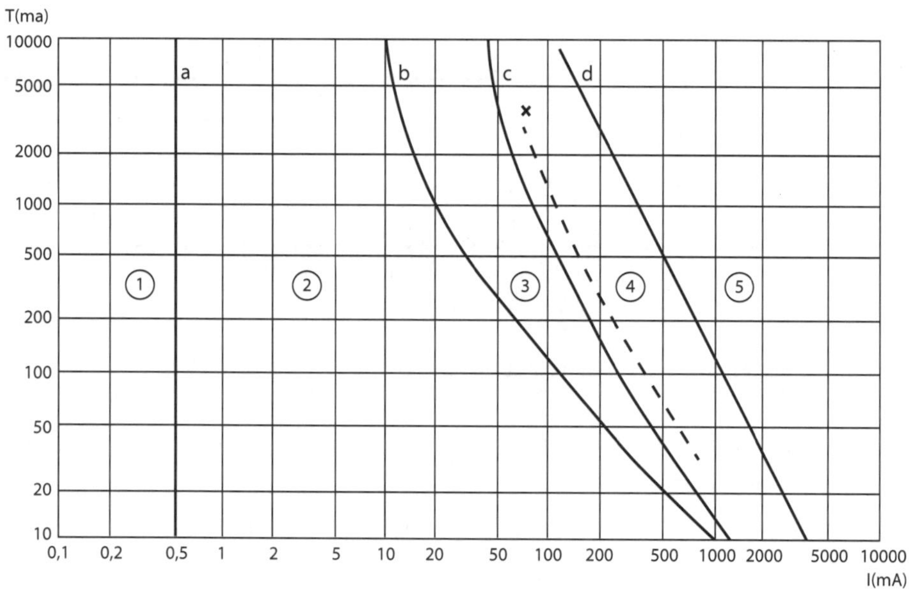

Zona 1 - Habitualmente nenhuma reação.
Zona 2 - Habitualmente nenhum efeito patofisiológico perigoso.
Zona 3 - Habitualmente nenhum risco de fibrilação.
Zona 4 - Fibrilação possível (probabilidade de até 50%).
Zona 5 - Risco de fibrilação (probabilidade superior a 50%).

Figura 5.24 – Zonas de efeito para correntes alternadas (50/60 Hz).

A corrente que não provoca efeitos patofisiológicos perigosos (zona 2 da figura 5.24) é representada pela curva b, cuja equação é dada por:

- I = 10 + 10/t (mA);
- corrente de não largar = 10 (mA);
- t = tempo de exposição ao choque (segundos).

Esses estudos são aplicados a pessoas com 50 kg ou mais, estabelecidos pelo *Guide for Safety in Substation Grounding* (IEEE 80) o valor de corrente de fibrilação ventricular como sendo:

- $I_{fibrilação} = 116/\sqrt{t}$ (mA)

Esse valor de corrente de fibrilação ventricular se situa na zona 4 da Figura 5.24. A principal preocupação quanto ao choque elétrico é a fibrilação ventricular, que corresponde à desorganização do ritmo cardíaco, deixando o músculo ventricular em estado de tremulação, sem pulsação, e a pessoa pode vir a óbito se não reanimada a tempo.

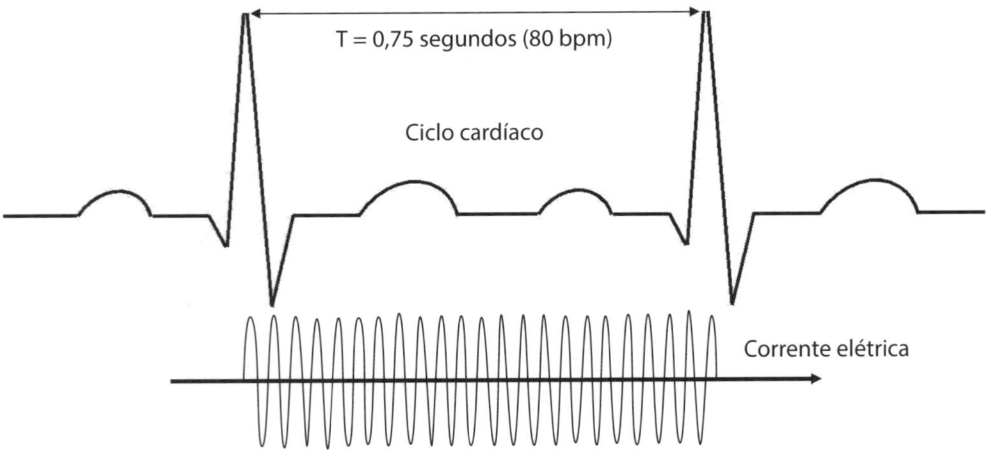

Figura 5.25 – Ciclo cardíaco *versus* corrente elétrica (60 Hz).

Nos projetos de instalações elétricas, os seguintes valores máximos de tensão de toque devem ser observados:

- cozinhas, lavanderias, banheiros – 25 V (pele molhada);
- banheiras e piscinas – 12 V (pele imersa na água).

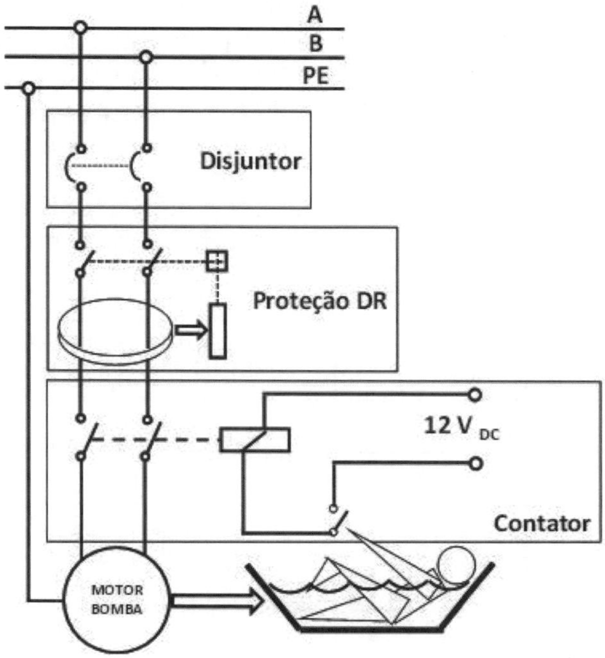

Figura 5.26 – Instalação elétrica recomendada para banheira de hidromassagem.

5.7 PROTEÇÃO DE CIRCUITOS CONTRA SURTOS ATMOSFÉRICOS

Descargas elétricas atmosféricas são fenômenos naturais provocados pelo acúmulo de cargas elétricas nas nuvens. Entre as nuvens carregadas eletricamente e o solo forma-se um campo elétrico, diretamente proporcional à sua carga elétrica e inversamente proporcional ao quadrado da distância entre a nuvem e o solo. As descargas elétricas podem atingir de forma direta uma edificação, e, para tanto, esta deve ser protegida, ou de forma indireta por sobretensões vindas pela rede de energia elétrica, de telefonia, internet etc.

As redes de distribuição de energia elétrica ficam expostas a essas descargas por incidência direta ou por indução eletromagnética. Dessa forma, sobretensões, devido a essas descargas, podem atingir as instalações elétricas ligadas a tais redes, levando à queima de equipamentos e danos mais sérios, como incêndios. Entretanto, existem dispositivos de proteção disponíveis para resguardar a instalação e os equipamentos nele ligados.

As redes de distribuição primária de energia (média e alta tensões) devem suportar sobretensões dentro de padrões estabelecidos em normas como a NBR 6939/00, conhecidos como Nível Básico de Isolamento (NBI) ou, simplesmente, Nível de Isolamento (NI), preservando, assim, a integridade física dos equipamentos da rede, chaves, transformadores etc.

Tabela 5.17 – Nível básico de impulso (NBI) NBR 6939/2018

Tensão máxima do equipamento – kV (eficaz)	Tensão suportável nominal normalizada de frequência fundamental de curta duração – kV (eficaz)	Tensão suportável nominal normalizada de impulso atmosférico – kV (crista)
0,6	4	
1,2	10	30
3,6	10	20/40
7,2	20	40/60
12,0	28	60/75/95
15,0	34	95/110
17,5	38	75/95
24,0	50	95/125/145

A tensão de frequência fundamental de curta duração normalizada é a tensão senoidal com frequência entre 48 Hz e 62 Hz e duração de 60 segundos, e a tensão de impulso normalizada corresponde ao padrão 1,2 x 50 μs.

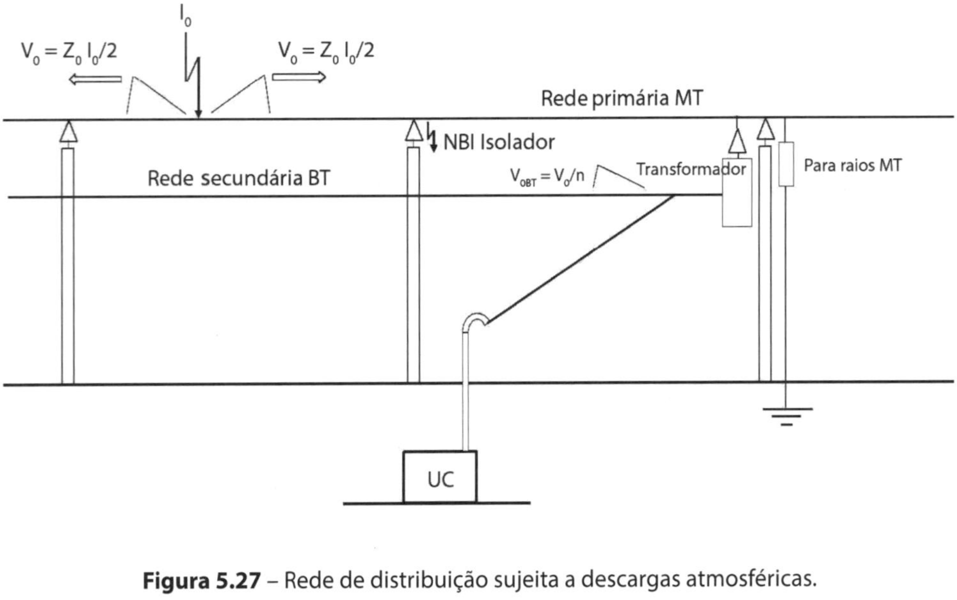

Figura 5.27 – Rede de distribuição sujeita a descargas atmosféricas.

Ao incidir sobre as redes de distribuição, uma descarga atmosférica se transforma em uma onda de tensão proporcional à sua impedância de surto. Quando há uma corrente de impulso de curta duração (1,2 x 50 μs), a resposta do circuito elétrico não é a mesma que oferece às correntes senoidais de frequência de 60 Hz. A resposta do circuito é dependente da sua indutância (L) e sua capacitância C.

$$Z_0 = \sqrt{\frac{L}{C}} \quad (\Omega)$$

Na qual:

- Z0 = impedância natural ou de surto;
- L = indutância da rede (Henry/m);
- C - capacitância da rede (Faraday/m).

$$L = \frac{\mu_0}{2\pi} \ln\left(\frac{2h}{r}\right) \text{(Henry/m)}$$

$$C = \frac{2\pi\varepsilon_0}{\ln\left(\frac{2h}{r}\right)} \quad \text{(Faraday/m)}$$

Na qual:

- h = altura da rede em relação ao solo (m);
- r = raio do condutor (m);
- $\mu 0$ = permeabilidade magnética do ar = $4 \times \pi \times 10^{-7}$ (H/m);
- $\varepsilon 0$ = permissividade dielétrica do ar = $10^{-9}/36\pi$.

Exemplo 5.2

Dada uma rede de distribuição classe 15 kV, com condutor de raio 0,05 m e altura de instalação de 11 m, calcular a impedância natural dessa rede.

- L = $12{,}17 \times 10^{-7}$ (H/m);
- C = $9{,}13 \times 10^{-12}$ (F/m);
- Z0 = 365 (Ω).

A proteção do pára-raios instalado na média tensão protege o NBI dos equipamentos e dispositivos instalados nesse nível de tensão. Entretanto, uma sobretensão é transferida para o secundário do transformador pela capacitância de acoplamento entre os enrolamentos primários e secundários deste.

De acordo com simulações realizadas em transformadores típicos de distribuição, a transferência de tensão para o secundário é da ordem de 25 a 30% da sobretensão primária. Como a proteção contra descargas atmosféricas no lado primário não garante a proteção secundária, devido a essa transferência, torna-se necessária a proteção secundária para evitar queima de equipamentos na tensão secundária.

5.7.1 PARA-RAIOS

Para-raios são dispositivos cujo objetivo é descarregar sobretensões atmosféricas para a terra, evitando danos a equipamentos elétricos no nível de tensão considerado. São duas as tecnologias principais existentes: os para-raios a carboneto de silício com *gap* e os para-raios de óxido de zinco. Em ambos, em até um determinado valor de tensão não há condução de corrente; mas, ao atingirem o valor de tensão disruptiva, passam a conduzir, mantendo uma tensão residual entre a rede e a terra essencial para não colocar em o sistema em curto-circuito.

Tabela 5.18 – Características de pára-raios de média tensão

Tensão nominal (kV)	Máximas tensões residuais (kV pico) – para-raios 5 kA		
	2,5 kA	5 kA	10 kA
3	9,3	9,9	11,3
6	18,6	19,8	22,5
9	28,0	29,7	33,7
10	31,0	33,0	37,4
12	37,3	39,6	44,7
15	46,7	49,5	56,0
18	56,0	59,4	67,0
21	65,3	69,3	78,0

Tabela 5.19 – Características de para-raios baixa tensão (Clamper)

Tensão máxima de operação (V)	280		440	
Corrente nominal de descarga (8x20µs)	10 kA	20 kA	10 kA	20 kA
Nível de proteção kV	1,3		1,8	

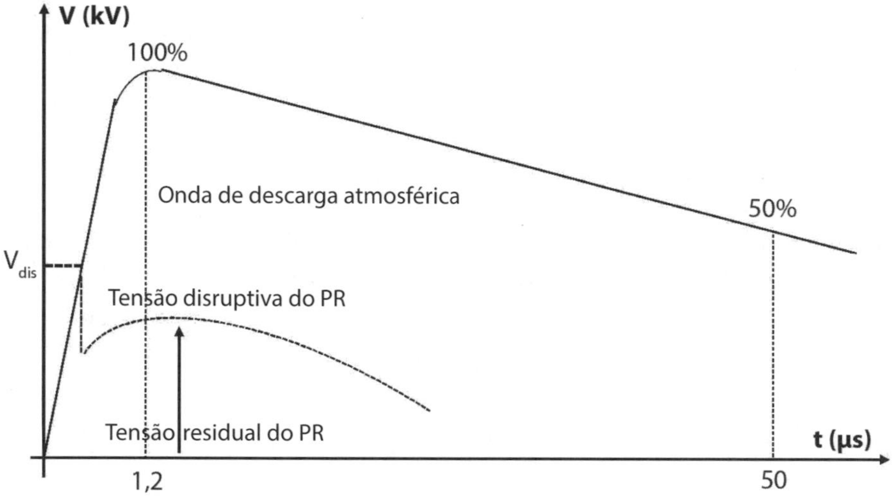

Figura 5.28 – Característica de atuação de um para-raios.

5.7.2 DISPOSITIVOS DE PROTEÇÃO CONTRA SURTOS (DPS) – VARISTORES

Varistores de óxidos metálicos são resistores variáveis com tensão aplicada (*variable resistor* = varistor). Para tensão nominal, a resistência oferecida é praticamente infinita e, a partir de um certo valor, diminui consideravelmente, mantendo, porém, o valor um de tensão que não coloca a instalação em curto-circuito. O princípio de um protetor de surtos atmosféricos é não permitir um curto-circuito durante o direcionamento da corrente de descarga para a terra.

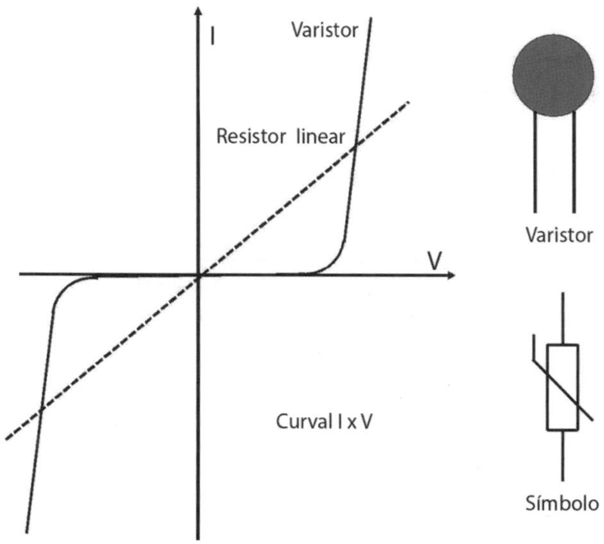

Figura 5.29 – Varistor de óxido metálico.

Varistores de óxido de zinco (ZnO), materiais cerâmicos policristalinos e semicondutores não lineares, são ideais para proteção de circuitos em instalações elétricas contra surtos atmosféricos, sendo um dos dispositivos de proteção contra surtos (DPS).

Tabela 5.20 – Características varistores óxido de zinco (Clamper)

Tensão máxima de operação contínua	Corrente de descarga nominal (8x20μs)	Nível de proteção	Tensão residual (5 kA)
Vca	kA	V	V
175	30	0,8	0,5
275	30	1,3	0,8
460	60	2,5	1,3

5.7.3 DISPOSITIVOS DE PROTEÇÃO CONTRA SURTOS (DPS) – CENTELHADORES

Um dos dispositivos de proteção contra surtos é o *centelhador*, que é composto por dois eletrodos separados por um dielétrico. Quando a tensão aplicada aos terminais ultrapassa um valor especificado (tensão de ruptura), ocorre a condução da corrente de descarga para a terra. *Centelhadores* são apropriados para a proteção de instalações de telecomunicações.

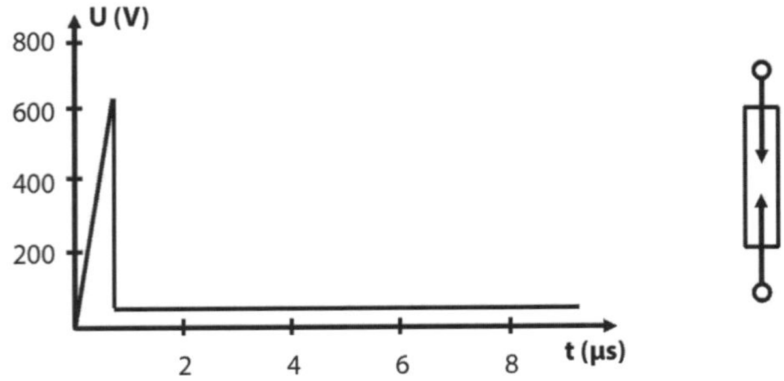

Figura 5.30 – Característica operativa dos *centelhadores*.

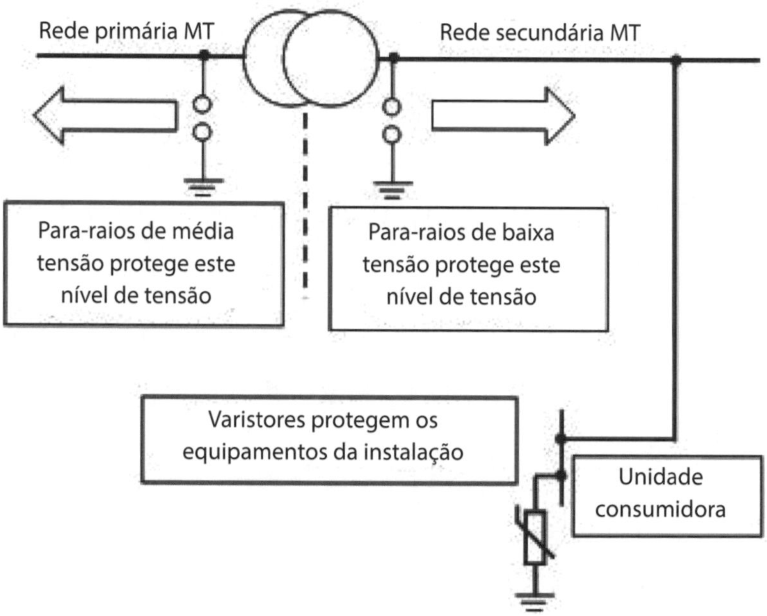

Figura 5.31 – Proteção de uma instalação elétrica contra surtos atmosféricos.

5.8 SELETIVIDADE ENTRE DISPOSITIVOS DE PROTEÇÃO

A seletividade entre dispositivos de proteção é definida como a coordenação entre os tempos de operação desses dispositivos, entre o ponto de defeito e a fonte de energia. Deve haver um intervalo de tempo, considerando a corrente de defeito, de modo que sempre a proteção mais próxima deva atuar primeiro, a fim de que a menor parte da instalação seja desligada.

Para que a proteção de uma instalação elétrica seja seletiva, deve-se, em primeiro lugar, calcular as correntes de curto-circuito em cada barramento da instalação (quadros de distribuição), com os valores das correntes de curto-circuito. As mesmas devem ser plotadas nas curvas tempo corrente dos dispositivos e obedecer ao intervalo de tempo recomendado.

5.8.1 SELETIVIDADE ENTRE FUSÍVEIS

A seletividade entre fusíveis, conforme a Figura 5.32, quando é entre os dos ramais e o fusível principal, é natural, uma vez que a soma das correntes dos ramais é sempre maior que a corrente de um único ramal.

Quando as correntes nominais dos fusíveis forem próximas, por exemplo, proteção no início e no final de um alimentador, a seguinte relação deve ser satisfeita:

- I_N (fusível anterior) $\geq 1{,}6\ I_N$ (fusível posterior).

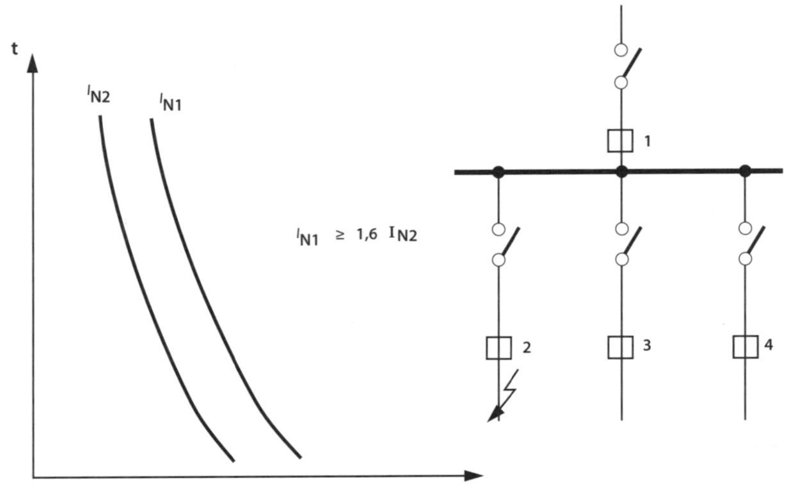

Figura 5.32 – Seletividade entre fusíveis.

5.8.2 SELETIVIDADE ENTRE DISJUNTORES

Na seletividade entre disjuntores termomagnéticos, uma coordenação entre os tempos de atuação desses elementos se faz necessária. As seguintes recomendações são aplicáveis neste caso, de acordo com a Figura 5.33:

a) na região de sobrecarga, as curvas 1T e 2T não devem se cortar. A curva 1T deve sempre estar acima da curva 2T;

b) para corrente de curto-circuito (Ik), a diferença de tempo de atuação entre as curvas 1M e 2M (Δt) deve ser maior do que 150 ms;

c) as correntes-limite entre as ações térmica e magnética (I1 e I2) devem obedecer à relação: I1 ≥ 1,25 I2.

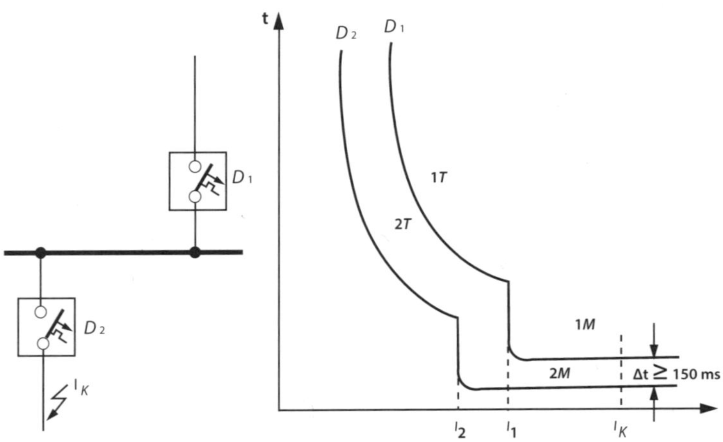

1*T* E 2*T* — AÇÃO TÉRMICA DOS DISJUNTORES 1 E 2

1*M* E 2*M* — AÇÃO MAGNÉTICA DOS DISJUNTORES 1 E 2

Figura 5.33 – Seletividade entre disjuntores.

5.8.3 SELETIVIDADE ENTRE DISJUNTOR EM SÉRIE COM FUSÍVEL

Neste caso, para a corrente de curto-circuito abaixo do ponto onde o fusível está instalado, a seletividade estará garantida se, para esse valor de corrente, a diferença entre os tempos de atuação dos dois dispositivos de proteção for igual ou superior a 100 ms.

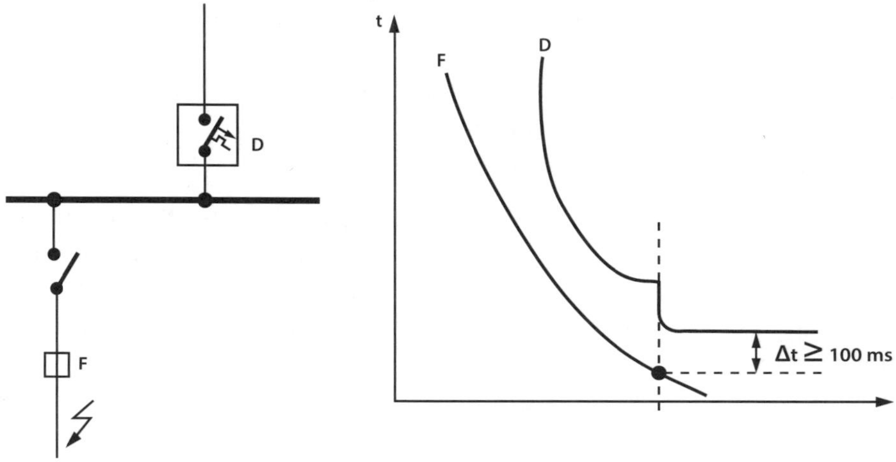

Figura 5.34 – Seletividade entre disjuntor e fusível.

5.8.4 SELETIVIDADE ENTRE FUSÍVEL EM SÉRIE COM DISJUNTOR

A seletividade estará garantida se, para a corrente de curto-circuito (Ik), os tempos do fusível e do disjuntor tiverem uma diferença mínima de 50 ms (Δt ≥ 50 ms).

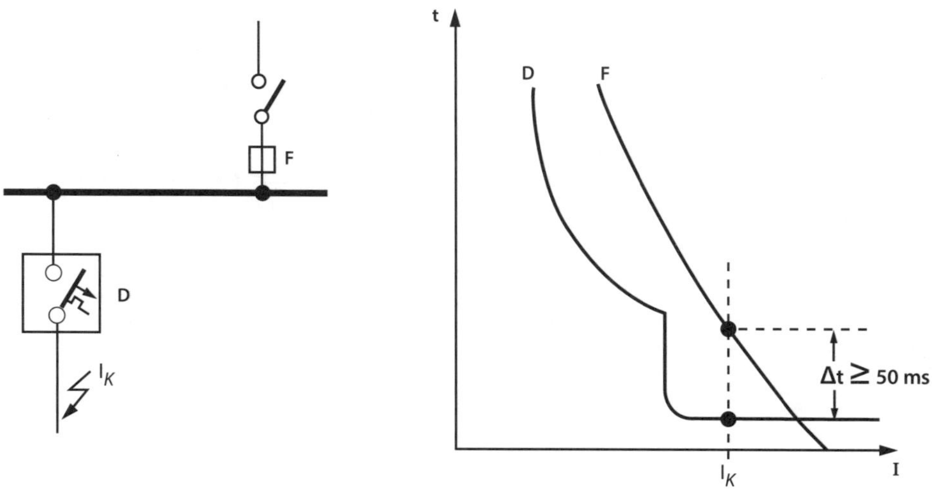

Figura 5.35 – Seletividade entre fusível e disjuntor.

Finalmente, para uma perfeita coordenação entre os tempos que as proteções vão desligar os circuitos, em caso de defeito, precisa-se comparar as curvas características tempo *versus* corrente de cada uma delas. Assim, antes de cada estudo, devem-se colocar todas as curvas em uma mesma escala.

5.9 COORDENAÇÃO ENTRE A CAPACIDADE DOS CONDUTORES E FUSÍVEIS

Depois de especificados condutores e dispositivos de proteção separadamente, uma verificação conjunta se faz necessária para garantir a integridade dos condutores elétricos durante as sobrecargas na instalação, até que a proteção atue.

Durante as sobrecargas, os condutores ficam aquecidos além da temperatura de regime contínuo em função do valor maior da corrente elétrica e do tempo de atuação da proteção para esse valor de corrente. A relação entre os valores característicos de corrente do dispositivo de proteção, do condutor e da carga elétrica devem satisfazer as seguintes relações:

a) $IB \leq IN \leq IZ$

b) $I2 \leq 1{,}45\ IZ$

IB = corrente de projeto do circuito elétrico;

IN = corrente nominal do dispositivo de proteção;

IZ = capacidade de condução do condutor;

I2 = corrente de desligamento do dispositivo de proteção ($I2 = K2\ IN$).

Para os disjuntores, o fator K2 é menor que 1,45, para que tenha uma atuação eficiente contra as sobrecargas. Portanto, a verificação da primeira condição (a) é suficiente.

Para os fusíveis, que são dispositivos mais eficientes para proteção contra curtos-circuitos, o fator K2 está compreendido entre 1,6 e 1,9, o que resulta na condição (b) mais severa que a condição (a).

Os valores típicos de K2 para fusíveis são:

$IN \leq 10$ A	$K2 = 1{,}90$
$10\ A < IN \leq 25$ A	$K2 = 1{,}75$
$IN > 25$ A	$K2 = 1{,}60$

Exemplo 5.3

Considerando o circuito do Exemplo 5.1, protegido por um fusível de 36 A, verificar se a coordenação entre condutor e proteção está adequada.

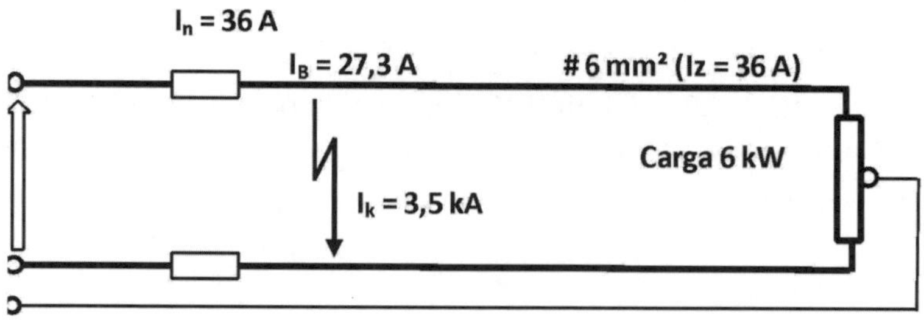

Verificação das condições:

a) 27,3 A < 36 A ≤ 36 A (ok)

b) I2 = 1,6 x 36 = 57,6 A

I2 ≤ 1,45 I_Z (52,2 A)

57,6 ≥ 52,2 A

Portanto,

um fusível de 36 A não protegeria o circuito. Deveria ser colocado um condutor de maior bitola, no caso 10 mm² (IZ = 50 A). Assim, as condições a e b estariam satisfeitas.

a) 27,3 A < 36 A ≤ 50 A (ok)

b) I2 = 1,6 x 36 = 57,6 A

I2 ≤ 1,45 I_Z (72,5 A)

57,6 ≤ 72,5 A (ok)

REFERÊNCIAS

ABNT. **NBR 5410**: Instalações elétricas de baixa tensão. Rio de Janeiro: ABNT, 2008.

ABNT. **NBR 6533**: Estabelecimento de Segurança aos Efeitos da Corrente Elétrica percorrendo o Corpo Humano. Rio de Janeiro: ABNT, 1981.

ABNT. **NBR IEC 60947-2**: Dispositivo de manobra e comando de baixa tensão: Parte 2: Disjuntores. Rio de Janeiro: ABNT, 2013.

FARIAS, H. D. **Impactos dos Surtos Atmosféricos nos Circuitos Secundários de Distribuição de Energia Elétrica e nos Equipamentos Sensíveis** – Metodologia de Proteção. Dissertação (Mestrado em Engenharia Elétrica). Itajubá: Universidade Federal de Itajubá, 1997.

IEC. **IEC 479**: Effects of current passing through the human body. [S.l.], 1987.

IEEE. **IEEE 80**: Guide for Safety in Substation Grounding. [S.l.], 2013.

PAULINO, J. S. et al. **Proteção de Equipamentos Elétricos e Eletrônicos contra Surtos Elétricos em Instalações**. Lagoa Santa: Clamper, 2016.

SIEMENS. **Especificações Técnicas**. Componentes para instalações elétricas industriais, comerciais e prediais. Disponível em: <siemens.com.br/fichastecnicas>. Acesso em: maio 2021.

CAPÍTULO 6

DIAGRAMAS ELÉTRICOS

Soubesse eu alguma coisa útil para mim, e prejudicial à minha família, eu a rejeitaria do meu espírito. Soubesse eu alguma coisa útil à minha família, mas não à minha pátria, eu procuraria esquecê-la. Soubesse eu alguma coisa útil à minha pátria, e prejudicial à Europa, ou então útil à Europa e prejudicial ao gênero humano, eu a consideraria um crime.

PENSÉES DE MONTESQUIEU

6.1 INTRODUÇÃO

Um projeto, elétrico ou não, deve ser transmitido do projetista ao executor. Essa transmissão de todos os detalhes pensados durante a fase de projeto deve ser a mais perfeita possível, para que o executor tenha condições de realizar a ideia assim como ela foi concebida. Isso se faz por meio de plantas e diagramas.

Em um projeto elétrico, devem constar basicamente: a) memorial de cálculos; b) diagrama em planta; c) diagrama trifilar; d) diagrama unifilar; e) diagrama de montagem; e f) lista de material.

6.2 MEMORIAL DE CÁLCULOS

Um memorial de cálculos contém exatamente todos os cálculos realizados no projeto, de modo a se justificarem todas as decisões tomadas. Normalmente, enquanto se está projetando uma instalação, tem-se na memória a justificativa para as soluções tomadas, porém, depois de passado algum tempo, a memória se apaga. Desse modo, se um memorial for feito, bastará consultá-lo para desfazer qualquer dúvida. Uma outra justificativa é que sempre existe um tempo entre o projeto e sua execução, e sempre existem modificações a serem feitas. Com o memorial descritivo dos cálculos, poupa-se tempo em tentar lembrar como aquelas modificações podem alterar o projeto original, e nunca deve ser esquecida a correção dos projetos com as alterações feitas durante a execução, para que os desenhos sejam um relato fiel da instalação, o que facilita o trabalho em alterações e manutenções futuras.

6.3 DIAGRAMA EM PLANTA

O diagrama em planta mostra fisicamente na instalação como se colocar interruptores, tomadas, quadro de luz, condutores, eletrodutos etc., de modo a permitir a execução do projeto na obra civil. O exemplo de um diagrama em planta de um apartamento é mostrado na Figura. 6.1.

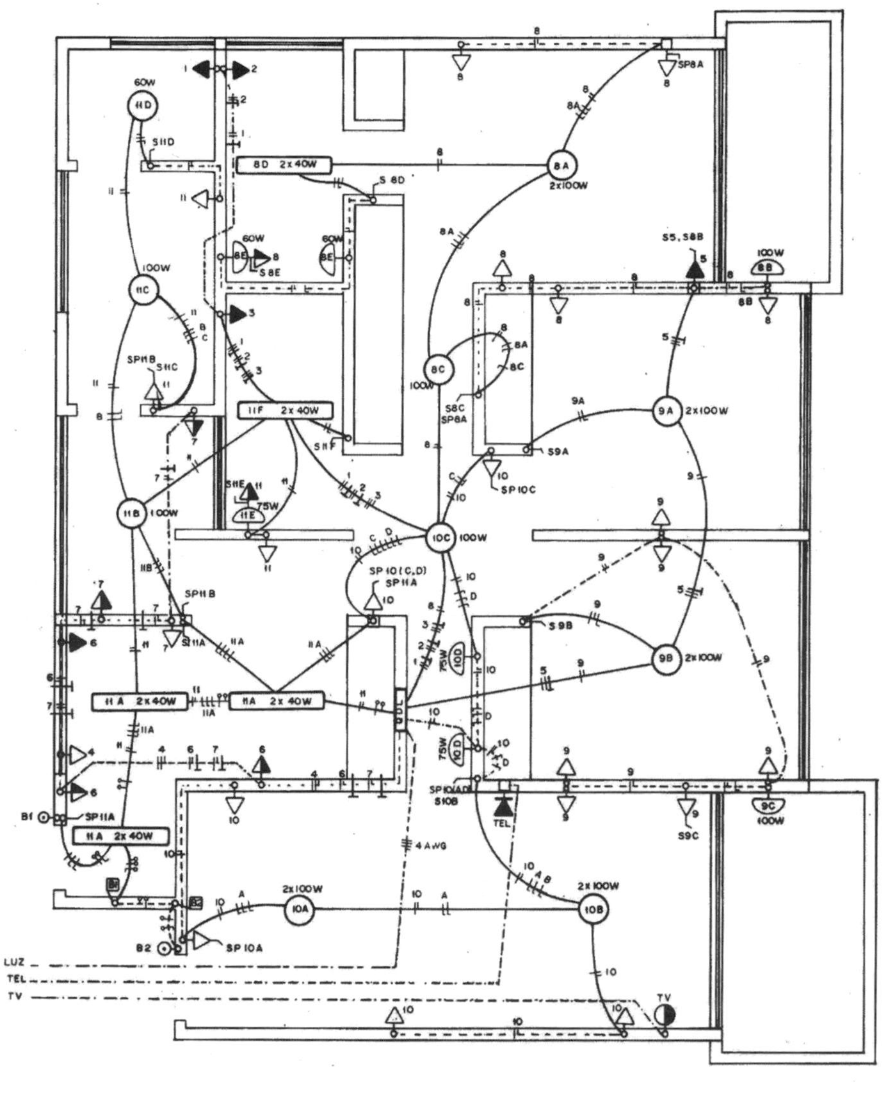

Figura 6.1 – Diagrama em planta.

Ao lado desse diagrama, deve ser colocado um quadro de cargas para cada quadro de distribuição. Esse quadro apresenta todos os detalhes de cada circuito projetado, como tensão, número de fases, corrente nominal, condutor, proteção, finalidade do circuito e que tipo de carga ele contém. No quadro 6.2, é apresentado o quadro de carga e o quadro de luz do apartamento da Figura 6.1.

A simbologia adotada no diagrama em planta também deve estar contida na legenda do desenho, uma vez que projetistas podem usar diferentes representações para um mesmo objeto da instalação. Algumas sugestões de símbolos são apresentadas no item 3.7.

6.4 DIAGRAMA TRIFILAR

O diagrama trifilar mostra de forma detalhada todas as conexões e ligações a serem executadas pelo montador. Nesse diagrama devem estar contidas a alimentação trifilar, as chaves, as proteções, os barramentos, os interruptores, as tomadas etc. Na Figura 6.2, é apresentado o diagrama trifilar da instalação do apartamento mostrado na Fig. 6.1.

6.5 DIAGRAMA UNIFILAR

O diagrama unifilar é a representação de um sistema elétrico por uma de suas fases. Esse diagrama dá uma ideia bastante clara da alimentação de energia elétrica de uma instalação, de seus dispositivos de comando e proteção, bem como dos valores nominais de todos os equipamentos.

No exemplo apresentado no item 8.5 do Capítulo 8, a Figura 8.1 apresenta o diagrama unifilar geral de um edifício de oito andares, sendo dois apartamentos por andar mais a carga elétrica do condomínio.

6.6 DIAGRAMA DE MONTAGEM

Este é um diagrama que, a princípio, pode ser desprezado, pois todas as informações nele contidas já se encontram no diagrama em planta. No entanto, normalmente, o trabalho de colocação de eletrodutos e caixas de passagem não é feito pela mesma pessoa que executa a instalação elétrica. Portanto, esse diagrama seria usado só na execução civil da instalação, sendo muito mais claro, pois mostraria apenas o que interessa nesse momento, ou seja, os eletrodutos, as caixas de passagem e derivações.

Na Figura 6.3, planta de eletrodutos e caixas de passagem, é mostrado o diagrama de montagem para a planta do apartamento da Figura 6.1.

Quadro 6.1 – Quadro de cargas – QDL

Circuito	Tensão	Fase	I	Condutor	Proteção	Iluminação (W)		Tomadas (W)			Potências		Finalidade
	(V)		(A)	(mm²)	(A)	40/60	100	100	600	Espec.	W	VA	
1	220	A-B	20,5	4	2x25					1	4.500	4.500	Chuveiro
2	220	B-C	20,5	4	2x25					1	4.500	4.500	Chuveiro
3	220	C-A	20,5	4	2x25					1	4.500	4.500	Chuveiro
4	220	A-B	12,7	1,5	2x15					1	2.800	2.800	Torneira
5	220	A-B	6,0	1,5	2x15					1	1.200	1.320	A. Condic.
6	127	A	14,2	2,5	20				3		1.800	1.800	Cozinha
7	127	B	14,2	2,5	20				3		1.800	1.800	A.Serviço
8	127	C	9,6	1,5	15	4	4	6			1.200	1.221	Iluminação
9	127	C	8,7	1,5	15		5	6			1.100	1.100	Iluminação
10	127	C	9,8	1,5	15	2	5	6			1.200	1.250	Iluminação
11	127	C	9,1	1,5	15	10	2	4			1.050	1.152	Iluminação
12	127	A	0,0		20								Reserva
13	127	B	0,0		20								Reserva
14	127	C	0,0		20								Reserva
					TOTAIS	16	16	22	6	5	25.650	25.943	

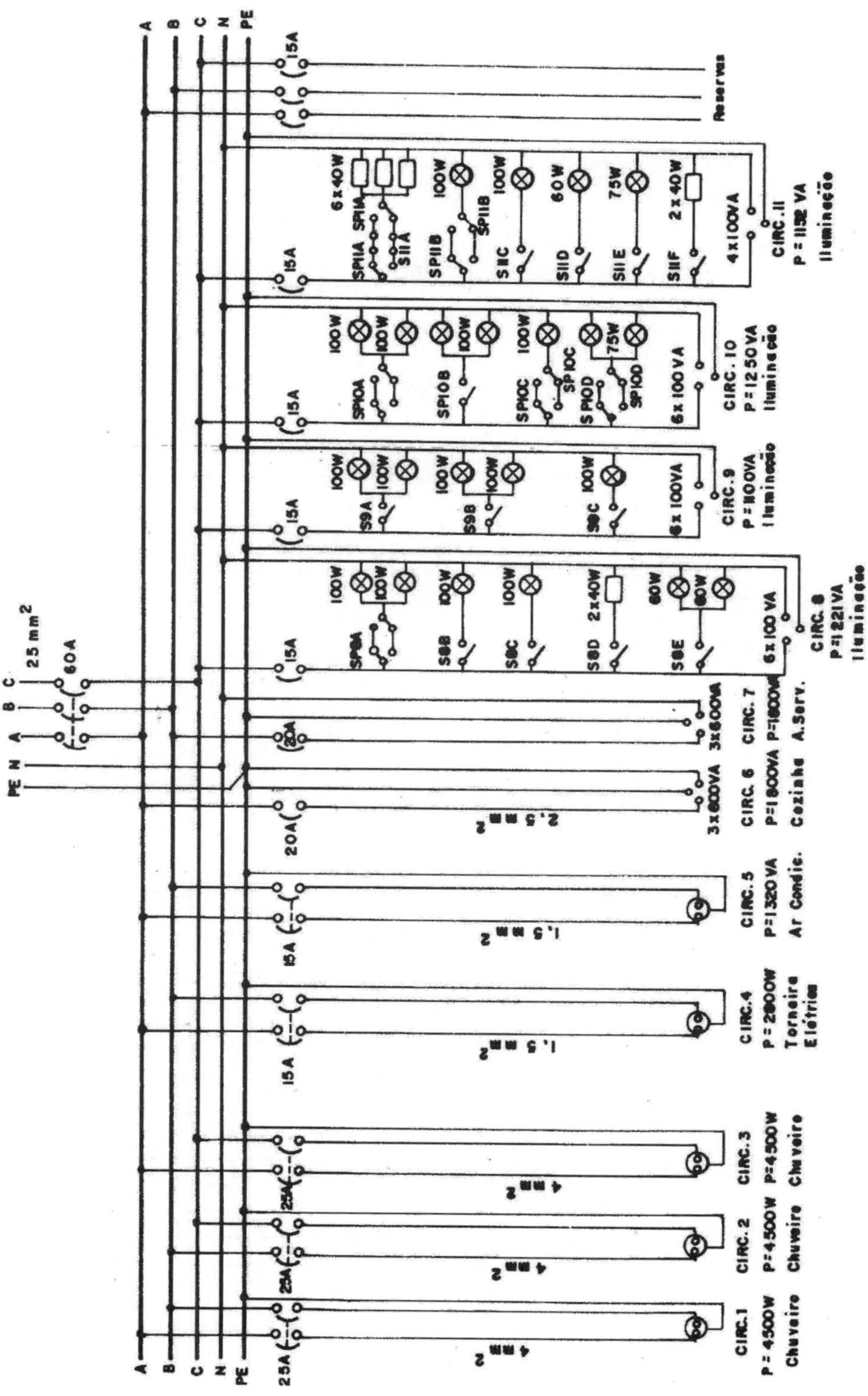

Figura 6.2 – Diagrama trifilar.

6.7 LISTA DE MATERIAL

A lista de material deve conter todos os materiais necessários à execução do projeto, que ao serem comprados, devem ser cuidadosamente discriminados, para que sejam os mais adequados à instalação quanto possível e contenham todas as especificidades descritas no projeto. As quantidades e as unidades dos materiais também devem constar nessa lista, e, dependendo da finalidade, os preços unitário e total também devem ser incluídos.

Uma prática que tem se mostrado bastante vantajosa é a separação da lista por tipo de material, por exemplo, eletrodutos e acessórios, condutores elétricos, quadros de distribuição etc.

Quadro 6.2 – Lista de materiais

Item	Discriminação	Quantidade	Unidade
	A - Quadros de Distribuição		
01	Quadro de distribuição para embutir em parede com fechadura tipo Yale contendo:	16	peça
	Entrada		
	1 disjuntor termomagnético, tripolar, corrente nominal 50 A, 220 V, capacidade de ruptura simétrica de 5 kA		
	Barramento trifásico, neutro e de proteção, 220/127 V, 50 A, corrente de curto-circuito simétrica 5 kA e dinâmica de 10,5 kA.		
	Saídas		
	7 disjuntores termomagnéticos, monopolares, corrente nominal 15 A, 220 V, capacidade de ruptura simétirca de 5 kA.		
	2 disjuntores termomagnéticos, monopolares, corrente nominal 20 A, 220 V, capacidade de ruptura simétirca de 5 kA.		
	2 disjuntores termomagnéticos, bipolares, corrente nominal 15 A, 220 V, capacidade de ruptura simétirca de 5 kA.		
	3 disjuntores termomagnéticos, bipolares, corrente nominal 25 A, 220 V, capacidade de ruptura simétirca de 5 kA.		
	B - Condutores Elétricos		
02	Condutor formado por fios de cobre nú, tempera mole, isolamento para 750 V de composto termoplástico de PVC, singelo, na bitola 25 mm²	100	m
03	Condutor formado por fios de cobre nú, tempera mole, isolamento para 750 V de composto termoplástico de PVC, singelo, na bitola 4 mm²	100	m
04	Condutor formado por fios de cobre nú, tempera mole, isolamento para 750 V de composto termoplástico de PVC, singelo, na bitola 2,5 mm²	300	m
05	Condutor formado por fios de cobre nú, tempera mole, isolamento para 750 V de composto termoplástico de PVC, singelo, na bitola 1,5 mm²	700	m
	C - Interruptores e Tomadas		
06	Interruptor de uma tecla simples, 127 V, 15 A em espelho 4x2"	20	peça
07	Interruptor de uma tecla paralela, 127 V, 15 A em espelho 4x2"	20	peça
08	Tomada universal 3 polos, 250 V, 10 A	30	peça
09	Tomada universal 3 polos, 250 V, 20 A	10	peça

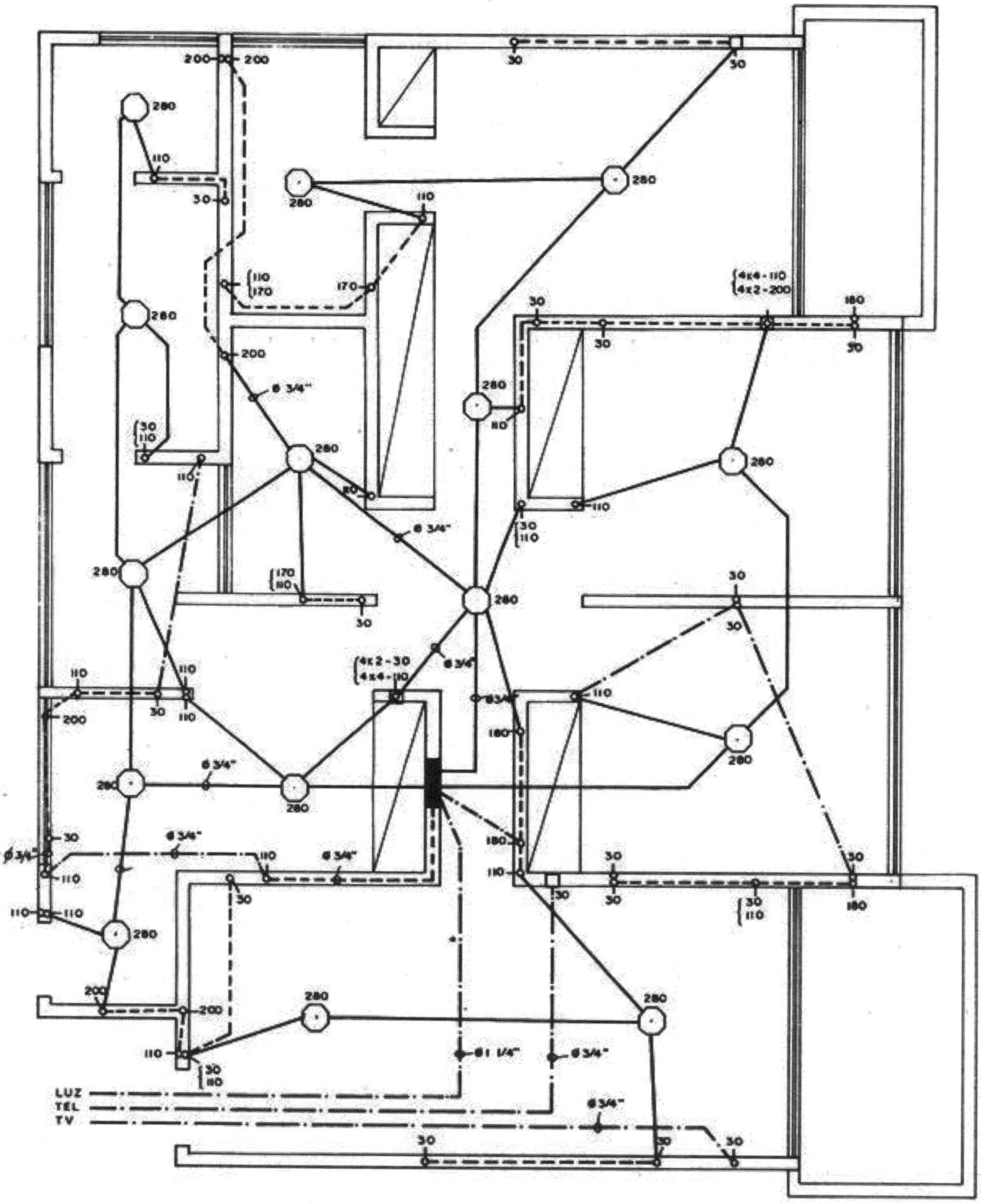

Figura 6.3 – Planta de eletrodutos e caixas de passagem.

Quadro 6.3 – Exemplo de legenda

LEGENDA	
	ELETRODUTO EMBUTIDO NO TETO
	ELETRODUTO EMBUTIDO NA PAREDE
	ELETRODUTO EMBUTIDO NO PISO
 {110 30	DUAS CAIXAS 4x2 Pol, UMA A 30 cm E OUTRA A 110cm DO PISO
 4x2" - 200 4x4" - 110	CAIXA 4x2 Pol A 200 cm DO PISO CAIXA 4x4 Pol A 110 cm DO PISO
 30	CAIXA 4x4 Pol A 30cm DO PISO
 280	CAIXA OCTOGONAL NO TETO
OBSERVAÇÃO	OS ELETRODUTOS NÃO COTADOS SÃO DE Ø 1/2 POL.

CAPÍTULO 7

CÁLCULO DAS CORRENTES DE CURTO-CIRCUITO

Princípios dos 5 H's: Humanidade; Humildade; Humor; Honestidade e Honra.

YUICHI TSUKAMOTO

7.1 CONCEITOS BÁSICOS PARA O CÁLCULO DE CORRENTES DE CURTO-CIRCUITO

Para se calcularem os valores das correntes de curto-circuito (*short circuit*), deve ser considerado um circuito desde a fonte de energia – geradores – até o ponto em que se deseja calcular o valor dessa corrente. Isso envolve o conhecimento de todas as impedâncias, desde a geração até o ponto considerado. O termo circuito encurtado representa a exclusão da impedância da carga que corresponde à maior parcela da impedância total. Considerando uma queda de tensão de 5%, isso significa dizer que a impedância da carga representa 95% do total.

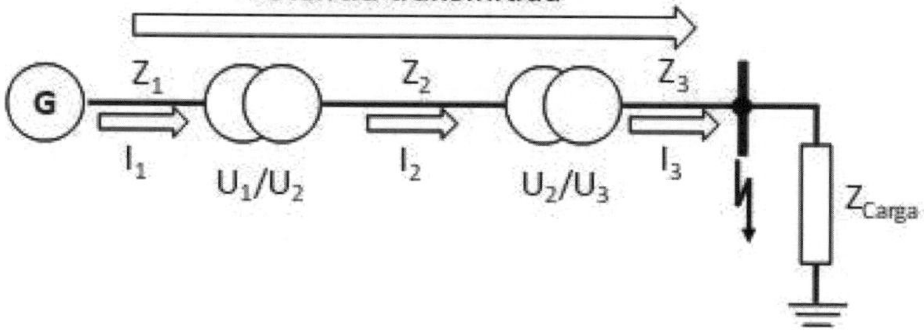

Figura 7.1 – Circuito sistema elétrico típico.

Para cada mudança de tensão do sistema elétrico, pela relação de transformação dos transformadores, ocorre também uma mudança no valor da corrente elétrica, embora a potência transmitida permaneça a mesma. Dessa forma, deve-se adaptar o valor das impedâncias para compensar o efeito da mudança de corrente e tensão a cada ramo do sistema elétrico.

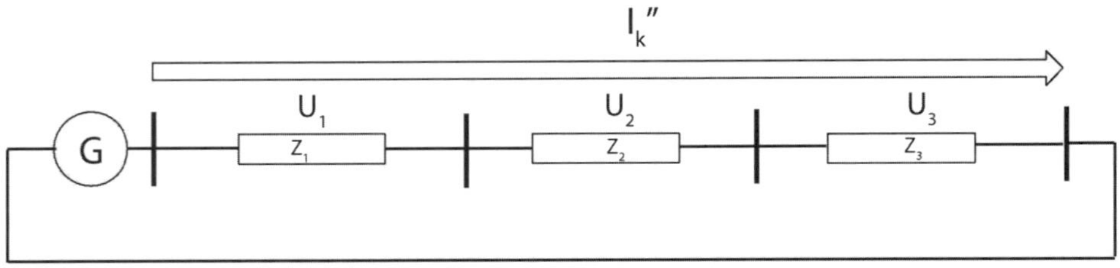

Figura 7.2 – Diagrama de impedâncias para cálculo da corrente de curto-circuito.

Uma base de referência para as impedâncias deve ser adotada e considerada como 1 p.u, por unidade, ou em percentual, como 100%. Visto que a potência transmitida é a mesma em todos os ramos do circuito, a base de potência também é a mesma, independentemente da mudança de tensão. Em geral, toma-se por base a potência nominal do transformador que alimenta uma instalação elétrica. A tensão tomada como base muda na mesma proporção da relação de transformação dos transformadores.

- PB = potência adotada como base (MVA) = 1 p.u = 100%;
- UB = tensão adotada como base (kV) = 1 p.u = 100%;
- IB = corrente base calculada para cada nível de tensão (kA) = 1 p.u = 100%;
- ZB = impedância base calculada para cada nível de tensão (Ω) = 1 p.u = 100%.

$$P_B = \sqrt{3}\ U_B\ I_B\ (MVA)$$

$$Z_B = \frac{U_B^2}{P_B}\ \left(\frac{kV^2}{MVA}\right)\ (\Omega)$$

Tabela 7.1 – Impedâncias de transformadores de distribuição – classe 15 kV

Potência (kVA)	Impedância (%)
30	3,5
45	
75	
112,5	
150	
225	4,5
300	
500	

As impedâncias para transformadores já vêm referidas em valores percentuais na sua base de potência e tensão. Os condutores elétricos têm suas resistências, reatâncias e impedâncias referidas em Ω/km. A conversão para percentual depende dos valores de potência-base adotado e da tensão onde estão colocados.

$$Z_{condutor}(\%) = \frac{Z_{condutor}(\Omega/km) \times d\,(km) \times 100\%}{Z_{Base}(\Omega)}$$

As impedâncias dos condutores elétricos são compostas por um valor resistivo que depende de material condutor, seção transversal, sua temperatura de operação, uma reatância indutiva que varia dependendo da forma de instalação e do meio onde os condutores estão inseridos (permeabilidade magnética). Na Tabela 7.2, são apresentadas as impedâncias de condutores em circuitos trifásicos, baixa tensão, isolamento de PVC 70°, instalados em eletrodutos não magnéticos. Nos projetos, devem ser consideradas as impedâncias fornecidas pelas normas e informações técnicas de fabricantes.

Tabela 7.2 – Impedâncias de condutores elétricos – PVC – circuitos trifásicos (FP = 0,95)

BITOLA mm²	Ω/km		
	R	X	Z
1,5	22,705	7,463	23,900
2,5	13,965	4,590	14,700
4	8,693	2,857	9,150
6	5,833	1,917	6,140
10	3,487	1,146	3,670
16	2,214	0,728	2,330
25	1,416	0,465	1,490
35	1,036	0,340	1,090
50	0,779	0,256	0,820
70	0,561	0,184	0,590
95	0,418	0,137	0,440
120	0,342	0,112	0,360
150	0,285	0,094	0,300
185	0,238	0,078	0,250
240	0,200	0,066	0,210
300	0,171	0,056	0,180
400	0,143	0,047	0,150
500	0,133	0,044	0,140

7.2 MÉTODO SIMPLIFICADO PARA O CÁLCULO DA CORRENTE DE CURTO-CIRCUITO

Os valores de corrente de curto-circuito no ponto de entrega de energia, a unidade consumidora, devem ser obtidos junto à concessionária de distribuição que atende essa unidade. Entretanto, pode-se fazer um cálculo simplificado do valor dessa corrente, possibilitando ao projetista especificar os componentes elétricos internos à instalação.

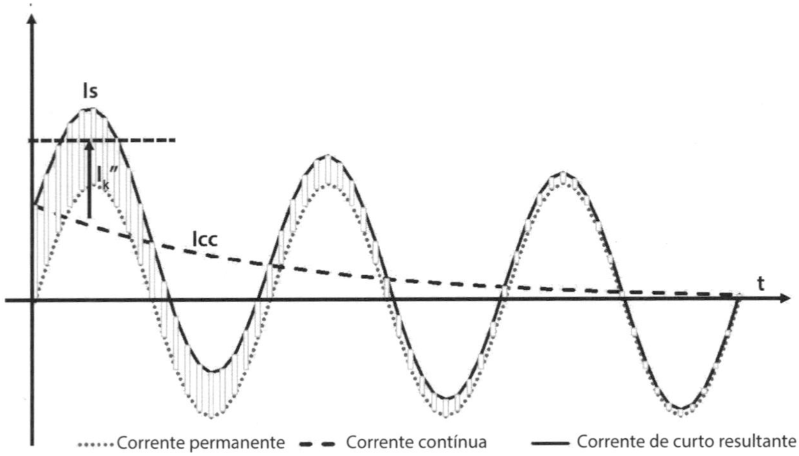

Figura 7.3 – Corrente de curto-circuito.

O máximo valor instantâneo da corrente de curto-circuito é chamado de corrente de impulso (Is), ou corrente dinâmica, uma vez que é esse valor que provoca o maior esforço dinâmico na instalação e é utilizado para o dimensionamento dos esforços mecânicos como nos barramentos dos quadros de distribuição.

O valor eficaz da componente alternada de curto-circuito nos seus primeiros ciclos é denominado de corrente de curto-circuito subtransitória (Ik"). Dependendo do tempo de interrupção da corrente pela proteção específica, tem-se de considerar a componente contínua desta corrente (Icc), que é uma componente exponencial decrescente, cujo decréscimo depende da relação entre a resistência e a reatância da impedância do circuito a montante do ponto de ocorrência do curto-circuito.

A corrente de curto-circuito subtransitória, valor eficaz alternado, é calculado pela expressão:

$$I_k'' = \frac{E''}{R + j\,X''}$$

- Ik" = corrente subtransitória de curto-circuito trifásica;
- E" = força eletromotriz de geração, valor subtransitório;

- R = resistência a montante do ponto de curto-circuito;
- X" = reatância subtransitória a montante do ponto de curto-circuito.

Esses dados nem sempre estão disponíveis por ocasião do projeto, e, para grandes sistemas, o cálculo se tornaria bastante trabalhoso. As instalações de baixa tensão conectadas em distribuidoras, que, por sua vez, estão ligadas na rede básica de transmissão de energia elétrica, pode-se considerar todo o sistema a montante como barra infinita, ou seja, a impedância de curto-circuito é zero, na maioria dos casos para cálculo de curto-circuito em instalações de baixa tensão.

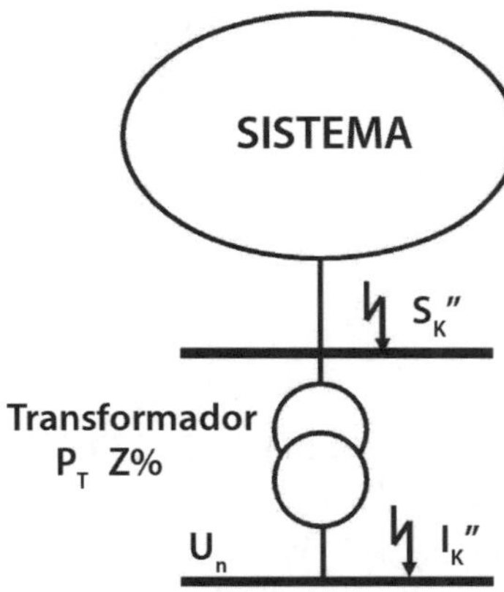

Figura 7.4 – Sistema elétrico típico para cálculo de curto-circuito.

Para a determinação da corrente de curto-circuito, basta calcular a impedância total do sistema transformador. Ela é calculada a partir da potência de curto-circuito subtransitória (Sk"), usando-se como potência base a potência nominal do transformador de distribuição que alimenta a unidade consumidora onde se está projetando a instalação elétrica.

$$Z_{sistema} = \frac{P_{Trafo}}{S''_K} \quad (p.u) \ ; \quad Z_{sistema} = \frac{P_{trafo} \times 100}{S''_K} \quad (\%)$$

A corrente de curto-circuito subtransitória no barramento secundário do transformador pode ser calculada pela fórmula:

$$I_k'' = \frac{P_T(kVA)}{(Z_{sistema} + Z_{trafo})\sqrt{3}\ U_n\ (V)} \quad (kA)$$

Se for fornecida a potência de curto-circuito subtransitória no barramento secundário da concessionária de distribuição, basta calcular a corrente diretamente pela expressão:

$$I_k'' = \frac{S''_k\,(MVA)}{\sqrt{3}\,U_n\,(kV)}\;(kA)$$

Os valores de corrente de curto-circuito, de impulso (Is) e da corrente de ruptura simétrica (Ia) que o disjuntor deve interromper são calculados a partir do valor sub-transitório, ou seja:

$$I_s = 1{,}48\,\sqrt{2}\,I''_k\,(kA)$$

$$I_a = I''_k$$

O fator 1,48 é obtido a partir de um fator de potência de curto-circuito de 0,25, típico para sistemas de baixa tensão.

Exemplo 7.1

Um sistema primário de distribuição possui 250 MVA de potência subtransitória de curto-circuito. A instalação é alimentada por um transformador de 112,5 kVA – 13.800/220-127 V, de impedância de 3,5%. Um cabo isolado em PVC 70º de 185 mm^2 interliga o transformador ao barramento. Calcular as correntes de impulso e de ruptura para um disjuntor de tempo de abertura total equivalente a 1 ciclo e cos Øcc = 0,25, no barramento.

Impedância do sistema que alimenta o transformador:

$$Z_{sistema} = X_s = \frac{112{,}5}{250.000} = 0{,}00045 \text{ p.u} = 0{,}045\%$$

Nesse caso, considera-se como se essa impedância fosse apenas reatância típica para sistemas de transmissão de energia.

Também a impedância do transformador será considerada, para efeito de simplificação, como se fosse apenas reatância na sua própria base de potência e tensão:

$$X_T = 3{,}5\%$$

- Impedância do cabo trifásico de 185 mm^2:

  Dados:

  R = 0,238 (Ω/km) x 0,030 (km) = 0,00714 (Ω);

  X = 0,078 (Ω/km) x 0,030 (km) = 0,00234 (Ω).

Para encontrar os valores percentuais, é necessário calcular a impedância base:

$$Z_B = \frac{0{,}22^2}{0{,}1125} \left(\frac{kV^2}{MVA}\right) \ (\ \Omega\ )$$

$$Z_R = 0{,}43 \ (\Omega)$$

Impedância percentual do cabo:

- R = 0,00714 x 100/0,43 = 1,660%;
- X = 0,00234 x 100/0,43 = 0,544%.

Impedância total para o cálculo das correntes de curto-circuito:

- R = 1,660%;
- X = 0,045 + 3,5 + 0,544 = 4,089%;
- Z = 4,413% = 0,0413 p.u.

$$I_k'' = I_a = \frac{112{,}5 \ (kVA)}{0{,}04413 \sqrt{3} \ 200 \ (V)} = 6{,}69 \ (kA)$$

$$I_s'' = 1{,}48 \sqrt{2} \ 6{,}69 = 14 \ kA$$

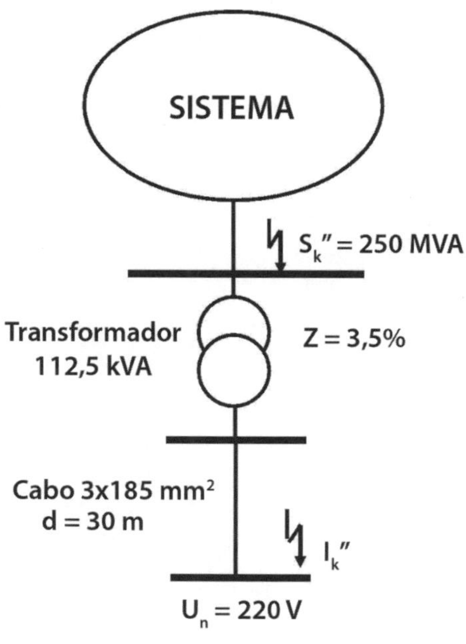

Figura 7.5 – Diagrama unifilar do exemplo 7.1

Se a impedância subtransitória do sistema for desprezada, considerando-se uma barra infinita, o resultado seria de 6,75 kA, com pouca diferença para o valor calculado com precisão.

$$I_k'' = I_a'' = \frac{112{,}5\ (kVA)}{0{,}0437\ \sqrt{3}\ 220\ (V)} = 6{,}75\ (kA)$$

REFERÊNCIAS

BOVERI, A. B. **Switchgear Manual**. 9. ed. Deutschland: Cornelsen Verlag Gmbh & Co, 1995.

OLIVEIRA, J. C.; COGO, J. R.; ABREU, J. P. G. **Transformadores**: Teoria e Ensaios. 2. ed. São Paulo: Blucher, 2018.

PIRELLI. **Catálogo Técnico**: tabelas de dimensionamento. Disponível em: <http://www.faglionipaineis.com/resources/pirelli.pdf>. Acesso em: 21 de julho de 2021.

ROEPER, R. **Correntes de curto-circuito em redes trifásicas**. São Paulo: Blucher, 1975.

CAPÍTULO 8

CÁLCULO DA DEMANDA DE UMA INSTALAÇÃO

Há três gêneros de cérebros: um entende por si mesmo, outro discerne aquilo que os outros entendem e o terceiro não entende nem a si nem aos outros.

NICOLAU MAQUIAVEL

8.1 FATOR DE DEMANDA

Por definição, o fator de demanda exprime o quanto da potência instalada é utilizado simultaneamente, sendo, portanto, um número adimensional.

$$\text{Fator de demanda} = \frac{\text{potência utilizada simultaneamente}}{\text{potência total instalada}}$$

O fator de demanda decresce à medida que agrupamos mais cargas ao conjunto considerado. Esse fator é levado em conta em projetos elétricos no dimensionamento de alimentadores comuns a várias cargas, considerando a não simultaneidade na utilização da energia para os diversos tipos e finalidades das instalações.

Nota-se, dessa maneira, que a determinação do fator de demanda é uma tarefa bastante difícil, e só pela observação prática do comportamento dos vários tipos de cargas é que se pode chegar a valores aproximados.

Nos processos de revisões tarifárias das concessionárias de distribuição de energia elétrica, a cada quatro ou cinco anos é feita uma pesquisa de hábitos de consumo junto com a campanha de medição de unidades consumidoras típicas, que servem de base para o conhecimento da curva de carga de consumo e, por consequência, do fator de demanda real.

O fator de demanda varia de acordo com condições diversas, como clima, costumes, cultura, índice de desenvolvimento humano (IDH), renda per capita etc., dificultando, portanto, que seja tomada por base a experiência de outros países. As concessionárias de distribuição possuem a experiência regional e estabelecem referências nas suas normas técnicas de fornecimento de energia elétrica. Neste capítulo serão apresentados os critérios das concessionárias CPFL Paulista e CEMIG Distribuição.

Outro fator considerado nos dimensionamentos é o de diversidade entre unidades consumidoras. Nem todos consomem energia da mesma forma e no mesmo instante. Em um edifício de 30 apartamentos, por exemplo, a demanda esperada não é a soma das demandas individuais, mas, sim, um valor no qual a diversidade de consumo é observada.

$$\text{Fator de diversidade} = \frac{\sum \text{Demandas individuais}}{\text{Demanda total do conjunto}}$$

8.2 FATORES DE DEMANDA – CPFL PAULISTA

Para instalações comerciais, escolares, hospitalares e residenciais, aplica-se o cálculo de demanda para cargas instaladas superiores a 25 kW. Quando não for possível ao projetista da instalação calcular qual a demanda necessária, ou ele não dispuser de dados para o cálculo, pode-se utilizar o recomendado pela norma técnica da concessionária:

$$D = a + b + c + d + e + f + g + h + i$$

Na qual:

- D – demanda total da instalação em kVA
  - a) demanda referente à iluminação e tomadas;
  - b) demanda referente a chuveiros, torneiras, aquecedores de água de passagem e ferros elétricos;
  - c) demanda referente a aquecedor central ou de acumulação (*Boiler*);
  - d) demanda de secadora de roupa, forno elétrico, máquina de lavar louça e forno de micro-ondas;
  - e) demanda referente à fogões elétricos;
  - f) demanda referente a condicionador de ar tipo janela;
  - g) demanda referente a motores e máquinas de solda a motor;
  - h) demanda referente a equipamentos especiais;
  - i) hidromassagem.

Tabela 8.1 – Fatores de demanda (a) (iluminação e tomadas residenciais)

Carga instalada C (kW)	Fator de demanda
$0 < C \leq 1$	0,86
$1 < C \leq 2$	0,75
$2 < C \leq 3$	0,66
$3 < C \leq 4$	0,59
$4 < C \leq 5$	0,52
$5 < C \leq 6$	0,45
$6 < C \leq 7$	0,40
$7 < C \leq 8$	0,35
$8 < C \leq 9$	0,31
$9 < C \leq 10$	0,27
$C > 10$	0,24

Tabela 8.2 – Fatores de demanda (b) (chuveiros, torneiras etc.)

Número de aparelhos	Fator de demanda
≤ 2	1,00
3	0,84
4	0,76
5	0,70
6	0,65
7	0,60
8	0,57
9	0,54
10	0,52
12	0,48
15	0,44
20	0,40
≥25	0,38

Tabela 8.3 – Fatores de demanda (c) (aquecedor central)

Número de aparelhos	Fator de demanda
1	1,00
2	0,72
≥3	0,62

Tabela 8.4 – Fatores de demanda (d) (secadora de roupas, fornos etc.)

Número de aparelhos	Fator de demanda
1	1,00
2 a 4	0,70
5 a 6	0,60
≥ 7	0,50

Tabela 8.5 – Fatores de demanda (e) (fogões elétricos)

Número de aparelhos	Fator de demanda
1	1,00
2	0,60
3	0,48
4	0,40
5	0,37
7	0,33
10	0,30

Tabela 8.6 – Fatores de demanda (f) (ar-condicionado tipo janela)

Número de aparelhos	Fator de demanda
1 a 10	1,00
11 a 20	0,90
21 a 30	0,82
31 a 40	0,80
41 a 50	0,77

Tabela 8.7 – Fatores de demanda (g) (motores)

Número de aparelhos	Fator de demanda
1	1,00
2	0,90
3 a 5	0,80
> 5	0,70

Tabela 8.8 – Carga mínima e fatores de demanda para iluminação e tomadas de uso geral

Descrição	Carga mínima (W/m^2)	Fatores de demanda
Auditórios, salões para exposições e semelhantes	10	1,00
Bancos, lojas e semelhantes	30	1,00
Barbearias, salões de beleza e semelhantes	30	1,00
Clubes e semelhantes	20	1,00
Escolas e semelhantes	30	1,00 para os primeiros 12 kW 0,50 para o que exceder 12 kW
Escritórios (edifícios)	30	1,00 para os primeiros 20 kW 0,70 para o que exceder 20 kW
Garagens comerciais	5	1,00
Hospitais e semelhantes	20	0,40 para os primeiros 50 kW 0,20 para o que exceder 50 kW
Igrejas e semelhantes	10	1,00
Restaurantes e semelhantes	20	1,00

8.3 FATORES DE DEMANDA - CEMIG D

De acordo com Norma de Distribuição Fornecimento de Energia Elétrica em Tensão Secundária - Rede de Distribuição Aérea - Edificações Individuais - ND 5.1, o cálculo da demanda para cada unidade de uso individual é dado pela expressão:

$$D = a + b + c + d + e + f \text{ (kVA)}$$

Na qual:

- D = demanda de uma unidade de consumo;
- a = demanda referente a iluminação e tomadas;
- b = demanda relativa aos aparelhos eletrodomésticos e de aquecimento.

  Os fatores de demanda, dados pelas Tabelas 8.11 e 8.12, devem ser aplicados separadamente à carga instalada dos seguintes grupos de aparelhos:

  - b1: chuveiros, torneiras e cafeteiras elétricas;
  - b2: aquecedores de água por acumulação e por passagem;
  - b3: fornos, fogões e aparelhos tipo *grill*;

- b4: máquinas de lavar e secar roupas, máquinas de lavar louças e ferro elétrico;
- b5: demais aparelhos (TV, conjunto de som, ventilador, geladeira, freezer, torradeira, liquidificador, batedeira, exaustor, ebulidor etc.).

- c = demanda dos aparelhos condicionadores de ar;
- d = demanda de motores elétricos;
- e = demanda de máquinas de solda e transformador, determinada por:
  - 100% da potência do maior aparelho;
  - 70% da potência do segundo maior aparelho;
  - 40% da potência do terceiro maior aparelho;
  - 30% da potência dos demais aparelhos.
- f = demanda dos aparelhos de raios X, determinada por:
  - 100% da potência do maior aparelho;
  - 10% da potência dos demais aparelhos.

Tabela 8.9 – Fatores de demanda (a)
(iluminação e tomadas residenciais)

Carga instalada C (kW)	Fator de demanda
$0 < C \leq 1$	0,86
$1 < C \leq 2$	0,81
$2 < C \leq 3$	0,76
$3 < C \leq 4$	0,72
$4 < C \leq 5$	0,68
$5 < C \leq 6$	0,64
$6 < C \leq 7$	0,60
$7 < C \leq 8$	0,57
$8 < C \leq 9$	0,54
$9 < C \leq 10$	0,52
$C > 10$	0,45

Tabela 8.10 – Fatores de demanda (a) (iluminação e tomadas não residenciais)

Descrição	Fatores de demanda
Oficina, indústrias e semelhantes	1,00 para os primeiros 20 kVA 0,80 para o que exceder 20 kVA
Hotéis e semelhantes	0,50 para os primeiros 20 kVA 0,40 para o que exceder 20 kVA
Auditórios, cinemas e semelhantes	1,00
Bancos e semelhantes	1,00
Barbearias, salões de beleza e semelhantes	1,00
Clubes e semelhantes	1,00
Escolas e semelhantes	1,00 para os primeiros 12 kVA 0,50 para o que exceder 12 kVA
Escritórios, lojas e salas comerciais	1,00 para os primeiros 20 kVA 0,70 para o que exceder 20 kVA
Garagens comerciais	1,00
Clínicas, hospitais e semelhantes	0,40 para os primeiros 50 kVA 0,20 para o que exceder 50 kVA
Igrejas, templos e semelhantes	1,00
Restaurantes e semelhantes	1,00
Áreas comuns e condomínios	1,00 para os primeiros 10 kVA 0,25 para o que exceder 10 kVA
Salões de festas	1,00

Tabela 8.11 – Fatores de demanda (b) (uso residencial e não residencial)

Número de aparelhos	Fator de demanda	Número de aparelhos	Fatores de demanda	Número de aparelhos	Fatores de demanda
1	1,00	11	0,49	21	0,39
2	0,92	12	0,48	22	0,39
3	0,84	13	0,46	23	0,39
4	0,76	14	0,45	24	0,38
5	0,70	15	0,44	25	0,38
6	0,65	16	0,43	26 a 30	0,37
7	0,60	17	0,42	31 a 40	0,36
8	0,57	18	0,41	41 a 50	0,35
9	0,54	19	0,40	51 a 60	0,34
10	0,52	20	0,40	Acima de 61	0,33

Tabela 8.12 – Fatores de demanda (b) (fornos e fogões)

Número de aparelhos	Fatores de demanda	
	Potência até 3,5 kW	Potência superior a 3,5 kW
1	0,80	1,00
2	0,75	1,00
3	0,70	0,80
4	0,66	0,65
5	0,62	0,55
6	0,59	0,50
7	0,56	0,45
8	0,53	0,43
9	0,51	0,40
10	0,49	0,36
11	0,47	0,35
12	0,45	0,34

Tabela 8.13 – Fatores de demanda (c) (uso residencial e não residencial)

Número de aparelhos de ar-condicionado	Fator de demanda
1 a 10	1,00
11 a 20	0,86
21 a 30	0,80
31 a 40	0,78
41 a 50	0,75
51 a 75	0,70

Tabela 8.14 – Fatores de demanda (d) (Motores monofásicos)

Potência		Demanda individual absorvida da rede (kVA)			
No eixo (cv)	Na rede (kW)	1 motor	2 motores	3 a 5 motores	Mais de 5 motores
1/4	0,39	0,62	0,50	0,43	0,37
1/3	0,52	0,73	0,58	0,51	0,44
1/2	0,66	0,92	0,74	0,64	0,55
3/4	0,89	1,24	0,99	0,87	0,74

(continua)

Tabela 8.14 – Fatores de demanda (d) (Motores monofásicos) (*continuação*)

Potência		**Demanda individual absorvida da rede (kVA)**			
No eixo (cv)	**Na rede (kW)**	**1 motor**	**2 motores**	**3 a 5 motores**	**Mais de 5 motores**
1,0	1,10	1,49	1,19	1,04	0,89
1,5	1,58	1,93	1,54	1,35	1,16
2,0	2,07	2,44	1,95	1,71	1,46
3,0	3,07	3,20	2,56	2,24	1,92
4,0	3,98	4,15	3,32	2,91	2,49
5,0	4,91	5,22	4,18	3,65	3,13
7,5	7,46	7,94	6,35	5,56	4,76
10	9,44	10,04	8,03	7,03	6,02

Tabela 8.15 – Fatores de demanda (d) (motores trifásicos)

Potência		**Demanda individual absorvida da rede (kVA)**			
No eixo (cv)	**Na rede (kW)**	**1 motor**	**2 motores**	**3 a 5 motores**	**Mais de 5 motores**
1/4	0,33	0,48	0,38	0,34	0,29
1/3	0,41	0,56	0,45	0,39	0,34
1/2	0,57	0,72	0,58	0,50	0,43
3/4	0,82	1,08	0,86	0,76	0,65
1,0	1,13	1,38	1,10	0,97	0,83
1,5	1,58	2,03	1,62	1,42	1,22
2,0	1,94	2,40	1,92	1,68	1,44
3,0	2,91	3,64	2,91	2,55	2,18
4,0	3,82	4,96	3,97	3,47	2,98
5,0	4,78	5,62	4,50	3,93	3,37
6,0	5,45	6,49	5,19	4,54	3,89
7,5	6,90	8,12	6,50	5,68	4,87
10	9,68	10,76	8,61	7,53	6,46

De acordo com Norma de Distribuição Fornecimento de Energia Elétrica em Tensão Secundária – Rede de Distribuição Aérea – Edificações Coletivas – ND 5.2, para o cálculo da demanda para edificações de uso coletivo, a seguinte expressão é utilizada:

$$D = D1 + D2 \text{ (kVA)}$$

Sendo:

D1 = (1,4 x f x a) – demanda dos apartamentos residenciais;

D2 = demanda do condomínio, lojas e outros.

Na qual:

- a = demanda por apartamento em função de sua área útil (Tabela 8.16);
- f = fator de multiplicação de demanda (Tabela 8.17).

Tabela 8.16 – Demanda por apartamento em função da área (a)

Área (m^2)	Demanda (kVA)	Área (m^2)	Demanda (kVA)	Área (m^2)	Demanda (kVA)
Até 15	0,39	71 a 75	1,67	161 a 170	3,47
16 a 20	0,51	76 a 80	1,76	171 a 180	3,65
21 a 25	0,62	81 a 85	1,86	181 a 190	3,83
26 a 30	0,73	86 a 90	1,96	191 a 200	4,01
31 a 35	0,84	91 a 95	2,06	201 a 220	4,36
36 a 40	0,95	96 a 100	2,16	221 a 240	4,76
41 a 45	1,05	101 a 110	2,35	241 a 260	5,07
46 a 50	1,16	111 a 120	2,54	261 a 280	5,42
51 a 55	1,26	121 a 130	2,73	281 a 300	5,76
56 a 60	1,36	131 a 140	2,91	301 a 350	6,61
61 a 65	1,47	141 a 150	3,10	351 a 400	7,45
65 a 70	1,57	151 a 160	3,28	401 a 450	8,28

Tabela 8.17 – Fatores de multiplicação da demanda (f)

Nº de aptos.	Fator f	Nº de aptos.	Fator f	Nº de aptos.	Fator f
1	-	13	11,98	25	20,46
2	-	14	12,76	26	21,06
3	-	15	13,54	27	21,67
4	3,88	16	14,32	28	22,27
5	4,84	17	15,10	29	22,88
6	5,80	18	15,88	30	23,48
7	6,76	19	16,66	31	24,08
8	7,72	20	17,44	32	24,69
9	8,68	21	18,04	33	25,29
10	9,64	22	18,65	34	25,90
11	10,42	23	19,25	35	26,50
12	11,20	24	19,86	36	27,10

Tais fatores de demanda são calculados com base na experiência das distribuidoras nas milhares de unidades consumidoras existentes na concessão ao longo de muitas décadas. Entretanto o perfil de consumo vai se alterando ao longo dos anos bem como a disponibilização de novos equipamentos, tecnologia e hábitos de consumo, capturados nas pesquisas de hábitos e consumo estabelecidas pela ANEEL.

8.4 DIMENSIONAMENTO DOS RAMAIS DE ENTRADA

Calculada a demanda, de acordo com os critérios estabelecidos pela concessionária de distribuição de energia elétrica que efetuará o fornecimento, dimensionam-se os componentes de entrada da instalação. Neste ponto, é importante a identificação da nomenclatura existente:

- ramal de ligação: conjunto de condutores e acessórios instalados pela distribuidora entre o ponto de derivação de sua rede e o ponto de entrega;
- ramal de entrada: conjunto de condutores e acessórios instalados pelo consumidor entre o ponto de entrega e a medição ou a proteção de suas instalações.

O projeto deve calcular o ramal de entrada em função da carga instalada e demanda calculada. As concessionárias têm, em suas normas técnicas, as especificações a serem obedecidas para a aprovação do padrão de entrada de energia.

Tabela 8.18 – Dimensionamento do ramal de entrada (127/220 V) – CPFL Energia

Carga instalada (kW)	Fases	Demanda (kVA)	Cabo BWF 70° C 750 V (mm^2)	Disjuntor (A)	Aterramento (mm^2)
$C \leq 6$	FN ou FF		6	32	6
$6 < C \leq 12$	FN ou FF		16	63	10
$12 < C \leq 18$	FFN		16	63	10
$18 < C \leq 25$	FFN		25	80	10
$25 < C \leq 75$	FFFN	$D \leq 23$	16	63	10
	FFFN	$23 < D \leq 30$	25	80	10
	FFFN	$30 < D \leq 38$	35	100	10
	FFFN	$38 < D \leq 47$	50	125	16
	FFFN	$47 < D \leq 57$	70	150	25
	FFFN	$57 < D \leq 76$	95	200	35

Tabela 8.19 – Dimensionamento do ramal de entrada (127/220 V) – CEMIG

Carga instalada (kW)		Demanda provável (kVA)		Número de		Disjuntor termomagnético	Conjuntor (PVC 70°)	Condutor de proteção
De	Até	De	Até	Fases	Fios	IEC (A)	(mm²)	mm²
	5,0			1	2	40	6	6
5,1	6,5			1	2	50	10	10
6,6	10,0			1	2	63	16	16
	10,0			2	3	40	10	10
10,1	15,0			2	3	63	16	16
			15,0			40	10	10
		15,1	23,0			63	16	
		23,1	27,0			80	25	16
		27,1	38,0	3	4	100	35	
		38,1	47,0			125	50	25
		47,1	57,0			150	70	35
		57,1	66,0			175	95	50
		66,0	75,0			200		

Tabela 8.20 – Dimensionamento do ramal de entrada (127/220 V) demandas entre 75,1 e 304 kVA – CEMIG

Demanda provável (kVA)		Número de		Disjuntor termomagnético	Conjuntor (PVC 70°)	Condutor de proteção
De	Até	Fases	Fios	(A)	(mm²)	mm²
75	86,0			225	120	70
86,1	95,0			250	150	70
95,1	114,0			300 ou 315 ou 320	240	120
114,1	152,0			400	2 x 120	50
152,1	171,0	3	4	450	2 x 150	70
171,1	188,0			500	2 x 185	95
188,1	228,0			600 ou 630	2 x 240	120
228,1	266,0			700	3 x 150	70
266,1	304,0			800	3 x 185	95

8.5 CÁLCULO DE DEMANDAS PARA UM EDIFÍCIO DE USO RESIDENCIAL

Para efeito de exercício, consideremos um edifício de uso residencial com 16 apartamentos padrão, com área útil de 160 m², sendo 2 apartamentos por andar.

Carga elétrica de cada apartamento:

- potência de iluminação e tomadas = 8.300 (VA);

- três chuveiros elétricos de 5.500 W (220 V) = 16.500 (W);
- uma torneira elétrica 5.500 W (220 V) = 5.500 (W);
- um aparelho de ar-condicionado 12.000 BTU/h = 1.320 (VA);
- carga total instalada = 31.620 (VA).

Carga do condomínio:

- potência de iluminação e tomadas = 10.000 (VA);
- duas bombas de recalque de água de 1,5 cv, monofásica, cada = 1,93 (kVA);
- dois elevadores de 6 cv, trifásica, cada = 6,49 (kVA).

8.5.1 CÁLCULO DA DEMANDA INDIVIDUAL DOS APARTAMENTOS

Calculando de acordo com as normas de CEMIG:

- a = 0,54 x 8.300 = 4.482 VA (Tabela 8.9);
- b1 = 3 x 0,84 x 5.500 = 13.860 W (Tabela 8.11);
- b2 = 1 x 1 x 5.500 = 5.500 W (Tabela 8.11);
- c = 1 x 1.320 VA (Tabela 8.13);
- demanda provável = 25.162 VA;
- corrente nominal provável = 66,0 A.

8.5.2 CÁLCULO DA DEMANDA DO CONDOMÍNIO

- a = 10.000 VA (Tabela 8.10);
- d = 2 x 1.540 + 2 x 5.190 = 13.460 VA (Tabelas 8.14 e 8.15);
- demanda provável = 23.460 VA;
- corrente nominal provável = 61,6 A.

8.5.3 CÁLCULO DA DEMANDA DO EDIFÍCIO

- D = D1 + D2 (kVA);
- D1 = (1,4 x f x a);
- a = 3,28 kVA (Tab 8.16);
- f = 14,32 (Tab 8.17);
- D1 = 65,76 kVA;
- D2 = 13,46 kVA (item 8.5.1);
- demanda provável = 79,22 kVA;
- corrente nominal provável = 207,9 A.

8.5.4 RAMAL DE ENTRADA E ALIMENTADORES

8.5.4.1 Alimentadores dos apartamentos e condomínio

- Condutor 70° – 25 mm^2;
- disjuntor – 80 A;
- condutor de Proteção – 16 mm^2.

8.5.4.2 Ramal de entrada do edifício

- Condutor 70° – 120 mm^2;
- disjuntor – 225 A;
- condutor de proteção – 70 mm^2.

8.5.5 VERIFICAÇÃO DA MÁXIMA QUEDA DE TENSÃO

Para os condutores de 25 mm^2 que alimentam os quadros de distribuição de luz – DDL dos apartamentos e condomínio –, utilizam-se os valores de V/A.km (1,27) das tabelas de queda de tensão e considera-se uma queda percentual de 2% nos alimentadores, reservando-se mais 2% para os circuitos internos.

$$d_{máx} = \frac{4{,}4\,(V) \times 10^3}{70\,(A) \times 1{,}27\,(V/Akm)} = 49{,}5\,(m)$$

Como a distância máxima é de 40 metros até o último apartamento (16), a especificação da bitola de 25 mm^2 atende ao critério da queda de tensão.

Para o condutor de entrada no edifício de 120 mm^2 (0,34 V/Akm), calcula-se a queda de tensão para a distância de 30 m entre o ponto de conexão com a rede de distribuição e o barramento de entrada do edifício.

- V = 0,34 (V/Akm) x 225 (A) x 0,04 (km) = 3,06 V;
- V = 1,4%.

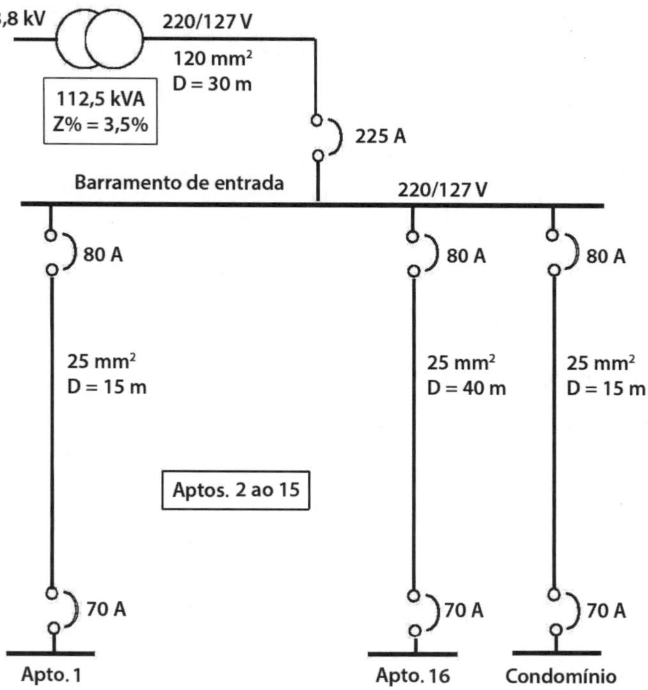

Figura 8.1 – Diagrama unifilar da instalação do edifício.

8.5.6 CÁLCULO DAS CORRENTES DE CURTO-CIRCUITO

Cálculo das impedâncias do circuito:

- Impedância base

$$Z_B = \frac{(U_B)^2}{P_B} \left(\frac{kV^2}{MVA} \right) = 0{,}43 \ (\ \Omega\ )$$

- Corrente base

$$I_B = \frac{P_B}{\sqrt{3}\ U_B} = \frac{112{,}5\ (kVA)}{\sqrt{3}\ 220\ (V)} = 0{,}295\ (kA)$$

- Transformador – X = 3,5%.
- Cabo 120 mm² (resistência e reatância dados):
  - R = 0,342 (Ω/km) x 0,030 (km) = 0,0103 (Ω);
  - R = 0,0103/0,43 = 0,0238 (p.u) = 2,38%;
  - X = 0,112 (Ω/km) x 0,030 (km) = 0,00336 (Ω);
  - X = 0,00336/0,43 = 0,00781 (p.u) = 0,78%.

- Cabo 25 mm² – QDL 1 e QDL Condomínio (resistência e reatância dados):
  - R = 1,416 (Ω/km) x 0,015 (km) = 0,02124 (Ω);
  - R = 0,02124/0,43 = 0,0494 (p.u) = 4,94%;
  - X = 0,465 (Ω/km) x 0,015 (km) = 0,006975 (Ω);
  - X = 0,006975/0,43 = 0,0162 (p.u) = 1,62%.
- Cabo 25 mm² – QDL 16 (resistência e reatância dados):
  - R = 1,416 (Ω/km) x 0,040 (km) = 0,05664 (Ω);
  - R = 0,05664/0,43 = 0,1317 (p.u) = 13,165%;
  - X = 0,465 (Ω/km) x 0,040 (km) = 0,0186 (Ω);
  - X = 0,0186/0,43 = 0,04326 (p.u) = 4,326%.
- Corrente de curto-circuito no barramento de entrada:

$$Z_{total}(\%) = \sqrt{R_{total}(\%)^2 + X_{total}(\%)^2}$$

  - resistência total = 2,38%;
  - reatância total = 3,5+ 0,78 = 4,28%;
  - impedância total = 4,897%;
  - corrente de curto-circuito = (100/4,897) x 0,295 = 6,02 (kA).
- Corrente de curto-circuito no barramento do QDL 1 e QDL condomínio:
  - resistência total = 2,38 + 4,94 = 7,32%;
  - reatância total = 3,5+ 0,78 + 1,62 = 5,90%;
  - impedância total = 9,40%;
  - corrente de curto-circuito = (100/9,40) x 0,295 = 3,14 (kA).
- Corrente de curto-circuito no barramento do QDL 16:
  - resistência total = 2,38 + 13,165 = 15,545%;
  - reatância total = 3,5+ 0,78 + 4,326 = 8,606%;
  - impedância total = 17,768%;
  - corrente de curto-circuito = (100/17,768) x 0,295 = 1,66 (kA).

8.5.7 VERIFICAÇÃO DA BITOLA DOS CONDUTORES E CAPACIDADE DE RUPTURA DOS DISJUNTORES

- Ramal de entrada

Considerando-se o tempo de abertura de 1,5 ciclos = 0,025 segundos:

$$S_m = \frac{I\sqrt{t}}{115}$$

- I = 6.020 (A);
- Sm = 8,03 mm^2.

Capacidade de ruptura mínima dos disjuntores do barramento de entrada = 6,02 (kA).

- QDL 1 e condomínio
  - I = 3.140 (A);
  - Sm = 4,32 mm^2.

Capacidade de ruptura mínima = 3,14 (kA).

- QDL 16
  - I = 1.660 (A);
  - Sm = 2,29 mm^2;
  - Capacidade de ruptura mínima = 1,66 (kA).

Prevalece o critério da máxima corrente permitida para todos os alimentadores. Para a capacidade de ruptura dos disjuntores conectados no barramento principal, adota-se a corrente mínima de curto-circuito do mesmo (6,02 kA).

Para os demais disjuntores, normalmente se adota a capacidade de curto-circuito de forma uniforme, tomando por base a corrente de curto-circuito do barramento mais próximo, no caso o QDL 1 (3,14 kA), a menos que, em projetos maiores, haja mudança de faixa de capacidade de ruptura dos disjuntores.

REFERÊNCIAS

ANEEL. **Agência Nacional de Energia Elétrica**: Resolução normativa ANEEL nº 1.000 – Regras de Prestação do Serviço Público de Distribuição de Energia Elétrica. Brasília, 2021. Disponível em: https://www.in.gov.br/en/web/dou/-/resolucao-normativa-aneel-n-1.000-de-7-de-dezembro-de-2021-368359651. Acesso em: 20 jan. 2022.

CEMIG. **ND 5.1**: Fornecimento de Energia Elétrica em Tensão Secundária - Rede de Distribuição Aérea - Edificações Individuais. Belo Horizonte: CEMIG, 2017.

CEMIG. **ND 5.2**: Fornecimento de Energia Elétrica em Tensão Secundária - Rede de Distribuição Aérea - Edificações Coletivas. Belo Horizonte: CEMIG, 2017.

CPFL. **GED-13**: Fornecimento em Tensão Secundária de Distribuição. Disponível em: <http://sites.cpfl.com.br/documentos-tecnicos/GED-13.pdf>. Acesso em: 06 de maio de 2021.

CAPÍTULO 9

INSTALAÇÃO ELÉTRICA PARA MOTORES

Ninguém pode entrar duas vezes no mesmo rio,
pois, quando nele se entra novamente, não se encontra
as mesmas águas, e o próprio ser já se modificou.

HERÁCLITO

9.1 DADOS ELÉTRICOS

Motores elétricos são cargas que demandam atenção especial na sua instalação. Sua proteção e seus controle e comandos necessitam do conhecimento da sua aplicação e de suas características elétricas. Para um projeto adequado da sua instalação, as seguintes informações são necessárias:

- tipo de motor;
- alimentação elétrica (mono ou trifásica);
- tensão de alimentação;
- frequência;
- rendimento;
- potência;
- fator de potência;
- características de partida.

A corrente nominal também é um dado de placa de um motor e é calculada de acordo com as expressões:

Motores monofásicos

$$I_n = \frac{P \times 736}{V_{FN} \times \eta \times \cos \emptyset}$$

Motores trifásicos

$$I_n = \frac{P \times 736}{\sqrt{3} \times V_{FF} \times \eta \times \cos \emptyset}$$

Em que:

- P = potência do motor em cavalo vapor (cv);
- VFF = tensão entre fases em volts;
- VFN = tensão de alimentação do motor (monofásico fase/fase ou fase/neutro) em volts;
- η = rendimento do motor;
- cos Ø = fator de potência do motor;

O multiplicador da fórmula está arredondado para cima. Os valores de conversão corretos de cavalo vapor (cv), ou *horse power* (hp), são:

- 1 cv = 735,499 watts
- 1 hp = 745,7 watts

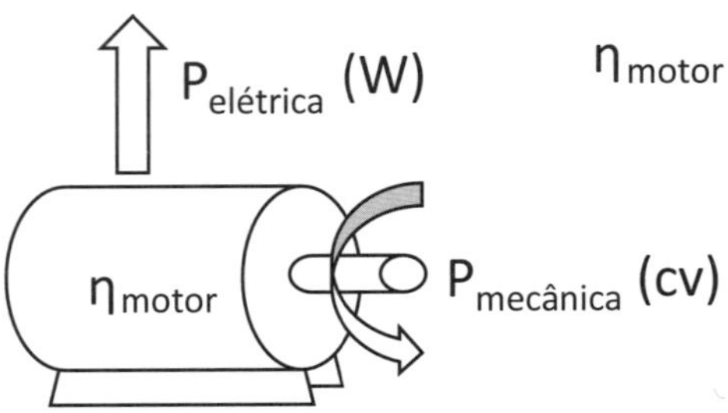

$$\eta_{motor} = \frac{P_{mecânica}\,(cv) \times 736}{P_{elétrica}}$$

Figura 9.1 – Rendimento de motores.

Tabela 9.1 – Características elétricas típicas de motores de indução monofásicos

Potência (cv)	FP		Potências na rede		Corrente (A)	
			Ativa (kW)	Aparente (kVA)	127 (V)	220 (V)
1/4	0,63	0,47	0,39	0,62	4,89	2,82
1/3	0,71	0,47	0,52	0,73	5,78	3,34
1/2	0,72	0,56	0,66	0,91	7,19	4,15
3/4	0,74	0,62	0,89	1,20	9,47	5,47
1,0	0,82	0,67	1,10	1,34	10,55	6,09
1,5	0,85	0,70	1,58	1,86	14,61	8,43
2,0	0,86	0,71	2,07	2,41	18,98	10,96
3,0	0,88	0,72	3,07	3,48	27,44	15,84
4,0	0,90	0,74	3,98	4,42	34,81	20,09
5,0	0,92	0,75	4,91	5,33	41,99	24,24
7,5	0,94	0,76	7,26	7,73	60,84	35,12
10,0	0,94	0,78	9,44	10,04	79,04	45,63
12,5	0,94	0,78	11,79	12,55	98,80	57,04

Tabela 9.2 – Características elétricas típicas de motores de indução trifásicos

Potência (cv)	FP		Potência na rede		Corrente (A)	
			Ativa (kW)	Aparente (kVA)	220 (V)	380 (V)
1/4	0,69	0,55	0,33	0,48	1,27	0,74
1/3	0,74	0,60	0,41	0,55	1,45	0,84
1/2	0,75	0,62	0,59	0,79	2,08	1,20
3/4	0,76	0,65	0,85	1,12	2,93	1,70
1	0,77	0,66	1,12	1,45	3,80	2,20
1,5	0,78	0,70	1,58	2,02	5,31	3,07
2,0	0,80	0,76	1,94	2,42	6,35	3,68
3,0	0,80	0,76	2,91	3,63	9,53	5,52
4,0	0,81	0,77	3,82	4,72	12,39	7,17
5,0	0,82	0,77	4,78	5,83	15,30	8,86
6,0	0,84	0,79	5,59	6,65	17,46	10,11
7,5	0,85	0,80	6,90	8,12	21,30	12,33
10	0,87	0,80	9,20	10,57	27,75	16,07
12,5	0,89	0,80	11,50	12,92	33,91	19,63
15	0,89	0,81	13,63	15,31	40,19	23,27
20	0,90	0,81	18,17	20,19	52,99	30,68
25	0,90	0,82	22,44	24,93	65,43	37,88
30	0,91	0,82	26,93	29,59	77,65	44,96
50	0,91	0,83	44,34	48,72	127,86	74,03

9.2 DIMENSIONAMENTO DOS EQUIPAMENTOS DE COMANDO, CONTROLE E PROTEÇÃO

Toda instalação de um motor elétrico deve prever que este possa ser comandado, controlado e protegido. Em uma instalação, motores são utilizados para acionamento de portões eletrônicos, bombas de recalque de água, elevadores, compressores etc. Cada acionamento tem uma lógica preestabelecida sendo que seu equacionamento se dá no circuito de comando de um dispositivo denominado *contator*, cujo comando de liga/desliga se dá pelas condições especificadas ao seu funcionamento.

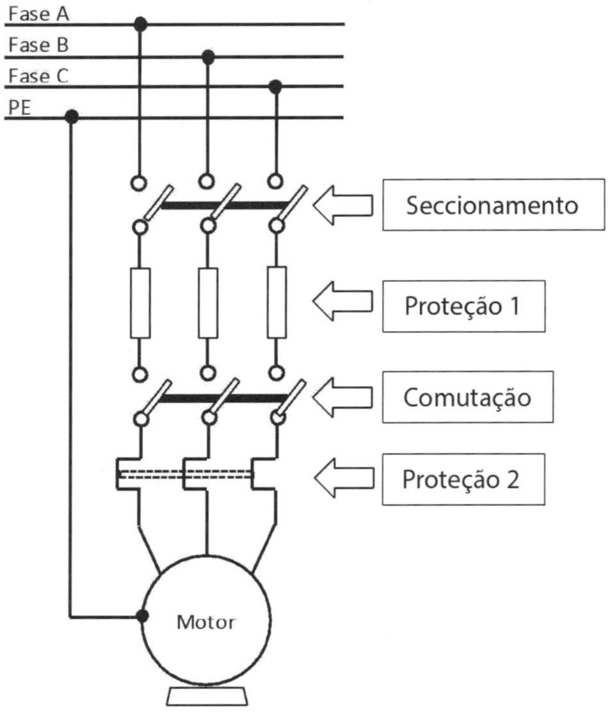

Figura 9.2 – Elementos de instalação de um motor.

9.2.1- SECCIONAMENTO

Toda instalação deve conter um equipamento que separe a sua alimentação da fonte, de forma definitiva. Equipamentos nos quais a separação dos contatos é interna e não visível podem provocar acidentes ao pessoal da operação e manutenção das instalações elétricas.

A chave seccionadora tem por função isolar a tensão do circuito de alimentação do motor. Sua escolha leva em conta vários fatores, a começar por se a manobra deve ser com carga ou sem carga. Uma chave seccionadora para manobrar com carga (corrente nominal) deve ter como extinguir o arco voltaico formado durante a separação dos contatos, e, portanto, é mais cara. As seccionadoras sem carga não são projetadas para interromper correntes, mas somente pequenos valores como correntes de magnetização, isolam a tensão de uma parte da instalação.

As outras características elétricas importantes são:

- número de fases (monopolar ou tripolar);
- tensão nominal (V);
- corrente nominal (A);
- correntes de curto-circuito (térmica e dinâmica).

A essas chaves seccionadoras pode-se optar por incluir também os fusíveis. As correntes nominais para chaves seccionadoras de baixa tensão mono, bi ou tripolares encontradas são 16; 20; 32; 40; 63; 80; 100; 125 A.

Para correntes nominais mais elevadas, as seccionadoras podem vir acopladas a fusíveis, nas correntes nominais de 100; 160, 250, 400 e 630 A.

9.2.2 PROTEÇÃO CONTRA CURTO-CIRCUITO (FUSÍVEL)

A proteção contra as correntes de curto-circuito na instalação de motores é feita por dispositivos fusíveis. Sua escolha se dá tomando-se por base as características de partida dos motores.

Os fusíveis tipo *diazed*, para aplicação geral em tensões até 750 V, tanto em corrente alternada (CA) quanto em contínua (CC), têm a capacidade de ruptura de curto-circuito de 50 kA (CA) e 8 kA (CC), nas correntes nominais de 2; 4; 6; 10; 16; 20; 25; 32; 35; 50; e 63 A.

Os fusíveis do tipo *NH*, para aplicação geral em tensões até 690 V em corrente alternada (CA) e 250 V em corrente contínua (CC), possuem elevada capacidade de ruptura de curto-circuito de até 120 kA (CA) e 100 kA (CC), nas correntes nominais de 6; 10; 16; 20; 25; 32; 40; 50; 63; 80; 100; 125; 160; 200; 224; 250; 315; 355; 400; 500 A.

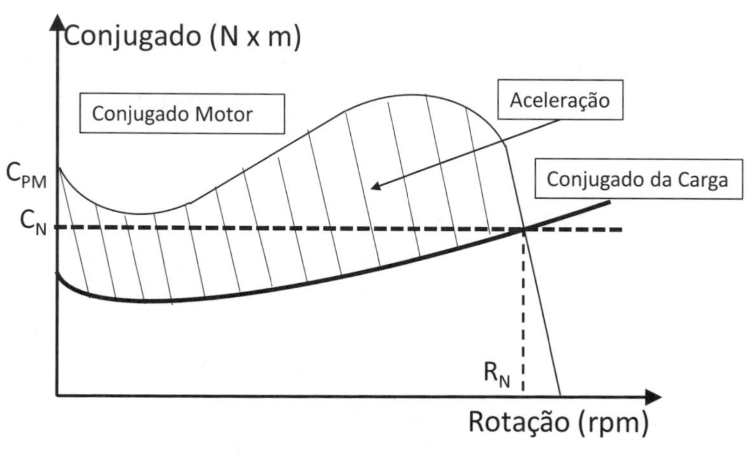

Figura 9.3 – Conjugado do motor *versus* carga.

Na especificação do motor, observa-se a curva de conjugado da carga. Na partida, o conjugado do motor (CPM) deve ser superior ao conjugado da carga. A área hachurada corresponde à aceleração do motor até atingir a rotação nominal (RN).

Essa diferença entre os conjugados do motor e da carga definem o tempo e a corrente de partida. A curva de atuação do fusível não pode cruzar com a curva de partida do motor porque, caso contrário, este não partiria queimando o fusível.

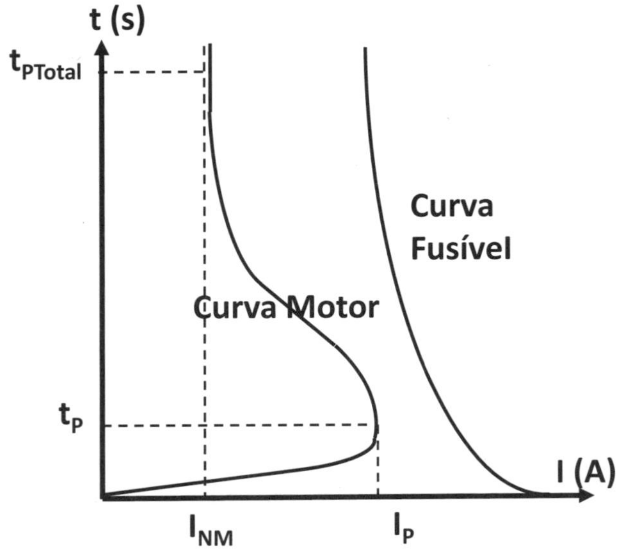

Figura 9.4 – Coordenação proteção versus partida do motor.

A corrente de partida de um motor de indução é de 5 a 8 vezes a corrente nominal, e sua determinação depende do valor percentual da sua reatância. No instante da partida, o rotor está parado, e, portanto, não há força contra eletromotriz gerada. Assim, a limitação da corrente, inicialmente, é feita pela reatância do estator do motor. Nas especificações dos motores, é fornecida a relação entre a corrente de partida e a corrente nominal.

9.2.3 COMUTAÇÃO (CONTATOR)

A comutação do circuito alimentador do motor é o contator. Este liga e desliga o motor a partir de uma lógica de comando. Contatores são dispositivos para um elevado número de manobras, com capacidade de extinção de arco voltaico até corrente de rotor travado, característica fundamental nessa aplicação.

As correntes nominais máximas para contatores tipo 3RT10 da Siemens são 18; 22; 40; 50; 60; 100; 120; 160; 185; 215; 275; 330 A, podendo ser usados em motores com tensões até 500 V.

Para a especificação correta de um contator, é necessário o conhecimento do circuito de comando para identificar o número de contatos auxiliares disponíveis no modelo especificado. Normalmente, os contatores são fornecidos com um contato auxiliar normalmente fechado (NF) e outro normalmente aberto (NA). Se necessário, um número maior de contatos deve ser usado um contator auxiliar multiplicador destes contatos auxiliares.

9.2.4 PROTEÇÃO CONTRA SOBRECARGAS (RELÉ TÉRMICO)

Relés térmicos são dispositivos de proteção destinados à interrupção de sobrecargas no circuito elétrico. Sua ação é normalmente detectada por lâminas bimetálicas, que defletem com a ação do calor provocado pelo aumento de corrente elétrica.

Sua escolha está diretamente associada à corrente e ao tempo de partida do motor, de modo que o relé não atue nessa condição. Os relés térmicos têm faixas de ajuste de corrente para melhor proteger o motor. O primeiro passo é calcular o valor da corrente nominal do motor, o tempo e a corrente de partida para especificação do relé.

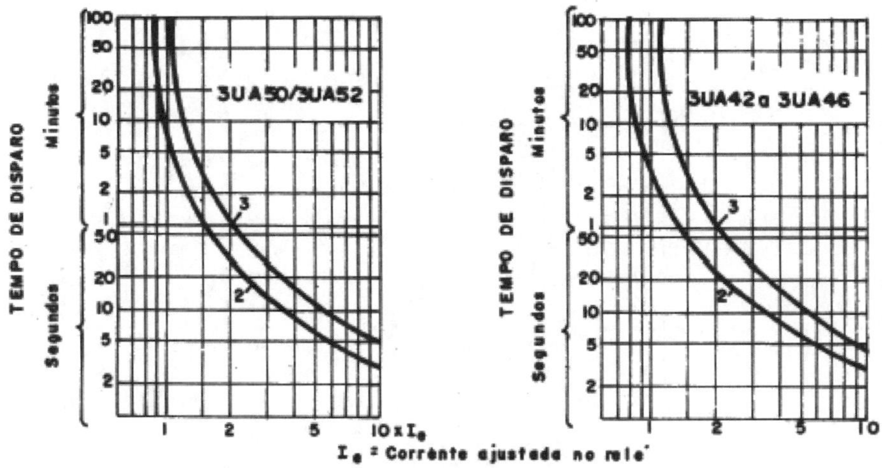

As curvas mostram o tempo de disparo em função do múltiplo da corrente ajustada no relé em estado frio. Com temperatura da corrente de serviço, os tempos de disparo se reduzem a 25%.
No caso do relé ser utilizado para a proteção de consumidores monofásicos, os três polos do relé deverão ser ligados em série, e a curva de disparo será 3.

Curva 3 - carga tripolar
Curva 2 - carga bipolar (falta de um fase)

Figura 9.5 – Curvas características de disparo de relés bimetálicos (Siemens).

Tabela 9.3 – Tabela de escolha de relés bimetálicos (Siemens)

Potências máximas[1] de motores trifásicos *Categoria de utlização AC2 e AC3*			Faixas de ajuste	*Tipo*[2]	*Para montagem*[3] *acoplados aos contatores*	*Fusíveis máximos DIAZED retardados ou NH (A)*
220 V (cv)	*380 V (cv)*	*440 V (cv)*				
—	—	—	0,1—0,16	3UA50 00—OA	3TB40	0,5(ráp.)
—	0,08	0,08	0,16—0,25	3UA50 00—OC	3TB41	0,8(ráp.)
0,08	0,12	0,12—0,16	0,25—0,4	3UA50 00—OE		1,25(ráp.)
0,12	0,16—0,25	0,25	0,4—0,63	3UA50 00—OG		2
0,16	0,25—0,33	0,33	0,63—1	3UA50 00—OJ		2
0,25—0,33	0,5	0,5—0,75	1—1,6	3UA50 00—1A		4
0,5	0,75—1	1	1,6—2,5	3UA50 00—1C		6
0,75—1	1,5—2	1,5—2	2,5—4	3UA50 00—1E		10
1—1,5—2	3	3—4	4—6,3	3UA50 00—1G		16
2—3	4—5	5	6,3—10	3UA50 00—1J		25
3—4	7,5	7,5	8—12,5	3UA50 00—1K		25
0,12	0,16—0,25	0,25	0,4—0,63	3UA52 00—OG	3TB42	2
0,16	0,25—0,33	0,33	0,63—1	3UA52 00—OJ	3TB43	2
0,25—0,33	0,5	0,5—0,75	1—1,6	3UA52 00—1A		4
0,5	0,75—1	1	1,6—2,5	3UA52 00—1C		6
0,75—1	1,5—2	1,5—2	2,5—4	3UA52 00—1E		10
1—1,5—2	3	3—4	4—6,3	3UA52 00—1G		16
2—3	4—5	5	6,3—10	3UA52 00—1J		25
4—5	7,5—10	7,5—10	10—16	3UA52 00—2A		35
7,5	10—12,5—15	12,5—15	16—25	3UA52 00—2C		50
1—1,5—2	3	3—4	4—6,3	3UA42 00—7AD	3TB44	16
2—3	4—5	5	6,3—10	3UA42 00—7AF	3TB46	25
4—5	7,5—10	7,5—10	10—16	3UA42 00—7AH	3TB47	35
7,5	10—12,5—15	12,5—15	16—25	3UA42 00—7AK	3TB48	50
10—12,5—15	20—25	20—25—30	25—40	3UA42 00—7AV		80
20—25	30—40	40—50	40—63	3UA42 00—7AN		125
12,5—15	25—30	25—30	30—45	3UA43 00—8AM	3TB48	100
20—25	30—40	40—50	40—63	3UA43 00—8AN	3TB50	125
25—30	50	60	55—80	3UA43 00—8AP	3TB52	160
40	60	75	70—100	3UA43 00—8AQ		200
40—50	75	100	100—135	3UA43 00—8AS		250
60	100	125	130—160	3UA43 00—8AT		250
75	125—150	150—180	150—230	3UA45 00—8YG	3TB52	400
100—125	180—200	200—250	208—320	3UA45 00—8YH	3TB54	500
125—150	200—250	300	260—400	3UA45 00—8YJ	3TB56	630
180—200	300	400—425	325—500	3UA46 00—8YK	3TB58	630
250	400—425	500	409—630	3UA46 00—8YL		630

9.3 CIRCUITOS DE COMANDO

O acionamento dos motores pelo contator possibilita a automatização do funcionamento pela lógica estabelecida no circuito de comando a despeito da lógica estabelecida eletromecânica ou por meio de softwares o comando depende da ação eletromecânica. Para edifícios, a automatização é cada vez mais presente nos vários tipos de acionamentos de portões, sistemas de elevação de água, elevadores, sistemas de emergência etc. O exemplo mais comum é o acionamento das bombas de recalque de água, as quais, na maioria dos sistemas, por motivo de garantia e segurança de operação, estão embutidas no próprio equipamento, como o comando dos elevadores.

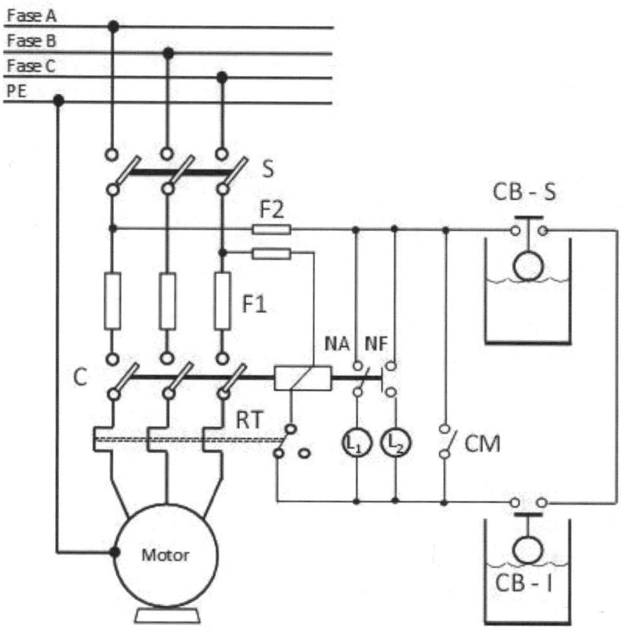

Figura 9.6 – Diagrama trifilar de comando bomba-d'água

Legenda:

S = Chave seccionadora

F1 = Fusível para proteção contra curto-circuito no circuito do motor

F2 = Fusível para proteção contra curto-circuito no circuito de comando

C = Contator para comando do motor

NA = Contato auxiliar normalmente aberto do contator

NF = Contato auxiliar normalmente fechado do contator

RT = Relé térmico para proteção contra sobrecargas no motor

L1 = Lâmpada de sinalização de motor funcionando

L2 = Lâmpada de sinalização de motor parado

CM = Comando manual do motor

CB – S = Chave boia superior

CB – I = Chave boia inferior.

Exemplo 9.1

Calcular os equipamentos de comando, controle e proteção para acionamento de um motor trifásico com as seguintes características elétricas:

- potência = 5 cv;
- tensão = 220 V;
- corrente nominal IN = 15,3 A;
- corrente de partida = 5 x IN = 76,5 A;
- tempo de partida = 5 segundos.

Especificação:

- seccionadora – 20 A – 220 V trifásica;
- fusível – 20 A;
- contator – 22 A – 220 V – trifásico;
- relé térmico – faixa 16 a 25 A

  I_{ajuste} = 1,15 x 15,3 = 17,6 A.

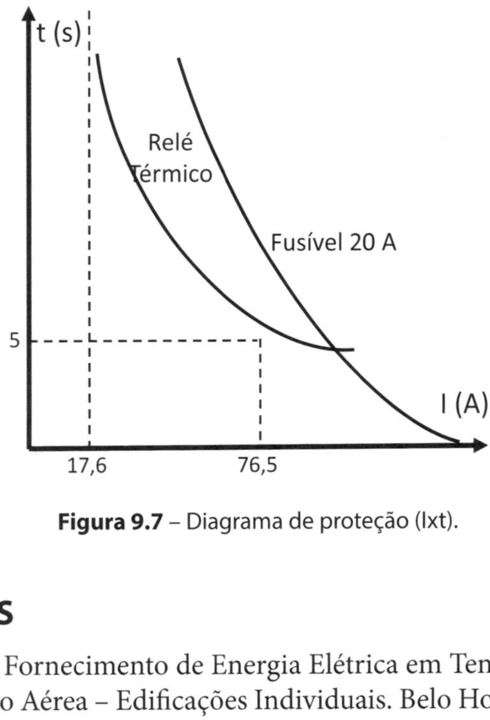

Figura 9.7 – Diagrama de proteção (Ixt).

REFERÊNCIAS

CEMIG. **ND 5.1**: Fornecimento de Energia Elétrica em Tensão Secundária – Rede de Distribuição Aérea – Edificações Individuais. Belo Horizonte: CEMIG, 2017.

CEMIG. **ND 5.2**: Fornecimento de Energia Elétrica em Tensão Secundária – Rede de Distribuição Aérea – Edificações Coletivas. Belo Horizonte: CEMIG, 2017.

SIEMENS (Brasil). **Catálogo de Produtos da Siemens no Brasil**: catálogo 2.0. 2021. Disponível em: <https://new.siemens.com/br/pt/produtos/catalogos.html>. Acesso em: 21 de julho de 2021.

WEG (Brasil). **Motores Elétricos.** [S.l.], 2021. Disponível em: <https://www.weg.net/catalog/weg/BR/pt/Motores-El%C3%A9tricos/c/BR_MT>. Acesso em: 21 de julho de 2021.

CAPÍTULO 10

PROTEÇÃO DE EDIFICAÇÕES CONTRA DESCARGAS ELÉTRICAS ATMOSFÉRICAS

Nada é bom ou ruim se não for por comparação.

THOMAS FULLER

10.1 INTRODUÇÃO

Descargas elétricas atmosféricas são fenômenos naturais que podem provocar grandes danos às instalações e graves consequências às pessoas, aos animais etc. O conhecimento do mecanismo dessas descargas auxilia no estabelecimento de projetos de proteção, de modo a minimizar os seus efeitos.

Um levantamento elaborado pelo Grupo de Eletricidade Atmosférica, com informações do Ministério da Saúde e do Instituto Brasileiro de Geografia e Estatística (IBGE) mostrou que houve 2.194 fatalidades registradas no período de 2000 a 2019; causadas por essas descargas - em média 110 casos por ano.

A proteção contra as descargas elétricas atmosféricas, que podem incidir diretamente sobre objetos, e, principalmente, sobre as instalações elétricas de transmissão e distribuição, é algo perfeitamente conhecido desde 1752, quando Benjamin Franklin (1706 - 1790) realizou sua famosa experiência com um papagaio de papel, direcionando a descarga de um raio para uma garrafa de Leyden (primeiro dispositivo capaz de armazenar uma carga elétrica, inventado pelo holandês Pieter van Musschenbroeck, em 1746).

Posteriormente, Franklin instalou o primeiro sistema de captação de descargas atmosféricas para proteção de objetos. Isso ocorreu na Filadélfia, Estados Unidos, no ano de 1760, de forma que tornou o sistema conhecido como para para-raios tipo Franklin.

10.2 FORMAÇÃO DAS DESCARGAS ELÉTRICAS

Descargas elétricas atmosféricas são fenômenos naturais provocados pelo acúmulo de cargas elétricas nas nuvens. Segundo George Clarke Simpson (1878 - 1965), correntes ascendentes de ar, que se verificam durante as tempestades ou no período que as antecede, carregadas de umidade, formam, à certa altura, gotas resultantes da condensação do vapor d'água.

Raios são descargas elétricas que ocorrem entre nuvens e entre a nuvem e o solo. A descarga acontece quando o campo elétrico produzido pelas cargas elétricas acumuladas nas nuvens supera a suportabilidade dielétrica do ar entre a nuvem e o solo. Em condições normais de temperatura, pressão e umidade relativa, a suportabilidade do ar é de 30 kV/cm.

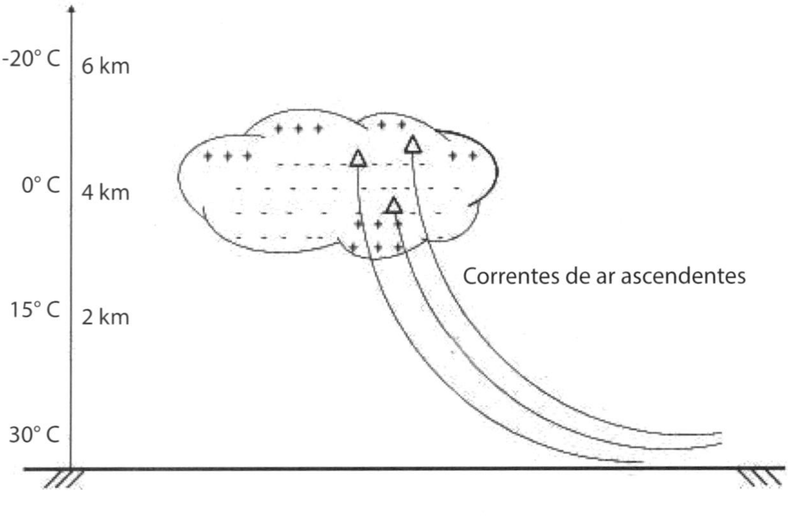

Figura 10.1 – Formação de cargas elétricas nas nuvens – modelo de Simpson.

Por ocasião das tempestades, a temperatura diminui, e a umidade relativa aumenta, reduzindo a suportabilidade dielétrica do ar. Esse fenômeno físico, associado ao movimento ascendente das correntes de ar carregadas com cargas elétricas, eleva gradualmente o nível de cargas estáticas nas nuvens.

Com o aumento das cargas elétricas nas nuvens, a diferença de potencial entre elas e a terra, ou em relação a algum objeto, aumenta até a ruptura do dielétrico ar, propiciando um caminho para a movimentação das cargas para o solo ou para o objeto mais próximo.

Na realidade, não há a ocorrência de apenas uma descarga, mas de várias. A maior energia formada pela descarga é liberada na forma de calor, e, em um intervalo de pouco tempo, a temperatura pode chegar a 15.000° C, provocando a dilatação do ar ao redor do caminho da descarga, gerando o ruído conhecido como trovão.

De acordo com observações, pode-se admitir que a proporção média em que se verificam raios múltiplos é de, em média, 2,23 descargas completas:

- 55% dos raios têm, pelo menos, 2 descargas completas;
- 24% dos raios têm, pelo menos, 4 descargas completas;
- 17% dos raios têm, pelo menos, 6 descargas completas.

10.3 MECANISMO DE DESCARGA ATMOSFÉRICA

Entre uma nuvem carregada eletricamente e a superfície da terra, formam-se gradientes de tensão que variam entre 50 e 250 V por centímetro. O centro elétrico da nuvem está entre 300 e 5.000 m do solo, em média a 1.500 m. A diferença de potencial entre nuvem e o solo varia entre 10*106 e 1.000*106 volts.

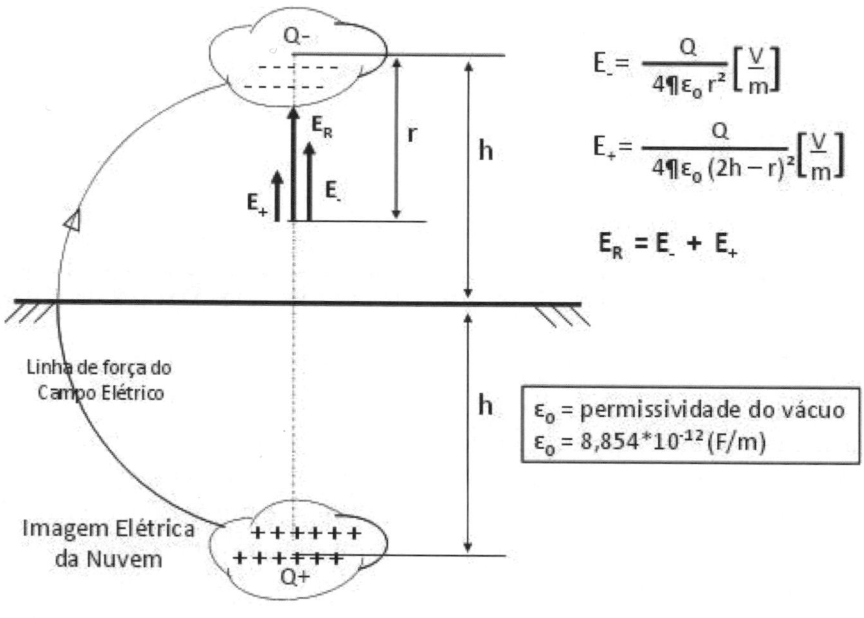

Figura 10.2 – Campo elétrico entre nuvem e solo.

Um fator importante na formação da imagem da nuvem carregada é a condutividade elétrica do solo. Solos com resistividade menor facilitam a formação da imagem e, por consequência, da descarga.

A intensidade das correntes de descarga atmosférica varia entre 5 e 200 kA, de acordo com registros feitos por Anderson e Eriksson na África do Sul (1980). A distribuição estatística dos valores de intensidade de corrente é dada pela seguinte expressão:

$$P_I = \frac{100\%}{1 + (I_0/31)^{2,6}}$$

Na qual:

- PI = probabilidade da corrente de descarga exceder a I0;
- I0 = intensidade da corrente de descarga (kA).

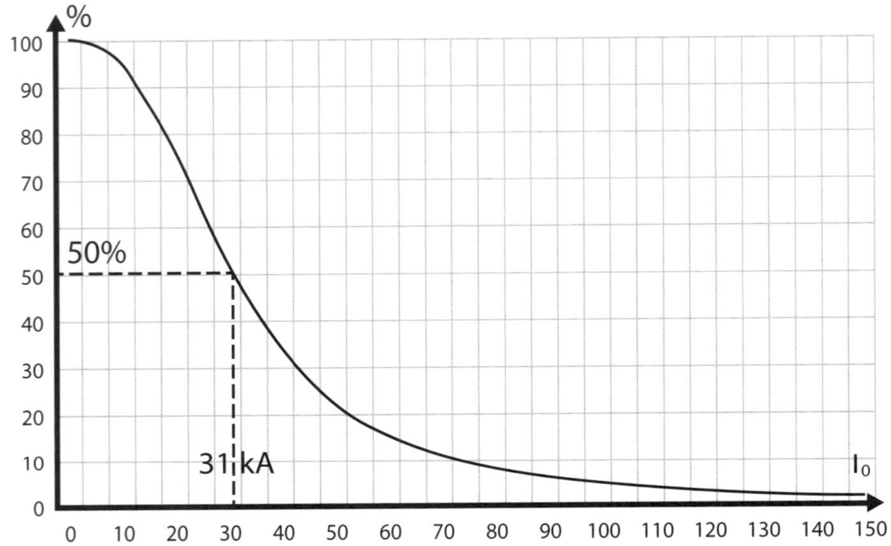

Figura 10.3 – Probabilidade de uma corrente de descarga exceder a I0.

O formato da onda de descarga atmosférica, resultante de inúmeras pesquisas e medições, é representado por uma curva com um tempo de frente de onda (tempo necessário para a corrente atingir ao valor máximo I0) e um tempo de cauda (tempo necessário para que a corrente abaixe desde o valor máximo até a metade deste valor). Os valores normalizados são 1,2 x 50 μs (1 μs = 10-6 segundos).

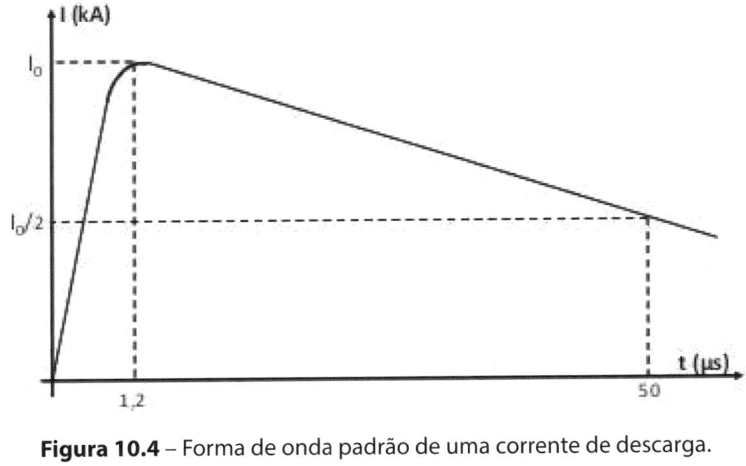

Figura 10.4 – Forma de onda padrão de uma corrente de descarga.

10.4 FREQUÊNCIA DE OCORRÊNCIA DAS DESCARGAS ATMOSFÉRICAS

A frequência com que as descargas ocorrem depende da região geográfica e é uma indicação de como as edificações ficam expostas aos seus efeitos. Uma medida de incidência pode ser descrita pela expressão usada para avaliar a quantidade de descargas por km de linha de transmissão, mas que pode ser aplicada também para edificações:

$$N = 4 \times 10^{-5} \times T^{1,35} \times (b + 4 \times h^{1,09})$$

Na qual:

- N = número de descargas atmosféricas por km por ano;
- T = nível ceráunico da região;
- b = largura do vão exposto em m;
- h = altura dos cabos de proteção em m.

O nível *ceráunico* indica quantos dias de trovoadas por ano acontecem em uma determinada região. Assim, para um nível *ceráunico* de 40 dias de trovoada por ano, a uma altura de 30 m do solo, considerando-se um vão de 30 m, a expectativa de acontecimentos é de 1,12 descargas atmosféricas/km/ano.

Figura 10.5 – Mapa isoceráunico do Brasil.

10.5 MODELO ELETROGEOMÉTRICO DAS DESCARGAS ATMOSFÉRICAS

A proteção contra descargas atmosféricas é feita por meio de um modelo eletrogeométrico, sendo importante o conhecimento do mecanismo do raio e do ponto de decisão final da descarga. A descarga atmosférica acontece por segmentos, na medida em que a suportabilidade do ar é inferior ao campo elétrico gerado pela carga da nuvem.

O processo geométrico da corrente de descarga não é linear, ou seja, as descargas não descrevem um traçado retilíneo do centro de carga da nuvem até o objeto mais próximo. Como o mecanismo de descarga ocorre por etapas, considera-se retilíneo o último trajeto executado.

Dessa forma, a tomada de decisão acontece a uma certa distância do solo ou do objeto mais próximo e é proporcional à intensidade dessa corrente de descarga.

O modelo que calcula a distância de descarga entre o último ponto de decisão e um condutor foi publicado por Darveniza e Whitehead (1975):

$$r_c = 2 \times I0 + 30 \times (1 - e^{-I_0/6,8})$$

No qual:

- I0 = corrente de descarga (kA);
- rC = distância de descarga raio - condutor (m).

Essa distância varia de acordo com a geometria dos eletrodos. A relação entre essas distâncias é observada pela expressão:

$$K_{RT} = \frac{r_t}{r_C}$$

Na qual:

- KRT = fator de correção da distância, que varia entre 0,80 e 1,10;
- rC = distância de descarga raio – condutor;
- rt = distância de descarga raio – terra.

Se a edificação estiver em um plano liso adota-se KRT = 0,9.

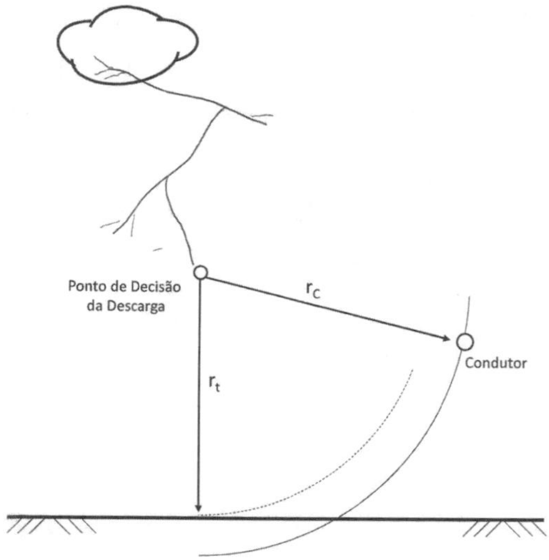

Figura 10.6 – Modelo de distância de descarga (*striking distance*).

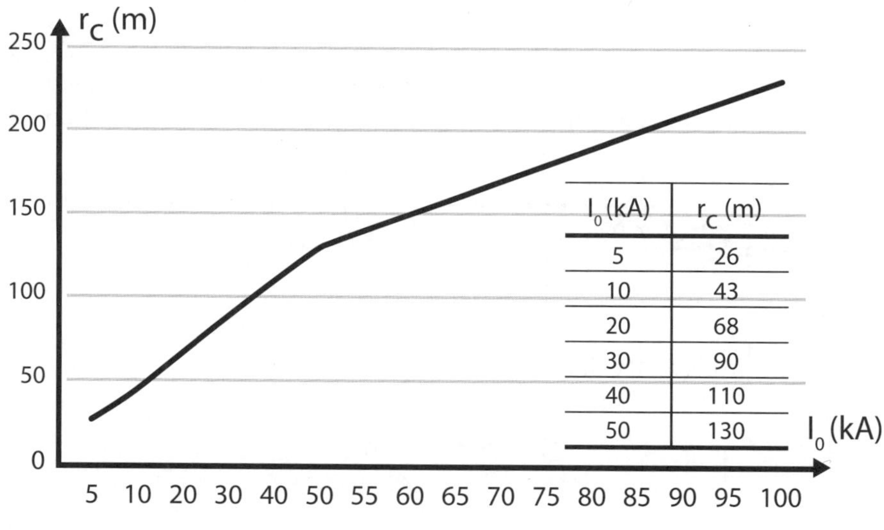

I_0 (kA)	r_C (m)
5	26
10	43
20	68
30	90
40	110
50	130

Figura 10.7 – Distância x corrente de descarga.

10.6 ZONA DE PROTEÇÃO CONTRA DESCARGAS ATMOSFÉRICAS

Para encontrar a zona de proteção contra descargas elétricas atmosféricas, é preciso desenhar o modelo eletrogeométrico a partir de um valor de corrente de descarga. Pelos registros disponíveis, a corrente mínima de descarga é de 5 kA. Para esse valor, a distância de descarga se dá a 26 m do ponto de impacto mais próximo. Esse é um bom valor para iniciar o modelo eletrogeométrico.

10.6.1 PROTEÇÃO POR HASTE (FRANKLIN)

O modelo de proteção oferecido por uma haste sobre uma edificação é função da sua altura, do extremo da edificação a ser protegida e do raio de descarga adotado.

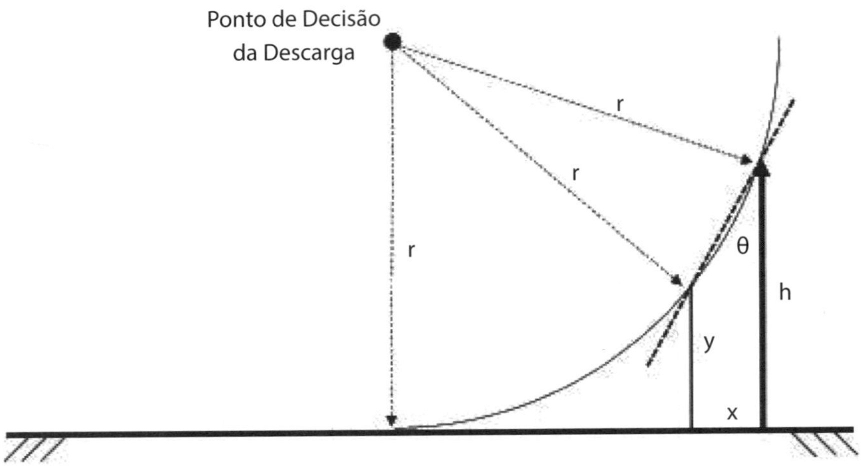

Figura 10.8 – Campo de proteção de uma haste (Franklin).

A relação entre as grandezas raio de descarga (r), altura do captor (h), altura e distância do ponto extremo da edificação (y;x) é dada pela equação trigonométrica:

$$\frac{x}{r} = \sqrt{\frac{2 \times h}{r} - \left(\frac{h}{r}\right)^2} - \sqrt{\frac{2 \times y}{r} - \left(\frac{y}{r}\right)^2}$$

O ângulo de proteção θ é dado pela relação:

$$\Theta = \text{arc tan}\,(x/(h-y))$$

Tabela 10.1 – Zona de cobertura de uma haste (Franklin)

Grandeza	Corrente de descarga (kA)			
	5	10	20	50
r (m)	26	43	68	130
h (m)	15	15	15	15
y (m)	10	10	10	10
X (m)	3,06	5,07	7,11	10,62
Θ (graus)	31,5	45,4	54,9	64,8

Como pode ser observado pelos resultados da aplicação de uma haste como única proteção de uma edificação, sua área de cobertura fica restrita, tornando-se ineficaz para proteção de edificações mais altas. No quadro apresentado, para uma edificação com 10 m de altura e um único captor colocado a mais 5 m além da cobertura, a proteção para uma corrente mínima de descarga é de 5 kA, o raio do círculo de proteção no topo da edificação é de 3,06 m. Dessa maneira, a proteção do tipo haste só é recomendada para edificações de baixa altura e de pequena área projetada.

10.6.2 PROTEÇÃO POR CABOS (GAIOLA DE FARADAY)

A proteção por cabos, formando uma gaiola de Faraday, é mais recomendada para edificações de áreas expostas maiores e mais altas. Nesse tipo de proteção, um cabo completa a zona de cobertura de um outro cabo. O modelo eletrogeométrico é o mesmo a ser utilizado com a distância de descarga, sendo o ponto de partida para o projeto.

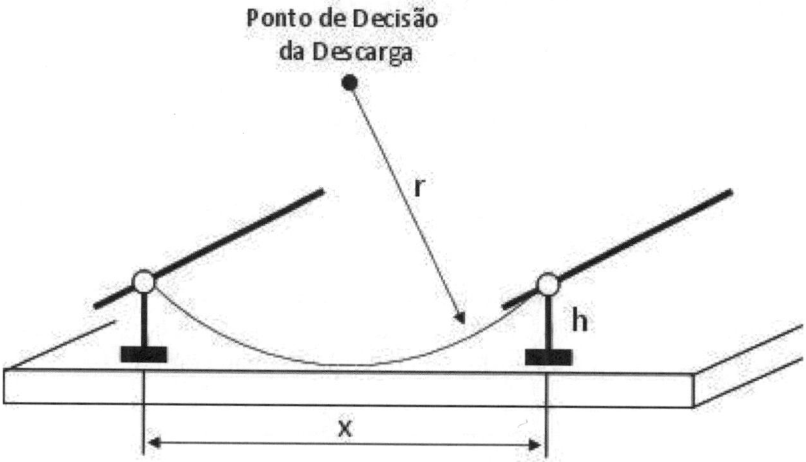

Figura 10.9 – Campo de proteção de cabos (gaiola de Faraday).

A distância entre os cabos a serem dispostos sobre a superfície superior da edificação a ser protegida depende principalmente da corrente de descarga a partir da qual se deseja proteger a edificação. O equacionamento entre esses parâmetros r; h e x são calculados geometricamente pela expressão:

$$x = \sqrt{8hr - 4h^2}$$

Como normalmente o raio de descarga é muito superior à altura dos cabos (r >> h), a expressão pode ser reduzida para:

$$x = \sqrt{8hr}$$

Tabela 10.2 – Zona de cobertura de cabos (gaiola de Faraday)

Grandeza	Corrente de ddescarga (kA)			
r (m)	26	43	68	130
h (m)	0,30	0,30	0,30	0,30
x (m)	7,88	10,14	12,76	17,65

De acordo com a NBR 5419, conforme o nível de proteção adotado, os valores do raio da esfera de proteção de uma edificação estão colocados na Tabela 10.3.

Tabela 10.3 – Valores mínimos dos parâmetros conforme nível de proteção

Nível de proteção	I	II	III	IV
Corrente de pico mínima (kA)	3	5	10	16
Raio da esfera rolante (m)	20	30	45	60

10.7 EXECUÇÃO DAS INSTALAÇÕES

Desde a instalação dos captores das descargas, até a conexão com o aterramento para drenagem da corrente elétrica de descarga para o solo, alguns requisitos eletromecânicos devem ser obedecidos, para manter-se a segurança de todo o Sistema de Proteção contra Descargas Atmosféricas (SPDA).

Em relação à captação da descarga pelo SPDA, o sistema adotado deve dar cobertura total à edificação ao objeto que se pretende proteger.

Quanto mais rápido a descarga atingir o solo, menores serão as tensões elétricas a que ficarão submetidos os SPDA. Como a altura da edificação é fixa, a solução é repartir a corrente de descarga por mais de uma descida até o aterramento.

10.7.1 NÚMERO DE DESCIDAS

A exigência de norma em termos de cálculo do número de descidas do captor até o sistema de aterramento é composta por três critérios:

- primeiro critério – uma descida para os primeiros 200 m^2 de área coberta, acrescentando-se uma descida para cada de 300 m^2 ou fração;
- segundo critério – uma descida para os primeiros 20 m de altura e mais uma descida para cada aumento de 20 m ou fração;
- terceiro critério – uma descida para os primeiros 50 m de perímetro acrescido de mais uma descida para cada aumento de 60 m ou fração.

Calculando-se o número de descida por estes três critérios (área, altura e perímetro), adota-se o maior deles. Se a distância entre eles, considerado-se o perímetro da edificação, for inferior a 15 m, será permitida a redução do número de descidas até um mínimo de duas, de forma a manter o distanciamento de 15 m. Esse é um número mínimo. Se houver possibilidade construtiva, recomenda-se aumentar o número de descidas.

10.7.2 MECÂNICA DAS DESCIDAS

As descidas poderão ser de cobre ou alumínio. As de cobre poderão ser na forma de cordoalha, fios, cabos ou fitas, desde que a seção não seja inferior a 30 mm². As de alumínio só poderão ser executadas por cabos com seção mínima de 65 mm².

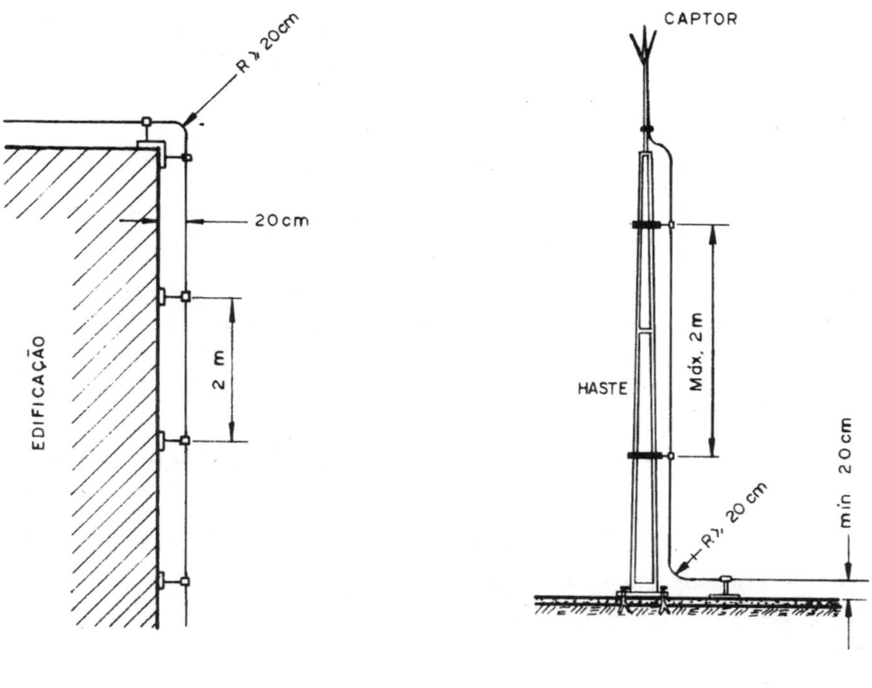

Figura 10.10 – Detalhes construtivos das descidas.

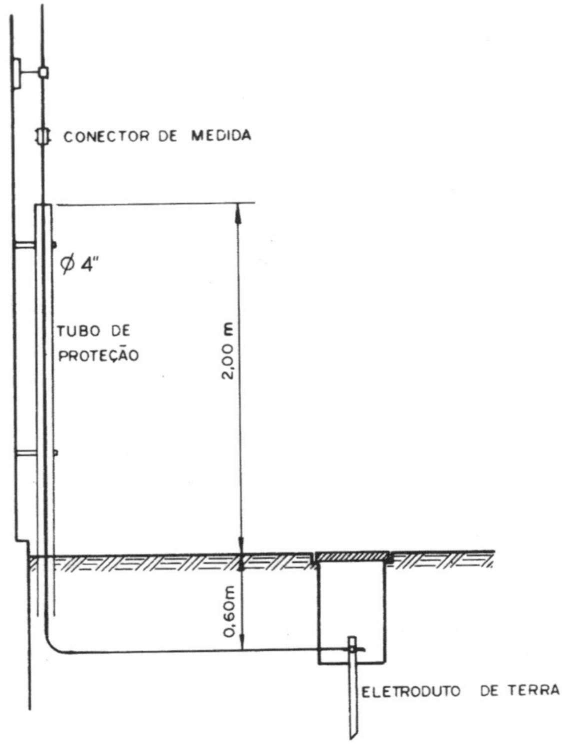

Figura 10.11 – Conexão entre a descida e o aterramento.

REFERÊNCIAS

ABNT. **NBR 5419**: Proteção de Estruturas contra Descargas Atmosféricas. Rio de Janeiro: ABNT, 2008.

ANDERSON, R. B.; ERIKSSON, A. J. Lightning Parameters for Engineering Application, **Revista Electra**, n. 69, p. 65-101, 1980.

ANEEL. **Nota Técnica Nº 004/2003**: SRD/SMA/ANEEL. Brasília: ANEEL, 2003.

ARMSTRONG, H. R.; WHITEHEAD, E. R. Field and Analytical Studies of Transmission Line Shielding. **IEEE PAS**, v. 87, n. 1, p. 270-281, jan. 1968.

CIGRE. **Lightning Parameters for Engeneering Aplications**. [S.l.]: CIGRE, 2013.

DARVENIZA, M.; POPOLANSKY, F.; WHITEHEAD, E. R. Lightning Protection of UHV Transmission Lines. **Revista Electra**, n. 41, p. 39 a 69, 1975.

IEEE. A Simplified Method for Estimating Lightning Performance of Transmission Lines. **IEEE PAS**, v. 104, n. 4, p. 918-932, abr. 1985.

LEE, R. H. Protect your plant against lightning. **Instruments and Control Systems**, n. 55(2), p. 31–34, fev. 1982.

NEGRISOLI, M. A Influência da Altura dos Captores no Ângulo de Proteção de Edificações. **Eletricidade Moderna**. [S.l.]: Editora Aranda, ano XX, nº 214, p. 42, jan. 1992.

CAPÍTULO 11

SISTEMAS DE ATERRAMENTO

Não se adaptam regras aos costumes,
mas, sim, costumes aos princípios.

MANOEL NEGRISOLI

11.1 INTRODUÇÃO

Os sistemas de aterramento se destinam a garantir o escoamento das correntes de descarga atmosféricas e correntes de curto-circuito, dar referência de tensão ao sistema elétrico e garantir a segurança contra choques elétricos.

A terra, pelas suas características de boa condutividade elétrica e por sua infinita capacidade de absorção de cargas elétricas, é utilizada como referência de potencial zero. Uma vez que contém, em equilíbrio eletrostático, cargas negativas e positivas, torna-se necessária a construção de um sistema de aterramento para que atenda às suas finalidades.

Uma corrente elétrica, ao ser injetada por meio de um eletrodo de terra, dispersa-se no solo, transformando-se em uma densidade de corrente elétrica. Essa densidade de corrente, percorrendo um material condutor volumétrico (terra) com certo valor de resistividade (ρ), provocará uma distribuição de potencial na superfície do solo.

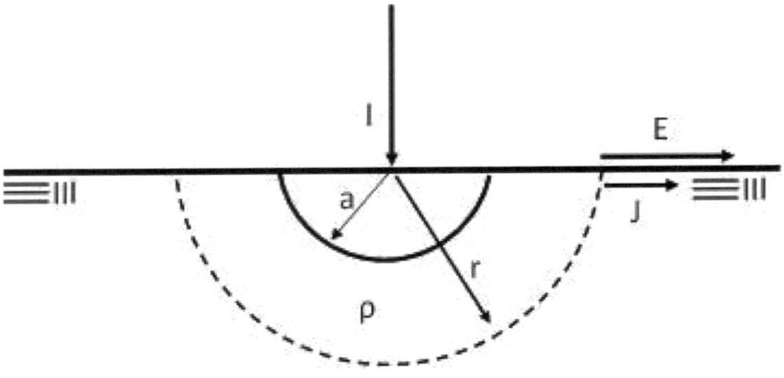

Figura 11.1 – Corrente injetada no eletrodo semiesférico.

A densidade de corrente distribuída no solo J é dada por:

$$J = \frac{I}{2\pi r^2} \left[\frac{A}{m^2} \right]$$

A relação entre a densidade de corrente J, o campo elétrico E no solo (ambos radiais) e a resistividade elétrica do solo ρ, de acordo com a forma pontual da lei de Ohm:

$$E = \rho \times J = -\frac{dV}{dr} \left[\frac{V}{m} \right]$$

Tomando por base que, em um ponto de referência situado no infinito elétrico (no qual não há circulação de corrente), o potencial é zero, a tensão na superfície do solo a uma distância r do centro da esfera pode ser escrita por:

$$V(r) = \frac{\rho \times I}{2\pi r} [\ V\ ]$$

A resistência encontrada pela corrente ao circular pelo solo é chamada de resistência de aterramento ou resistência de terra desse eletrodo semiesférico de raio a:

$$R_T = \frac{\rho}{2\pi a} [\ \Omega\ ]$$

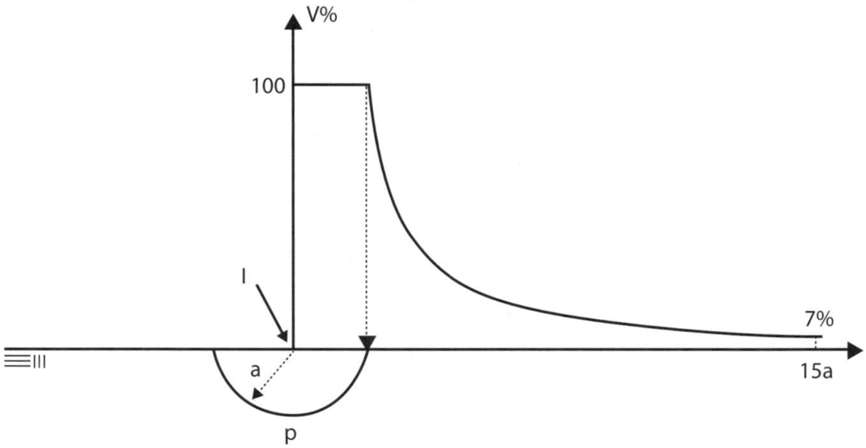

Figura 11.2 – Distribuição de tensão no solo.

11.2 RESISTIVIDADE DOS SOLOS

A característica de condutividade elétrica dos solos é denominada de *resistividade*, e a unidade é ohms * metro (Ωm). Tem o mesmo conceito da resistividade de um condutor elétrico, que é dada em (Ω mm^2/m) e que, por análise dimensional, representa o mesmo conceito físico.

O valor da resistividade varia com o tipo de solo, temperatura, umidade, compactação, salinidade etc.

Tabela 11.1 – Valores típicos de resistividade do solo

Tipo de Solo	Resistividade (Ω*m)
Solos alagadiços, limo, húmus e lama	Até 150
Solos aráveis, argilo-arenosos	50 a 500
Argila	300 a 5.000
Areia	1.000 a 8.000
Calcário	500 a 5.000
Granito e arenito	100 a 10.000
Basalto	1.000 a 20.000

Pela grande amplitude de valores da resistividade do solo, é necessário sua medição com equipamentos especiais antes de se fazer o projeto de aterramento. Além disso, os solos não têm uma característica geológica homogênea e variam com a profundidade. Normalmente, o solo é modelado em duas camadas de resistividade distintas.

11.3 RESISTÊNCIA DE ATERRAMENTO

Eletrodos esféricos ou semiesféricos não são formas convencionais utilizadas. O equacionamento feito por meio desses eletrodos semiesféricos facilita o estudo e o entendimento do equacionamento de cálculo das resistências de aterramento de outras formas mais usuais compostas por hastes e cabos enterrados.

11.3.1 RESISTÊNCIA DE ATERRAMENTO DE UMA HASTE

Uma haste de raio a pode ser dividida, com uma boa aproximação em conjuntos de pequenas esferas de mesmo raio a.

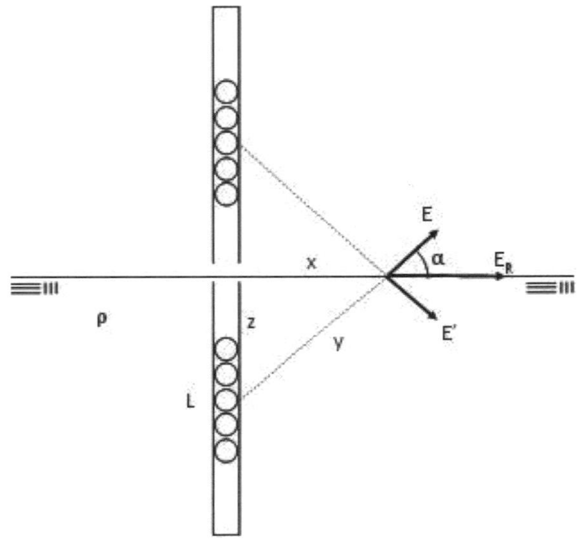

Figura 11.3 - Haste enterrada no solo.

Cada esfera que compõe o comprimento L da haste é responsável por uma injeção de corrente I/L da corrente total injetada na haste. A parcela diferencial dI que sai de um comprimento incremental dz (variando de 0 a L) pode ser expresso por:

$$dI = \frac{I}{L} dz$$

O campo elétrico resultante (ER) na superfície do solo é igual à soma vetorial dos campos E, devido à esfera enterrada, e do campo E', devido à imagem elétrica dessa esfera enterrada. Como ambos são iguais, o campo resultante será:

$$E_R = 2 \times E \times \cos\alpha = 2 \times \left[\frac{\rho \times (I/L)}{4 \P y^2}\right] \frac{x}{y}$$

A parcela V'(x) gerada por cada esfera enterrada é calculada pela expressão:

$$V'(x) = \int E_R \, x \, dx = \frac{\rho \, x \, (I/L)}{2\P} \; \frac{1}{(x^2 + z^2)^{1/2}}$$

A parcela V'(x), devido a uma esfera enterrada a profundidade z. Para calcularmos o potencial devido a todas as esferas, deve-se integrar de zero ao comprimento da haste L:

$$V(x) = \int V'(x) \, x \, dz = \frac{\rho \, x \, I}{2\P \, L} \ln \left(z + (x^2 + z^2)^{1/2} \right) \Big|_{o}^{L}$$

$$V(x) = \frac{\rho \, x \, I}{2\P \, L} \ln \left(\frac{L + (L^2 + x^2)^{1/2}}{x} \right)$$

Para o cálculo do valor da resistência de uma haste de raio (a), comprimento (L), colocada em um solo de resistividade (ρ), toma-se x = a, e, como o comprimento L é muito maior que o raio da haste, a expressão da resistência de uma haste pode ser simplificada para:

$$R_T = \frac{\rho}{2\P \, L} \ln \left(\frac{2 \, x \, L}{a} \right)$$

Exemplo 11.1

Calcular a resistência de aterramento de uma haste de ¾" de diâmetro de comprimento 3 metros, colocada em um terreno de resistividade 100 (Ω m).

- Raio da haste (3/4") = 10 mm;
- R_T = 100/(2 x ¶ x 3) x ln (2 x 3/0,01) = 33,9 Ω.

Nos casos reais de sistemas de aterramento, as hastes são colocadas um pouco abaixo da superfície do solo, normalmente 30 cm. O comprimento usual das hastes varia de 2,4 ou 3 m. Assim, ao longo da haste, a resistividade do solo não é a mesma. Na medição da resistividade elétrica do solo, modela-se o mesmo em duas camadas.

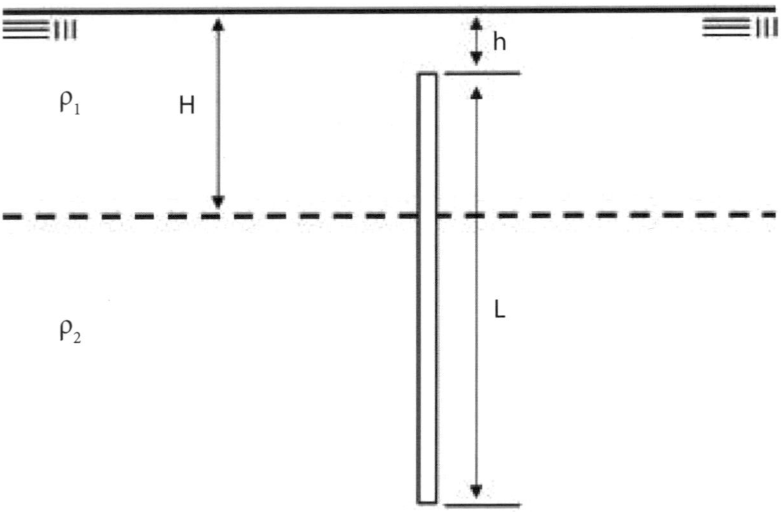

Figura 11.4 – Haste em solo de duas camadas de resistividade.

Embora a dedução matemática seja complexa, é possível se obter um valor de resistividade médio (resistividade aparente – ρa) por meio de uma simplificação. Sob o ponto de vista elétrico, pode-se considerar que as partes da haste que estão colocadas em cada uma das camadas, têm suas respectivas resistências em paralelo.

$$R_1 = \frac{\rho_1}{(H - h)}$$

$$R_2 = \frac{\rho_2}{(L + h - H)}$$

$$R_{12} = \frac{\rho_a}{L} = \frac{R_1 \times R_2}{R_1 + R_2}$$

$$\rho_a = \frac{L \times \rho_1 \times \rho_2}{\rho_1 (L + h - H) + \rho_2 (H - h)}$$

Exemplo 11.2

Calcular a resistência de aterramento da haste do Exemplo 11.1 nas seguintes condições:

- $\rho_1 = 500\ \Omega m$;
- $\rho_2 = 100\ \Omega m$;
- H = 2 m;
- h = 0,30 m;
- raio da haste = 0,01 m.

Cálculo da resistividade aparente:

- $\rho_a = 3 \times 100 \times 500/(500 \times (3+0{,}30-2) + 100 \times (2-0{,}30)) = 182{,}9\ \Omega m$;
- $R_T = 182{,}9/(2 \times \pi \times 3) \times \ln(2 \times 3/0{,}01) = 62{,}1\ \Omega$.

Se for usada uma forma simplificada de cálculo dessa resistência de terra, dividindo-se a resistividade aparente pelo comprimento da haste, obtém-se um resultado bastante próximo:

$$R_T = 182{,}9/3 = 61\ \Omega$$

Quando a resistividade da segunda camada for maior que a da primeira, deve-se dar preferência a eletrodos horizontais em vez de hastes.

11.3.2 RESISTÊNCIA DE ATERRAMENTO DE VÁRIAS HASTES ALINHADAS

Hastes são um meio econômico e prático de se obter a resistência de aterramento necessária para determinadas finalidades. Mesmo se uma grande quantidade de hastes compuser o sistema de aterramento, devido à proximidade entre elas, uma mesma porção de terra será utilizada para compor a resistência de cada uma. Portanto, não se trata apenas de colocá-las em paralelo.

O método para se avaliar a resistência de terra equivalente entre duas hastes é o mesmo utilizado para o cálculo de uma haste. Pode-se então substituir a haste por uma semiesfera de raio equivalente (r):

$$R_T = \frac{\rho}{2\pi r} = \frac{\rho}{2\pi L} \ln\left(\frac{2 \times L}{a}\right)$$

$$r = \frac{L}{\ln\left(\frac{2 \times L}{a}\right)}$$

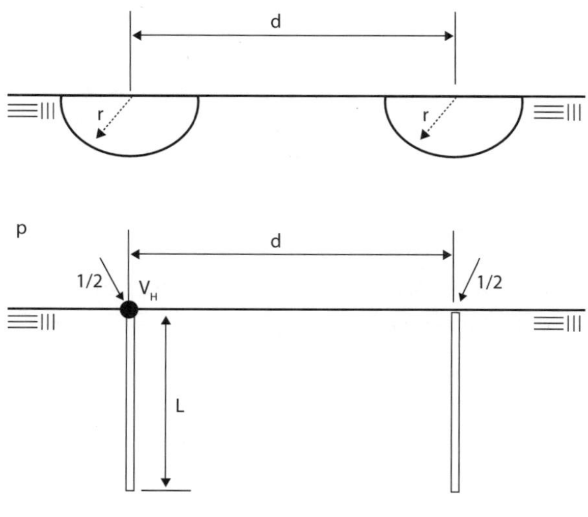

Figura 11.5 – Semiesferas equivalentes de duas hastes em paralelo.

Neste método aproximado, considera-se que cada semiesfera injeta metade da corrente total I. Assim, o potencial na haste VH é calculado da seguinte maneira

$$V_H = \frac{\rho \times I/2}{2 ¶ r} + \frac{\rho \times I/2}{2 ¶ d} = \frac{\rho \times I}{2 ¶ r} \left(\frac{1+\alpha}{2} \right)$$

Como a resistência de aterramento de uma haste é dada pela semiesfera equivalente de raio r, tem-se:

$$R_{2H} = \frac{V_H}{I} = \frac{\rho}{2 ¶ r} \left(\frac{1+\alpha}{2} \right) = R_{1H} \left(\frac{1+\alpha}{2} \right) = R_{1H} \times K2$$

Na qual:

- $\alpha = r/d$;
- R_{1H} = resistência equivalente de uma haste;
- R_{2H} = resistência equivalente de duas hastes separadas da distância d;
- K_2 = fator de multiplicação para 2 hastes.

Exemplo 11.3

Dadas duas hastes de 3 m de comprimento e raio a = 0,01 m, colocadas em um terreno homogêneo de resistividade 100 Ωm, separados a 5 m uma da outra, calcular a resistência equivalente das suas hastes.

O r raio da semiesfera equivalente:

$$r = \frac{L}{\ln\left(\frac{2 \times L}{a} \right)} = 0{,}469$$

- $R_{1H} = \rho /(2 ¶ r) = 33{,}9\ \Omega$;
- $\alpha = r/d = 0{,}0938$;
- $K_2 = (1 + \alpha)/2 = 0{,}547$;
- $R_{2H} = R_{1H} \times K_2 = 18{,}54\ \Omega$.

Para um número maior de hastes alinhadas, o fator de multiplicação kN é deduzido da mesma forma que para duas hastes.

Para 3 hastes alinhadas separadas pela distância d:

$$K_3 = \frac{2 + \alpha - 4 \times \alpha^2}{6 - 7 \times \alpha}$$

Para 4 hastes alinhadas separadas da distância d:

$$K_4 = \frac{2 + 16 \times \alpha - 21 \times \alpha^2}{48 - 40 \times \alpha}$$

11.3.3 RESISTÊNCIA DE ATERRAMENTO DE HASTES EM TRIÂNGULO

Um arranjo bastante comum para sistemas de aterramento é a disposição triangular. É bastante utilizada pela redução de área ocupada por ela.

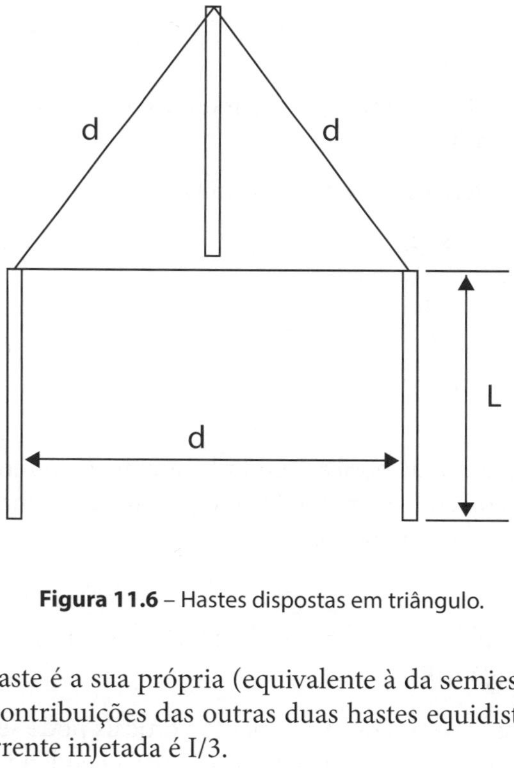

Figura 11.6 – Hastes dispostas em triângulo.

O potencial na haste é a sua própria (equivalente à da semiesfera de raio r correspondente) mais as contribuições das outras duas hastes equidistantes da distância d. Em cada haste, a corrente injetada é I/3.

$$V_H = \frac{\rho \times I/3}{2 ¶ r} + \frac{2 \times \rho \times I/3}{2 ¶ d} = \frac{\rho \times I}{2 ¶ r} \left(\frac{1 + 2 \times \alpha}{3} \right)$$

$$R_\Delta = \frac{V_H}{I} = \frac{\rho}{2 ¶ r} \left(\frac{1 + 2 \times \alpha}{3} \right) = R_{1H} \times K_\Delta$$

Exemplo 11.4

Calcular a resistência de aterramento de 3 hastes de 3 m de comprimento e raio 0,01 m, dispostas em forma de um triângulo equilátero de lado igual a 5 m. A resistividade do solo é de 100 Ωm.

- r = raio da semiesfera equivalente = 0, 469 m;
- $R_{1H} = \rho /(2 ¶ r) = 33{,}9\ \Omega$;
- $\alpha = r/d = 0{,}0938$;
- $K_\Delta = (1 + 2\alpha)/3 = 0{,}396$;
- $R_\Delta = R_{1H} \times K_\Delta = 13{,}42\ \Omega$.

Exemplo 11.5

Calcular a resistência de aterramento das mesmas 3 hastes do Exemplo 11.4, agora alinhadas e separadas dos mesmos 5 m.

- r = raio da semiesfera equivalente = 0, 469 m;
- $R_{1H} = \rho /(2 ¶ r) = 33{,}9\ \Omega$;
- $\alpha = r/d = 0{,}0938$;
- $K_3 = (2 + \alpha - 4 \times \alpha^2)/(6 - 7 \times \alpha) = 0{,}385$;
- $R_\Delta = R_{1H} \times K_\Delta = 13{,}05\ \Omega$.

Como se pode deduzir, a disposição em linha amplia o volume de solo que participa da dissipação da corrente elétrica injetada, produzindo uma resistência de terra menor do que a disposta em triângulo.

11.3.4 RESISTÊNCIA DE ATERRAMENTO DE SISTEMAS HORIZONTAIS

Uma alternativa aos sistemas de aterramento verticais pode ser adotado um sistema horizontal por meio de cabos enterrados no solo. Dependendo do tipo de terreno, com presença de pedras a pouca profundidade ou quando uma segunda camada de solo tiver uma resistividade maior que a primeira, o uso dos sistemas horizontais pode ser a solução.

Ao sistema horizontal, associam-se hastes estrategicamente colocadas formando um sistema misto de aterramento.

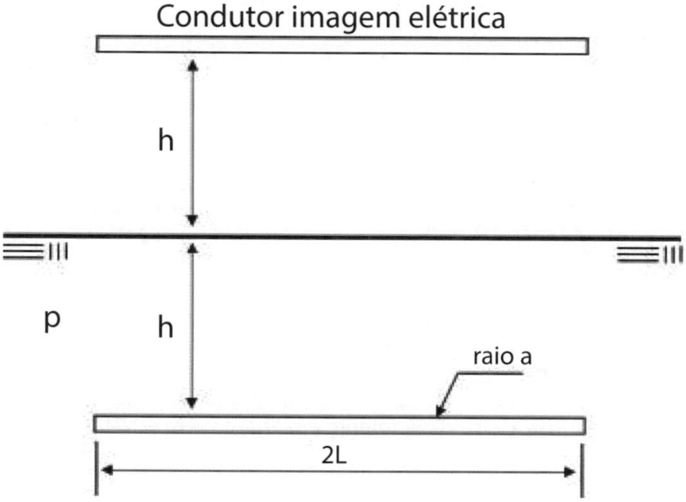

Figura 11.7 – Condutor horizontalmente enterrado.

Da mesma forma deduzida para as hastes verticais, dividindo-se o condutor em esferas de raio (a), a resistência de aterramento deste cabo de comprimento L, para pequenos valores de h/L, que ocorre normalmente nas situações práticas, é dada por:

$$R_C = \frac{\rho}{4\pi L}\left[\ln\left(\frac{4 \times L}{a}\right) + \ln\left(\frac{2 \times L}{h}\right) - 2 + \frac{h}{L}\right]$$

Exemplo 11.6

Calcular a resistência de aterramento de um cabo nu de bitola 35 mm^2, de 30 m, enterrado a 0,5 m de profundidade.

- r (35 mm^2) = 3,5 mm;
- L = 30 m;
- ρ = resistividade do solo = 100 Ωm;
- h = 0,5 m;
- R_C = 13,25 Ω.

11.3.5 RESISTÊNCIA DE ATERRAMENTO EM ARRANJOS EM ESTRELA

Um formato pouco explorado, mas de grande resultado para aterramento de sistemas de captação de descargas atmosféricas, é o formato de estrela. Nesse formato, a descarga se divide, oferecendo uma impedância de surto menor que os sistemas de aterramento fechados em anéis, devido ao aumento da sua indutância pela circulação da corrente no circuito fechado.

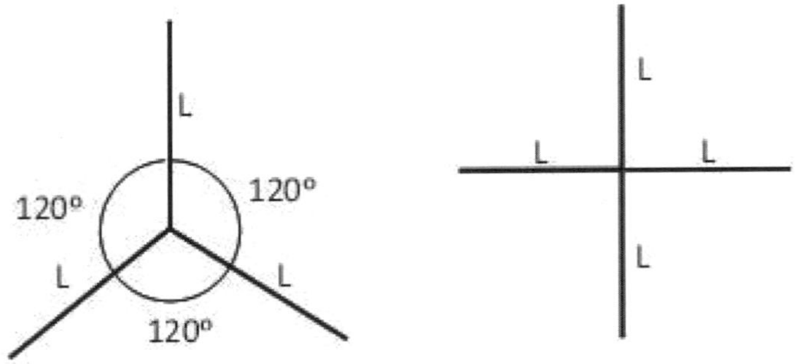

Figura 11.8 – Aterramento em arranjos em estrelas.

Estrela de 3 pontas:

$$R_{3P} = \frac{\rho}{6\pi L}\left[\ln\left(\frac{2 \times L}{a}\right) + \ln\left(\frac{L}{h}\right) + 1{,}071 - 0{,}418\frac{h}{L} + 0{,}952\frac{h^2}{L^2} - 0{,}864\frac{h^4}{L^4}\right]$$

Estrela de 4 pontas:

$$R_{4P} = \frac{\rho}{8\pi L}\left[\ln\left(\frac{2 \times L}{a}\right) + \ln\left(\frac{L}{h}\right) + 2{,}912 - 2{,}142\frac{h}{L} + 2{,}58\frac{h^2}{L^2} - 2{,}32\frac{h^4}{L^4}\right]$$

Exemplo 11.7

Calcular a resistência de aterramento de condutor enterrado em arranjo estrela de 3 pontas e de 4 pontas.

- L = comprimento do braço = 5 m;
- a = raio do condutor = 0,01 m;
- h = profundidade de enterramento = 0,6 m;
- ρ = resistividade do solo = 100 Ωm;
- R_{3P} = 10,68 Ω;
- R_{4P} = 9,33 Ω.

11.3.6 RESISTÊNCIA DE ATERRAMENTO DE SISTEMAS MISTOS

A resistência total de um sistema, combinando eletrodos verticais (hastes) e horizontais (malha de terra), é menor que a resistência de um dos componentes isoladamente, porém, maior do que a combinação de ambos em paralelo. A explicação é que os sistemas utilizam volumes de terra comuns a ambos. De acordo com a fórmula de Schwarz, a resistência equivalente pode ser determinada pela expressão:

$$R_g = \frac{R_m \times R_h - R_{mt}^2}{R_{m} + R_h - 2 \times R_{mt}}$$

Na qual:

- R_g = resistência de aterramento do conjunto malha – hastes;
- R_m = resistência de aterramento da malha horizontal;
- R_h = resistência de aterramento das hastes;
- R_{mt} = resistência mútua entre malha e hastes.

Essas expressões foram desenvolvidas levando-se em consideração solos homogêneos, mas, na prática, é desejável colocar as hastes de modo a atingirem um solo de melhor condutividade elétrica (menor resistividade), isso caso o levantamento da resistividade aponte para uma camada inferior de menor resistividade.

Para cálculo das resistências mútuas de hastes e da malha, de modo a contemplar solos de duas camadas de resistividade, as expressões são as seguintes:

$$R_m = \frac{\rho_1}{¶ \, Lc} \left[\ln\left(\frac{2 \times Lc}{h'}\right) + K_A \frac{Lc}{A^{1/2}} - K_B \right]$$

$$R_h = \frac{\rho_a}{2 \times n \times ¶ \times L_h} \left[\ln\left(\frac{8 \times L_h}{d_h}\right) - 1 + 2 \times K_A \left(\frac{L_h}{A^{1/2}}\right) \times \left(n^{1/2} - 1 \right)^2 \right]$$

$$R_{mt} = \frac{\rho_a}{¶ \, Lc} \left[\ln\left(\frac{2 \times Lc}{L_h}\right) + K_A \frac{Lc}{A^{1/2}} - K_B + 1 \right]$$

Nas quais:

- ρ_1 = resistividade da primeira camada (Ωm);
- ρ_2 = resistividade da segunda camada (Ωm);
- ρ_a = resistividade aparente (Ωm);
- H = espessura da primeira camada de resistividade (m);
- h = profundidade de enterramento da malha horizontal (m);
- Lc = comprimento total dos condutores da malha (m);
- L_h = comprimento de uma haste (m);
- n = número de hastes na malha;
- d_h = diâmetro da haste (m);
- d_c = diâmetro do condutor (m);

- a = comprimento do lado menor da malha (largura);
- b = comprimento do lado maior da malha (comprimento);
- A = área da malha horizontal de dimensões a x b (m^2);
- h' = (dc x h)$^{1/2}$ – para condutores colocados a profundidade h;
- h' = 0,5 x dc para condutores na superfície da terra (h = 0);
- K_A e K_B constantes relacionadas com a geometria do sistema.

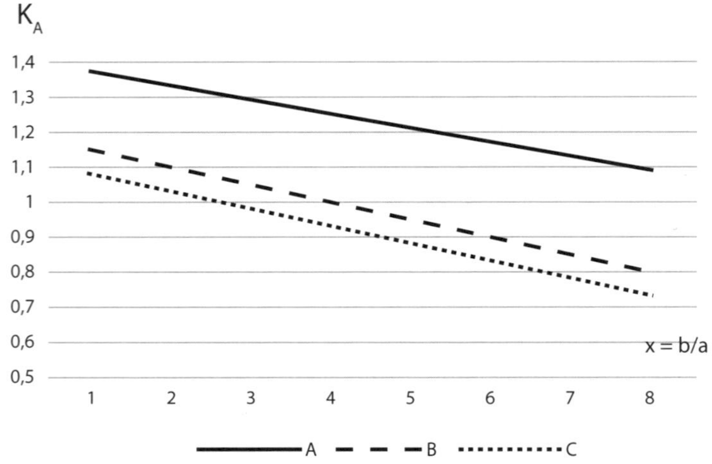

Curva A – profundidade h = 0 – (yA = -0,04 x X + 0,41)
Curva B – profundidade h = (1/10) x √A – (yB = -0,05 x X + 1,2)
Curva C – h = (1/6) x √A – (yC = -0,05 x X + 1,13)

Figura 11.9 – Coeficiente KA.

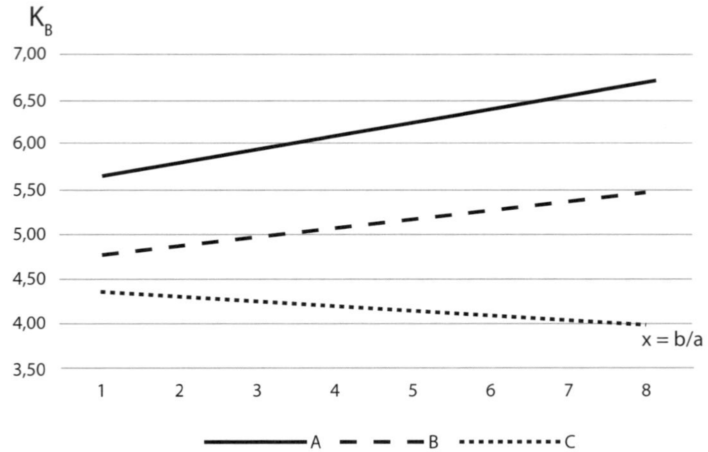

Curva A – profundidade h = 0 – (yA = 0,15x X + 5,50)
Curva B – profundidade h = (1/10) x √A – (yB = 0,10 x X + 4,68)
Curva C – h = (1/6) x √A – (yC = -0,05 x X + 4,40)

Figura 11.10 – Coeficiente KB.

Exemplo 11.8

Calcular a resistência de aterramento de um sistema misto composto por uma malha de dimensões 32 m x 24 m com sub-malhas de 8 m por 8 m. Colocar uma haste em cada intercepção nas laterais da malha conforme Figura 11.11.

Dados:

- a = largura = 24 (m);
- b = comprimento = 32 (m);
- d_c = diâmetro do condutor = 0,01 (m);
- d_h = diâmetro da haste = 0,02 (m);
- L_h = comprimento de uma haste = 3 (m);
- n = número de hastes = 6;
- ρ_1 = resistividade da primeira camada = 500 (Ωm);
- ρ_2 = resistividade da segunda camada = 100 (Ωm);
- H = espessura da primeira camada de resistividade = 2 (m);
- h = profundidade de enterramento da malha horizontal = 0,60 (m).

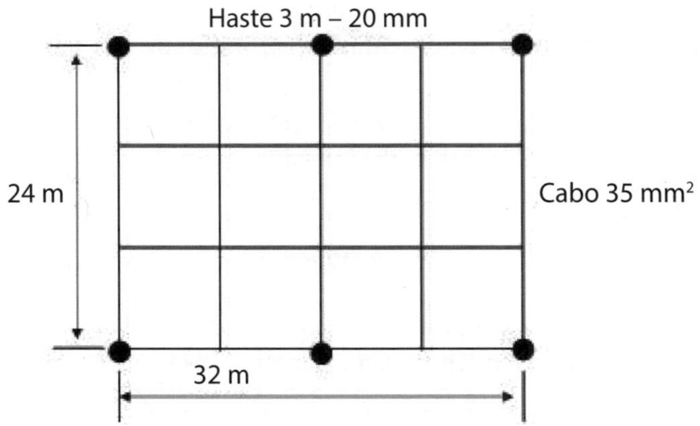

Figura 11.11 – Sistema misto de aterramento.

Cálculo:

- área = 24 x 32 = 768 (m^2);
- h' = $(dc \times h)^{1/2}$ = 0,0775 (m);
- h = 0,60 m (adotado k_A e K_B para h = 0);
- x = 32/24 = 1,33;
- KA = -0,04 x 1,33 + 1,41 = 1,36;
- KB = 0,15 x 1,33 + 5,5 = 5,70;
- Lc = 5 x 24 + 4 x 32 = 248 (m);

- $h' = (dc \times h)^{1/2} = (0{,}01 \times 0{,}6)^{1/2} = 0{,}0775$ (m);
- $\rho_a = (3 \times 500 \times 100)/(500x(3+0{,}6 - 2) + 100x(2-0{,}6)) = 159{,}6$ (Ωm);
- $R_m = 9{,}76$ (Ω);
- $R_h = 9{,}46$ (Ω);
- $R_{mt} = 2{,}57$ (Ω);
- $R_g = 6{,}09$ (Ω).

Como esse solo indica uma segunda camada com resistividade de valor bem menor que o da primeira camada, o interessante é explorar essa característica.

- Alternativa 1 – se a profundidade de enterramento da malha for de 1 m, o valor da resistência total cai para:

$$R_g = 5{,}48\ (\Omega)$$

- Alternativa 2 – se o comprimento da haste for de 6 m, mantendo a profundidade em 0,60 m, o valor da resistência total será de:

$$R_g = 5{,}54\ (\Omega)$$

Torna-se mais interessante aumentar o tamanho da haste em vez de aprofundar a malha devido ao custo maior para aumentar a profundidade da malha.

- Alternativa 3 – se for colocada uma haste em cada intercepção de cabos no perímetro da malha, haverá 14 hastes de 6 m cada, mantida a profundidade de 0,6 m. Assim, o valor total da resistência de terra será:

$$R_g = 4{,}22\ (\Omega)$$

Como pode ser observado, o levantamento correto do perfil de resistividade do solo é fundamental para decisão do melhor custo/benefício de um sistema de aterramento.

Uma forma simplificada para o cálculo da resistência de um sistema horizontal de aterramento em um solo de resistividade homogênea é o de uma placa metálica circular de área (A) enterrada a uma profundidade zero no solo:

$$R_m = \frac{\rho}{4}\sqrt{\frac{¶}{A}}$$

$$R_m = 8{,}00\ (\Omega)$$

11.4 ATERRAMENTO PARA SISTEMA DE PROTEÇÃO CONTRA DESCARGAS ATMOSFÉRICAS

Os sistemas de aterramento para a proteção das edificações contra descargas atmosféricas diretas devem ter um valor de resistência de terra inferior a 10 (Ω). Em locais à prova de explosão ou facilmente inflamáveis, essa resistência de terra deve ser inferior a 1 (Ω). Entretanto, esses valores de resistência de terra são calculados para resposta à frequência industrial. Uma análise mais adequada é o tratamento analítico das ondas viajantes (diagrama de Lattice), em que se analisa a relação tempo espaço ocupada por uma onda de descarga atmosférica.

11.4.1 ONDAS VIAJANTES

A resposta dos sistemas elétricos, frente às sobretensões provocadas por descargas atmosféricas, é diferente daquela gerada quando esses sistemas são submetidos a uma frequência industrial de 60 Hz. São impulsos de curtíssima duração (poucos μs e alta velocidade de propagação (300 m/μs). Isso quer dizer que uma onda completa de descarga atmosférica ocuparia um espaço de 15 km, e sua frente de onda, de apenas 360 metros.

Para efeito de comparação, uma onda completa de 60 Hz ocupa um espaço (s) de 5.000 km. Dessa forma, quando se trata de onda de tensão a uma frequência de 60 Hz, considera-se que todo sistema de aterramento está a um mesmo potencial, o que não acontece quando a onda de tensão é de origem atmosférica.

$$s = v \times t = 300\,(m/\mu s) \times (1/60)(s) = 5.000\ km$$

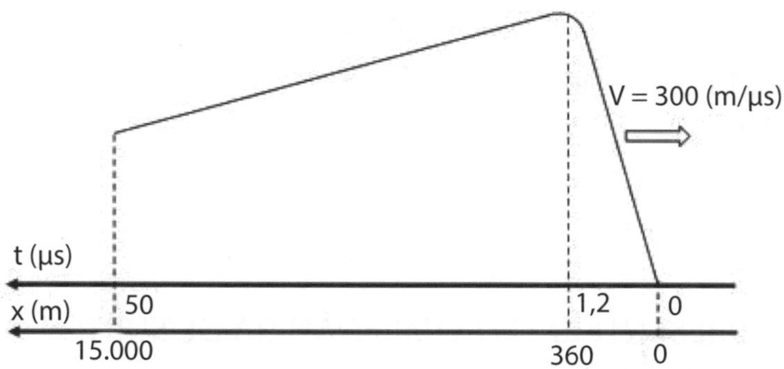

Figura 11.12 – Onda de surto atmosférico – espaço *versus* tempo.

Sob este ponto de vista, a frente de onda chega ao sistema de aterramento muito antes de se esgotar completamente. Assim, quanto mais próximo estiver o sistema de aterramento do captor da descarga no topo da edificação, melhor será a drenagem dessa descarga e, consequentemente, menores serão as tensões induzidas na edificação.

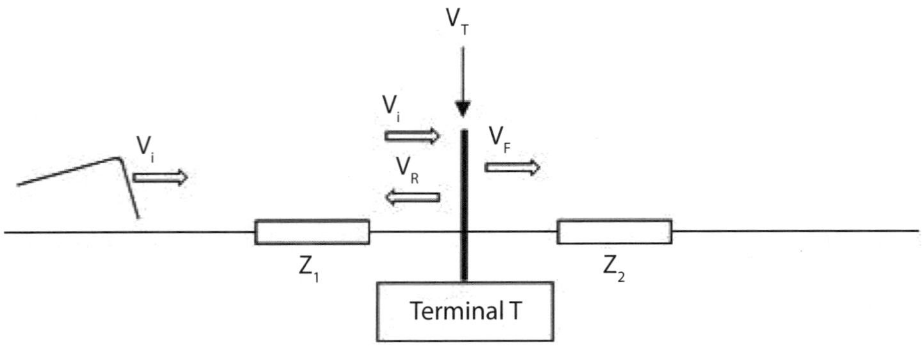

Figura 11.13 – Comportamento de ondas viajantes.

- V_F = onda refratada = $V_i + V_R$;
- V_i = onda incidente pelo sistema de captação do SPDA;
- V_R = onda refletida pela mudança da impedância Z_1 para a Z_2 no terminal, ou seja, na junção da descida com o sistema de aterramento;
- V_T = tensão no terminal (aterramento) = V_F.

A relação entre as ondas de tensões incidentes refletida e refratada é dada pelo coeficiente de reflexão para ondas viajantes:

$$a = \frac{Z_2 - Z_1}{Z_2 + Z_1}$$

- a = coeficiente de reflexão;
- $V_R = a \times V_i$;
- $V_F = V_i + V_R = (1 + a) \times V_i$;
- $V_T = V_F$.

11.4.2 REPRESENTAÇÃO DA IMPEDÂNCIA DE SURTO DE UMA TORRE

A impedância de surto de uma torre é obtida a partir de um modelo que representa a torre por um cilindro vertical, tendo como comprimento a altura da torre e um raio equivalente dela. Um modelo foi proposto por Sargent e Darveniza:

$$Z_t = 60 \ln \left[\sqrt{2} \, \frac{2 \times h}{R_t} \right] - 60 \ (\Omega)$$

$$R_t = \frac{\text{perímetro da seção}}{2¶}$$

Exemplo 11.9

Calcular a impedância e o pico de tensão gerado por uma descarga de 5 kA em uma torre de 30 m de altura, com raio equivalente de 1 m.

- $Z_t = 206\ \Omega$;
- $I_0 = 5$ kA;
- $V_0 = 1.030$ kV de pico.

Se o raio equivalente for de 30 cm, a resistência será de 279 Ω. Com esse exemplo, tem-se uma ideia dos valores de onda incidentes em um sistema de proteção contra descargas elétricas atmosféricas diretas (SPDA).

11.4.3 DIAGRAMA DE LATTICE EM UM SISTEMA DE PROTEÇÃO CONTRA DESCARGAS ATMOSFÉRICAS

Para se calcular o perfil de tensões que acontecem durante uma descarga atmosférica em um sistema de proteção de edificações, são necessários os dados geométricos, como a altura da edificação, o número de descidas e o sistema de aterramento.

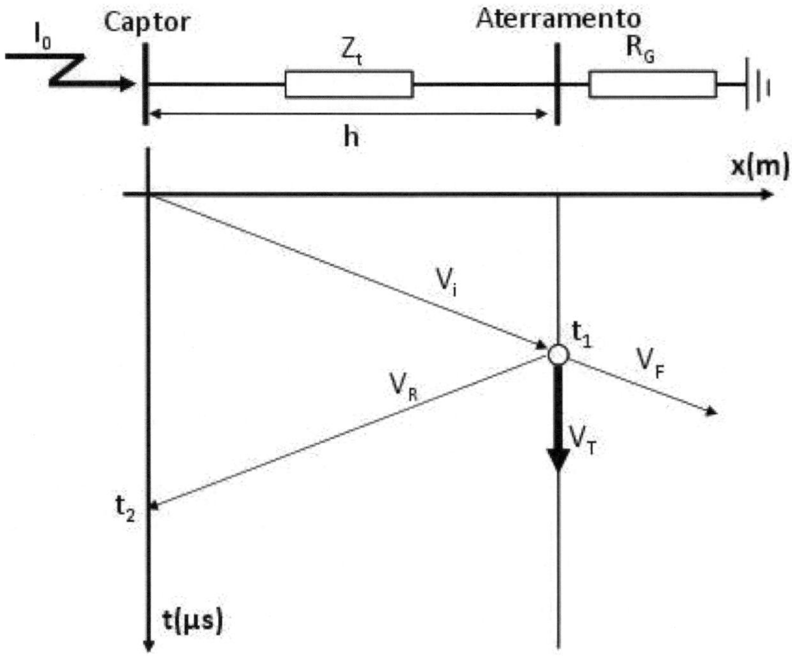

Figura 11.14 – Diagrama de Lattice (tempo *versus* espaço).

O tempo que a onda de tensão leva para se deslocar do captor até o aterramento é calculado pela divisão da altura do captor até o aterramento pela velocidade de propagação da onda de descarga. O tempo de volta é igual ao tempo de ida, porque a distância e o meio são os mesmos.

$$t_1 = h/v\ (\mu s)$$

Onde v é a velocidade da luz = 300 (m/μs);

h = distância entre o captor e o aterramento.

11.4.3.1 Tensão no topo do SPDA

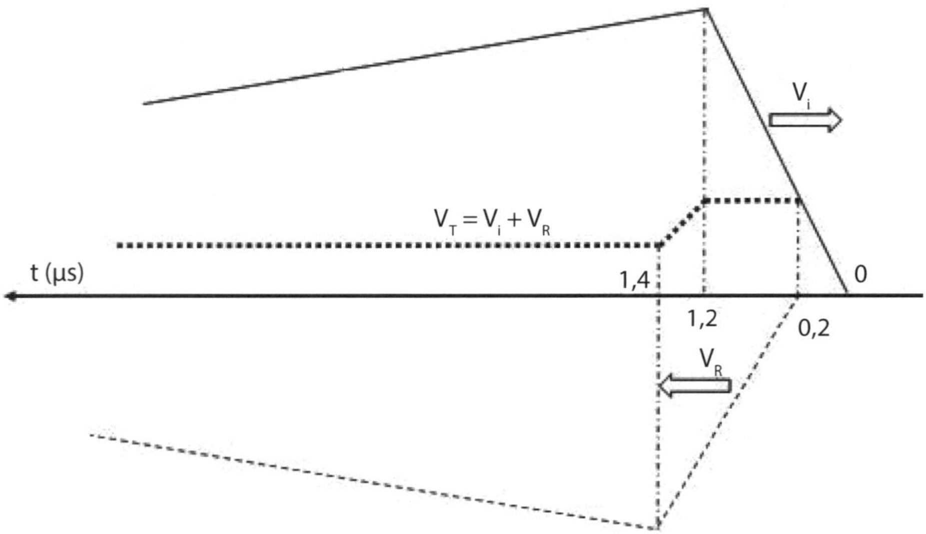

Figura 11.15 – Perfil de tensão no topo do SPDA.

O levantamento do perfil de tensão tanto no topo do sistema de captação do SPDA como na base do sistema de aterramento deve ser dividido em tempos distintos.

Na Figura 11.15, foi considerada uma altura h = 30 metros para fins de exemplificação. Uma onda de descarga atmosférica (1,2 x 50 μs), viajando a 300 m/μs, vai percorrer esse trajeto em 0,1 μs. Para retornar ao ponto de captação, a resposta do sistema de aterramento levará mais 0,1 μs. Consequentemente, para o cálculo da tensão no topo do SPDA, até 0,2 μs, a tensão resultante é apenas a tensão incidente.

Também serão consideradas uma impedância típica de descida do SPDA de 300 Ω e uma corrente incidente de 1 kA. Assim, tem-se uma tensão no topo do SPDA por unidade de kA. Considera-se o cálculo da tensão no topo do SPDA a cada intervalo de tempo.

- Para tempos entre $0 \leq t \leq 0{,}2$ μs

A tensão no topo será a própria tensão gerada pela onda incidente.

$$V_i = 300\ (\Omega) \times 1(kA)/1{,}2\ (\mu s) = 250\ (kV/\mu s)$$

- Para tempos entre $0{,}2 < t \leq 1{,}2\ \mu s$

A partir de $t = 0{,}2\ \mu s$, começa o retorno do sistema de aterramento em função do coeficiente de reflexão da onda incidente.

$$V_R = a \times V_i = a \times 250\ kV/\ \mu s$$

- Para tempos entre $1{,}2 < t \leq 1{,}4\ \mu s$

Entre 1,2 e 1,4 μs, a onda incidente muda da função rampa ascendente para a descendente, enquanto a resposta do sistema de aterramento ainda está refletindo a rampa ascendente da onda incidente.

$$V_i(1{,}2 \leq t \leq 50\ \mu s) = V_i\ (t = 1{,}2\mu s) - \frac{0{,}5 \times Vi\ (t = 1{,}2\mu s)}{(50 - 1{,}2)} \times (t - 1{,}2)$$

A onda refletida continua a mesma até 1,4 μs.

$$V_R = a \times V_i = a \times 250\ kV/\ \mu s$$

- Para tempos entre $1{,}4 < t \leq 50\ \mu s$

A onda incidente permanece na função rampa descendente, bem como, a partir de 1,4 μs, a onda refletida.

$$V_R(1{,}4 \leq t \leq 50\ \mu s) = V_R\ (t = 1{,}4\mu s) - \frac{0{,}5 \times V_{pico}}{(50 - 1{,}2)} \times (t - 1{,}4)$$

Exemplo 11.10

Calcular a tensão no topo de um SPDA com as características abaixo:

- $h = 30$ metros;
- Z_t = impedância do canal de descida = 300 Ω;
- $v = 300\ (m/\mu s)$;
- R_G = resistência do sistema de aterramento = 0; 10 e 50 Ω;
- $I_0 = 1$ kA (Onda padrão 1,2 x 50 μs);
- $V_0 = 300$ kV de pico/kA.

Cálculos:

$t_1 = h/v\ (\mu s) = 0{,}1\ \mu s$;

$t_2 = 0{,}2\ (\mu s)$ = tempo de retorno da resposta do aterramento no topo do SPDA;

Taxa de crescimento da onda de tensão até 1,2 μs = $dV/dt = 300/1{,}2\ (kV/\mu s) = 250\ (kV/\mu s)$.

Até o tempo t = 0,2 μs não há a resposta do sistema de aterramento. A onda ainda está viajando do topo a base e retornando. A partir desse tempo, começa a chegar ao topo do sistema essa resposta. Para saber qual o tipo de resposta, é preciso calcular o coeficiente de reflexão.

Tabela 11.2 –Tensões no topo do SPDA (kv/kA)

RG	0 Ω			10 Ω			50 Ω		
a	-1			-0,935			-0,714		
t (μs)	Vi	VR	VT	Vi	VR	VT	Vi	VR	VT
0,2	50,0	0	50,0	50,0	0,0	50,0	50,0	0,0	50,0
1,2	300,0	-250,0	50,0	300,0	-233,9	66,1	300,0	-178,6	121,4
1,4	299,4	-300,0	-0,6	299,4	-280,6	18,8	299,4	-214,3	85,1
50	150,0	-150,6	-0,6	150,0	-140,9	9,1	150,0	-107,6	42,4

11.4.3.2 Tensão na base do sistema de aterramento

Na base do sistema de aterramento, sua resposta é simultânea à onda incidente. Assim a onda refletida e a refratada, que é a tensão do ponto de injeção da corrente de impulso no sistema de aterramento, são obtidas pelas expressões:

- V_i = onda incidente pelo sistema de captação do SPDA;
- V_R = onda refletida pelo aterramento = a x V_i;
- V_F = onda refratada = $V_i + V_R$ = (1 + a) x V_i.

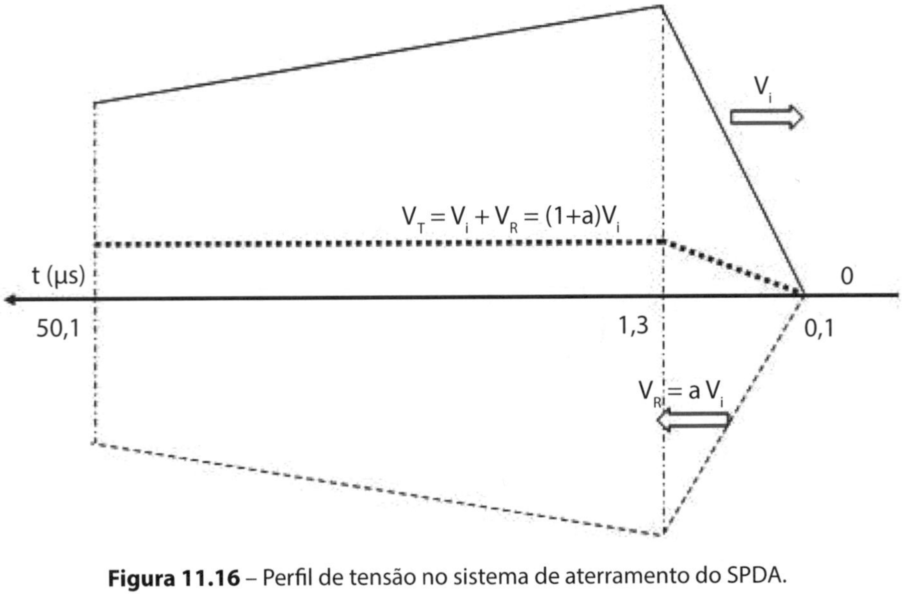

Figura 11.16 – Perfil de tensão no sistema de aterramento do SPDA.

Tabela 11.3 – Tensões no aterramento do SPDA (kv/kA)

RG	0 Ω	10 Ω	50 Ω
a	-1	-0,935	-0,714
t (μs)	VF	VF	VF
0,0	0,0	0,0	0,0
1,3	0,0	19,35	85,71
50,1	0,0	19,35	85,71

Conclusões:

- Quanto maior a resistência do sistema de aterramento, maiores serão as tensões a que estará submetido todo o SPDA.
- Os sistemas de aterramento devem ser independentes, um para cada descida. As resistências de aterramento não estão em paralelo para ondas de descargas elétricas atmosféricas; são consideradas em paralelo para sinais de frequência industrial de 60 Hz.
- Os sistemas de aterramento para o SPDA devem ser exclusivos, não devendo ser utilizados para aterramento de equipamentos. Caso esse aterramento seja usado de forma comum, a sobretensão gerada no sistema será transferida para tudo o que tiver aterramento comum, ocasionando queima de aparelhos e até incêndios. Esse fato, muitas vezes, leva a pedidos de indenização às distribuidoras de forma indevida.
- A geometria dos sistemas de aterramento não deve ser fechada em malha (*loops*), para não aumentar a impedância e diminuir a resposta do sistema de aterramento, dificultando a dissipação no solo.

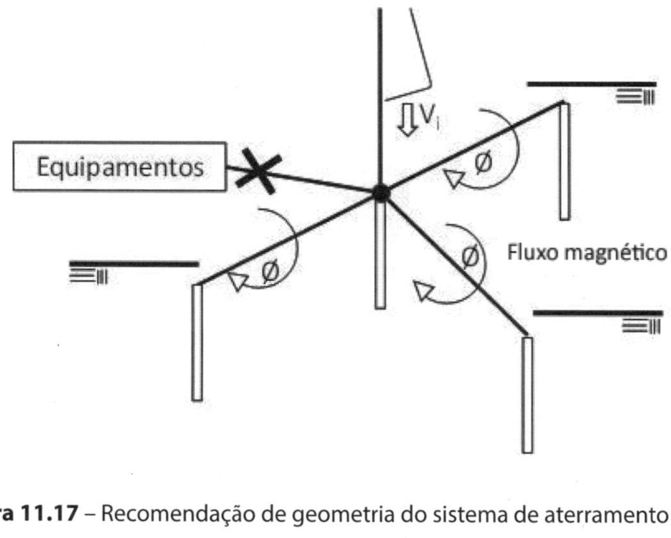

Figura 11.17 – Recomendação de geometria do sistema de aterramento do SPDA.

REFERÊNCIAS

IEEE Green Book. Recommended Practice for Grounding of Industrial and Commercial Power Systems. **IEEE Std**, n. 142, 1982 – Published by The Institute of Electrical and Electronics Engineers, Inc.

IEEE Guide for Safety in AC Substation Grounding – **ANSI/IEEE Std** 80, 1986 – Published by The Institute of Electrical and Electronics Engineers, Inc.

GOMES, D.; MACEDO, F.; GUILLIOD, S. **Aterramento e Proteção contra Sobretensões em Sistemas Aéreos de Distribuição**. Niterói: EDUFF, 1990 (Coleção Distribuição de Energia Elétrica; v. 7).

MCGRAW, H. **Concise Encyclopedia of Engineering of Science & Technology**. New York: McGraw-Hill Education, 2005.

MELIOPOULOS, R. P. **Power Systems Grounding and Transients**. Nova York: Marcel Dekker, Inc., 1988.

NEGRISOLI, Manoel. **Aterramento de Segurança na Instalações Elétricas e Proteção de Equipamentos contra Descargas Atmosféricas** – Núcleo Tecnologia. No prelo. [s.d.].

SCHWARZ, S. J. Analytical Expressions for the Resistance of Grounding Systems. **IEE PAS**, v. 73, n. 2, p. 1011-1016, jan. 1954.

TAGG, G. F. **Earth Resistances**. Published by George Newnes Limited, Tower House, Soutthampton Street, London W.C.2, 1964.

GRÁFICA PAYM
Tel. [11] 4392-3344
paym@graficapaym.com.br